JN038584

# キッチン・インフォマティクス

## 料理を支える自然言語処理と画像処理

原島純・橋本敦史 共著

Ohmsha

# まえがき

　本書は、私たちの日々の料理を支える自然言語処理と画像処理について紹介するものです。自然言語処理と画像処理の基礎を解説しつつ、料理に関するそれらの研究や活用事例などを紹介しています。本書の構成（および、執筆担当）は以下のとおりです。

- **第1章 はじめに — なぜ料理と情報処理なのか？（原島）**
- **第2章 料理と自然言語処理（原島）**
- **第3章 料理と画像処理（橋本）**
- **第4章 料理とクロスモーダル処理 — 複合的なアプローチ（橋本）**
- **第5章 おわりに — 料理と情報処理のこれから（原島・橋本）**

第1章では、本書が料理と自然言語処理、画像処理を一緒に扱う、その背景について説明しています。次に、第2章では料理に関する言語情報の処理について、第3章では料理に関する視覚情報の処理について解説しています。さらに、第4章では、言語情報と視覚情報をはじめとする複数の異なる情報の処理について解説しています。最後に、第5章では自然言語処理と画像処理以外の情報処理の発展にも目を向け、未来のキッチンについて議論しています。

　本書では、自然言語処理や画像処理に馴染みがない人でも読み進められるように、第2章から第4章の各節見出しに難易度を表す以下のアイコンを付けています。

- ☺ **低め。初歩的な節。**
- 🙂 **中程度。技術的な内容を含む、やや踏み込んだ節。**
- 🔍 **高め。専門的な節。**

難易度が高めの節はニッチな話題も多くなります。難しければ読み飛ばして、次の節に進んでも差し支えありません。

本書の読者対象は以下のような人です。

- **(a) 大学などにいて、自然言語処理や画像処理の研究に興味がある人**
- **(b) 企業などにいて、自然言語処理や画像処理の活用に興味がある人**

(a) は、たとえば、情報系の研究室に所属する学生や先生です。(b) は、たとえば、IT 系のサービスを開発するエンジニアやディレクターです。冒頭でも述べたように、本書では、料理に関する自然言語処理や画像処理の研究や活用事例などを紹介しています。本書が少しでも皆様のお役に立てば、これに勝る喜びはありません。

2021 年 1 月

原島　純・橋本敦史

# 目　次

**第1章　はじめに──なぜ料理と情報処理なのか？** 　　　　　1

**1.1**　レシピや料理写真の増加 ............................................. 2
**1.2**　自然言語処理と画像処理の発展 ............................. 4
**1.3**　本書の内容と読者対象 ......................................... 5

**第2章　料理と自然言語処理** 　　　　　11

**2.1**　はじめに ............................................................. 12
**2.2**　言語ってなんだろう？ ...................................... 13
**2.3**　自然言語処理とは？ .......................................... 16
　　**2.3.1**　形態素解析　　　　　　　　　　　　　　17
　　**2.3.2**　固有表現認識　　　　　　　　　　　　　20
　　**2.3.3**　構文解析　　　　　　　　　　　　　　　21
　　**2.3.4**　述語項構造解析　　　　　　　　　　　　22
　　**2.3.5**　共参照解析　　　　　　　　　　　　　　24
　　**2.3.6**　同義関係認識　　　　　　　　　　　　　25
　　**2.3.7**　含意関係認識　　　　　　　　　　　　　28
**2.4**　自然言語処理の活用事例 ................................... 28
　　**2.4.1**　レシピ検索　　　　　　　　　　　　　　29
　　**2.4.2**　レシピ分類　　　　　　　　　　　　　　31

**2.4.3** 材料正規化 32

**2.4.4** 分量換算 36

**2.4.5** レシピ読み上げ 37

**2.4.6** 材料提案 39

**2.4.7** 重複レシピ検知 40

**2.5　どんなデータセットがある？** ................................. **42**

**2.5.1** 生コーパス 42

**2.5.2** 注釈付きコーパス 47

**2.5.3** テストコレクション 54

**2.5.4** 辞書 58

**2.6　最新の研究動向を知ろう！** ................................. **62**

**2.6.1** レシピ解析 62

**2.6.2** レシピ構造化 69

**2.6.3** レシピ生成 72

# 第3章　料理と画像処理　　79

**3.1　はじめに** ................................................. **80**

**3.2　画像ってなんだろう？** ................................. **81**

**3.3　画像の内容を理解する処理** ................................. **86**

**3.3.1** 画像認識 86

**3.3.2** 物体検出 90

**3.3.3** 領域分割 92

**3.3.4** 姿勢推定 93

**3.4　画像列の内容を理解する処理** ................................. **95**

**3.4.1** 動作認識 96

**3.4.2** 動作区間検出 97

**3.4.3** より早いタイミングでの動作認識 101

**3.4.4** 物体追跡 102

**3.4.5** 時系列整合とスポッティング　　106

🥚 **3.5** **計測に関するさまざまな技術** ................................. **107**

**3.5.1** AR マーカーや透かし技術による空間への情報埋め込み　　107

**3.5.2** カメラによる計測　　109

**3.5.3** 多様なカメラによる観測方法　　119

**3.5.4** 多様な 3 次元情報取得方法　　123

**3.5.5** 3 次元空間を扱うデータ形式　　125

🥚 **3.6** **どんなデータセットがある？** ......................... **128**

**3.6.1** 完成写真のデータセット　　128

**3.6.2** 動画のデータセット　　135

🔍 **3.7** **画像処理の活用事例** ....................................... **138**

**3.7.1** FoodLog　　138

**3.7.2** BakeryScan　　139

**3.7.3** 食卓へのプロジェクションマッピング　　140

🔍 **3.8** **最新の研究動向を知ろう！** ........................... **142**

**3.8.1** 視覚情報処理を目的とした深層学習ネットワークの構成部品　　143

**3.8.2** 敵対的生成ネットワーク（GAN）　　153

**3.8.3** GAN の応用例 1 ：画風変換　　157

**3.8.4** GAN の応用例 2 ：教師なしドメイン適応と公平学習　　161

# 第**4**章 料理とクロスモーダル処理 ──複合的なアプローチ165

🌊 **4.1** **はじめに** ................................................ **166**

🥚 **4.2** **クロスモーダルな処理ってなんだろう？** .................. **167**

🥚 **4.3** **視覚言語統合とは？** ....................................... **172**

**4.3.1** 自然言語による画像検索、画像からの文書検索　　175

**4.3.2** 自然言語の記述に基づく動画の自動要約　　178

**4.3.3** キャプション生成と視覚的叙述生成　　179

**4.3.4** 自然言語からの画像・動画生成と自動編集　　185

4.3.5 視覚的質問応答 185

4.3.6 身体的質問応答 190

4.3.7 視覚的照応解析 192

**4.4 どんなデータセットがある？** .................... **194**

4.4.1 「完成写真とレシピ」のデータセット 195

4.4.2 「動画とレシピ」のデータセット 197

4.4.3 「手順画像列とレシピ」のデータセット 199

**4.5 言語と画像以外のモダリティ** ...................... **201**

4.5.1 モーションキャプチャ 202

4.5.2 その他のセンサ 204

4.5.3 情報入力デバイス 207

4.5.4 情報提示デバイス 212

**4.6 クロスモーダル処理の応用研究を知ろう！** ............... **213**

4.6.1 錯覚による食事の支援 213

4.6.2 調理者の意図を予測することによる調理ナビ 214

# 第5章 おわりに——料理と情報処理のこれから　221

**5.1 未来のキッチン** ........................................ **222**

**5.2 推薦図書** ............................................. **224**

**5.3 謝辞** ................................................. **227**

**参考文献** **230**

**索引（日英対応表）** **245**

# 第1章
# はじめに——なぜ料理と情報処理なのか？

　「キッチン・インフォマティクス」と題して、本書では私たちの日々の料理を支える自然言語処理と画像処理についてお話しします。一見、料理と自然言語処理や画像処理は遠い存在にあるように思われます。では、なぜ料理とこれらの技術を一緒に扱うのでしょうか。その背景にはなにがあるのでしょうか。本書のはじめに、本章では料理と自然言語処理、画像処理をとりまく世の中の変化、本書の内容と読者対象についてお話しします。

# 1.1　レシピや料理写真の増加

　今日、人々がレシピや料理写真をインターネットに投稿するのは珍しいことではありません。たとえば、2021 年 1 月の時点（本書の執筆時点）でクックパッド[*1]には 340 万品以上のレシピが、楽天レシピ[*2]には 210 万品以上のレシピが投稿されています。Facebook[*3]や Instagram[*4]にも、毎日、膨大な料理写真が投稿されています。これらのほとんどは一般の人が投稿したものです。

　このような行為が世間に広がったのは 2010 年頃からです。たとえば、2010 年 1 月、クックパッドはサービスが始まってから 10 年以上経っていましたが、そのレシピ数は 100 万品に満たないものでした。また、楽天レシピは始まってもいませんでした（同年 10 月開始）。一方、2020 年 1 月、両サービスのレシピ数は合わせて 500 万品を超えています。つまり、2010 年代の 10 年間で、クックパッドと楽天レシピだけで実に 400 万品以上のレシピが投稿されたことになります。レシピは今も増えつづけ、上でも述べたように、2021 年 1 月には合わせて 340 万 + 210 万 = 550 万品以上になっています。

　レシピや料理写真の投稿が増えたのにはさまざまな要因があります。その 1 つはスマートフォンの普及でしょう。図 1.1 は、情報通信機器の世帯保有状況の推移です。2010 年（平成 22 年）の時点では 9.7% だったスマートフォンの保有状況が、2019 年（令和元年）の時点では 83.4% まで上がっています。なお、iPhone が日本に上陸したのが 2008 年です。また、図には載っていませんが、2019 年のスマートフォンの個人保有状況は 67.6% だったそうです。このように、2010 年代はいつでもどこでも使える情報通信機器を多くの人が手にしました。これにより、レシピや料理写真にかぎらず、さまざまなコンテンツの投稿が増えたと考えられます。

　「鶏が先か、卵が先か」という話かもしれませんが、レシピや料理写真に関するサービスの普及も要因の 1 つでしょう。このようなサービスとしては、上で挙げたクックパッドや楽天レシピなどのレシピサービス以外にも、食べログ[*5]（2005 年

---

[*1]　https://cookpad.com/（日本版）
[*2]　https://recipe.rakuten.co.jp/
[*3]　https://www.facebook.com/
[*4]　https://www.instagram.com/
[*5]　https://tabelog.com/

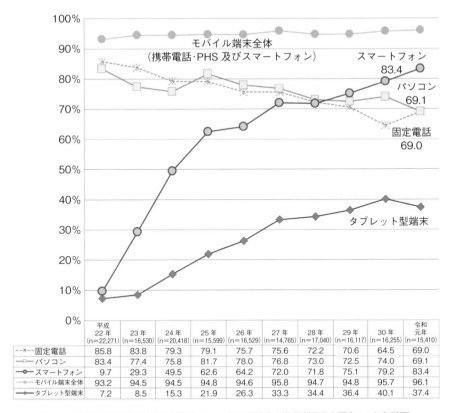

| | 平成22年<br>(n=22,271) | 23年<br>(n=16,530) | 24年<br>(n=20,418) | 25年<br>(n=15,599) | 26年<br>(n=16,529) | 27年<br>(n=14,765) | 28年<br>(n=17,040) | 29年<br>(n=16,117) | 30年<br>(n=16,255) | 令和元年<br>(n=15,410) |
|---|---|---|---|---|---|---|---|---|---|---|
| 固定電話 | 85.8 | 83.8 | 79.3 | 79.1 | 75.7 | 75.6 | 72.2 | 70.6 | 64.5 | 69.0 |
| パソコン | 83.4 | 77.4 | 75.8 | 81.7 | 78.0 | 76.8 | 73.0 | 72.5 | 74.0 | 69.1 |
| スマートフォン | 9.7 | 29.3 | 49.5 | 62.6 | 64.2 | 72.0 | 71.8 | 75.1 | 79.2 | 83.4 |
| モバイル端末全体 | 93.2 | 94.5 | 94.5 | 94.8 | 94.6 | 95.8 | 94.7 | 94.8 | 95.7 | 96.1 |
| タブレット型端末 | 7.2 | 8.5 | 15.3 | 21.9 | 26.3 | 33.3 | 34.4 | 36.4 | 40.1 | 37.4 |

**図** 1.1　情報通信機器の世帯保有状況（2020 年の総務省の通信利用動向調査 [1] から引用）

開始）や Retty[*6]（2011 年開始）などのグルメサービスがあります。また、ユーザー投稿型ではありませんが、最近はクラシル[*7]や DELISH KITCHEN[*8]（それぞれ 2016 年開始）などの料理動画サービスも人気です。スマートフォンの普及も相まって、これらのサービスも一気に広がり、レシピや料理写真の投稿に拍車をかけました。

　このように、インターネット上のレシピや料理写真はどんどん増えています。そして、2020 年代になった今もその数は増えつづけています。

---

[*6]　https://retty.me/

[*7]　https://www.kurashiru.com/

[*8]　https://delishkitchen.tv/

## 1.2 自然言語処理と画像処理の発展

さて、同じように2010年頃から世間に広がったものがあります。それは自然言語処理と画像処理です。これらは1950年頃から研究されていますが、アカデミア以外ではそれほど注目されていませんでした。しかし、2010年代になると、産業界でも徐々に注目されるようになります。

図 1.2 は自然言語処理や画像処理に関する国内会議のスポンサー数の推移です。図を見ると、この10年間に各会議のスポンサーが劇的に増えていることがわかります。なお、2020年にスポンサーが不自然に減っていますが、これはこの年に流行した新型コロナウイルス感染症の影響です。会議がオンライン開催になった結果、スポンサーの辞退やスポンサー枠の消滅があったそうです。このような例外的な出来事もありますが、全体的には、自然言語処理や画像処理に対する産業界の期待は、この10年間で明らかに高まっています。

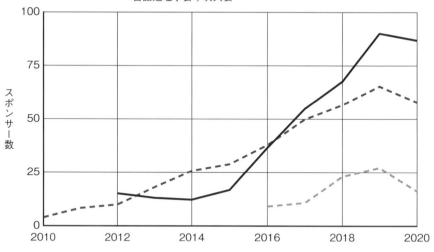

**図 1.2　国内会議のスポンサー数（筆者調べ）**

**Task 1: Classification**

（ａ）画像中の物体を認識するタスク

**Task 2: Detection
(Classification + Localization)**

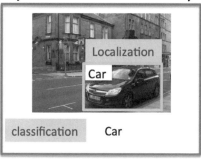

（ｂ）画像中の物体とその位置を
認識するタスク

図 1.3　ILSVRC のタスク（オーガナイザーの発表資料 [2] から引用）

　期待を高めるきっかけの 1 つになったのが 2012 年の ILSVRC[*9] です。これは画像処理のコンペティションです。参加者がとりくむタスクは毎年少しずつ違いますが、図 1.3 のように、基本的なタスクは画像に写っている物体やその位置を当てるシステムの性能を競うものです。ここで、ニューラルネットワーク（2.4.3 項などで解説）を用いたシステムが劇的な性能を見せました [3]。この出来事はアカデミアに激震をもたらし、その後、産業界にも徐々に伝わっていきました。

　ニューラルネットワークは、自然言語処理の世界にも発展をもたらしました。有名なものは 2013 年に発表された word2vec [4] や、2018 年に発表された BERT [5]（それぞれ、2.3.6 項と 2.6.3 項で解説）でしょう。とくに BERT は自然言語処理のさまざまなタスクで劇的な性能を見せ、こちらもアカデミアに激震をもたらしました。このような自然言語処理のさまざまな発展も、産業界に徐々に伝わっていきました。

　このように、2010 年代は自然言語処理と画像処理にとって飛躍の時期でした。そして、2020 年代になった今もその発展は続いています。

## 1.3　本書の内容と読者対象

　このような背景から、近年、料理に関する自然言語処理や画像処理の研究が増えています。さまざまな国内会議や国際会議でこれらの研究が見られるようにな

---

[*9]　http://image-net.org/challenges/LSVRC/2012/

りました。また、これらの研究をテーマとするワークショップも生まれました。代表的なものは2009年に始まったCEA[*10]や2015年に始まったMADiMa[*11]などです。たとえば、図1.4は2020年のCEAのCall for Papers（論文募集）です。料理に関するさまざまな研究が募集されています。

　研究だけではなく、料理に関する自然言語処理や画像処理の活用事例も増えています。代表的なものはクックパッドや楽天レシピなどのレシピサービスにおけるレシピ検索（図1.5(a)と図1.5(b)）です。これらは自然言語処理の活用事例です。また、先進的なものにはFoodLog[*12]などの食事記録サービスにおける料理認識（図1.5(c)）があります。これは画像処理の活用事例です。

　そこで、「キッチン・インフォマティクス」と題して、本書では私たちの日々の料理を支える自然言語処理と画像処理についてお話しします。具体的には、自然言語処理と画像処理の基礎を解説しつつ、料理に関するそれらの研究や活用事例などを紹介します。本書の内容は以下のとおりです。

- **第1章　はじめに**
- **第2章　料理と自然言語処理**
- **第3章　料理と画像処理**
- **第4章　料理とクロスモーダル処理**
- **第5章　おわりに**

第1章は本章です。以降、第2章で料理に関する言語情報の処理について、第3章で料理に関する視覚情報の処理について解説します。さらに、第4章では、言語情報と視覚情報をはじめとする複数の異なる情報の処理について解説します。最後に、第5章では自然言語処理と画像処理以外の情報処理の発展にも目を向け、未来のキッチンについて議論します。

　また、本書では所々に「技術コラム」と「コーヒーブレイク」を差し込みます。技術コラムは、文字どおり、技術的なコラムです。本文から少し逸れるものの、自然言語処理や画像処理に関わる技術的な話題をとりあげます。一方、コーヒーブレイクはもっと気楽なもので、技術的でない話題をとりあげます。コーヒーでも

---

[*10]　https://sigcea.org/workshop/

[*11]　https://madima.org/

[*12]　http://app.foodlog.jp/

# CEA2020

## The 12th Workshop on Multimedia for Cooking and Eating Activities

*Dublin, Ireland | October 26, 2020*

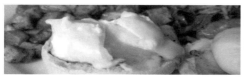

## Important Dates

- ✓ Title and abstract deadline: March 9, 2020
- ✓ Paper submission deadline: March 12, 2020
- ✓ Acceptance notification: March 28, 2020
- ✓ Camera ready deadline: April 15, 2020

## Call for Papers

Cooking is one of the most fundamental activities of humankind. It is not only connected with the joy of eating but also deeply affects various aspects of human life such as health, culinary art, entertainment, and human communication. Cooking at home requires experience and knowledge. They may also need support for food-logging and menu planning for their family health. Needless to say, support for a good and enjoyable meal would improve the quality of life. Systematic cooking/eating support for elderly or physically challenged people is also significantly important.

As the twelfth meeting of this workshop series, it aims to provide an opportunity for such research groups to discover each other, introduce their trials, and discuss how it should be and where they should go.

The workshop welcomes contributions in, but not limited to, the following topics:

- ✓ Application for cooking / eating support
- ✓ Cooking / eating archiving and recognition
- ✓ Learning contents creation for cooking
- ✓ Analysis of cooking / eating video
- ✓ Recipe image / video retrieval
- ✓ Analysis and utilization on cooking recipe
- ✓ Menu planning, dietary management, and food log
- ✓ Artificial agent for cooking/eating activity
- ✓ Sensing of taste / smell / texture
- ✓ Food communication (human-to-human / human-to-computer communication)
- ✓ Ubiquitous environment and interface in kitchen / dining room
- ✓ Intelligent home appliance
- ✓ Cooking navigation interface for the dementia and physically challenged person support
- ✓ Multimedia learning contents for dietary
- ✓ Multimedia information service for food safety and security
- ✓ Analysis of Web contents on cooking / eating activities
- ✓ Dataset and tools for cooking / eating activity analysis and benchmarking
- ✓ Robotic kitchen/dining

Website: http://sigcea.org/workshop/2020/
Email: contact@workshop.sigcea.org

## Paper Format

The length of papers is limited to 6 pages in the ACM proceedings format, including all text, figures, and references..

## Review Criteria

All papers will be reviewed by more than two experts based on:
- ✓ Originality of the content
- ✓ Quality of the content based on evaluation
- ✓ Relevance to the theme
- ✓ Clarity of the written presentation

## Organizing Committee

General Chair:
Ichiro Ide          (Nagoya Univ., JP)

Program Chairs:
Yoko Yamakata       (The Univ. of Tokyo, JP)
Atsushi Hashimoto   (OMRON SINIC X corp., JP)

Organizing Chair:
Keisuke Doman       (Chukyo Univ.,JP)

Publicity Chairs:
Shinsuke Nakajima   (Kyoto Sangyo Univ., JP)
Katsufumi Inoue     (Osaka Pref. Univ., JP)

Advisory Chairs:
Kiyoharu Aizawa     (The Univ. of Tokyo, JP)

## Sponsors

- ✓ SIG-CEA in HCG group of IEICE

図 1.4　CEA 2020 の Call for Papers

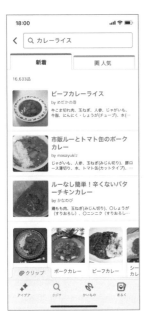  

(a) レシピ検索（クックパッド）　(b) レシピ検索（楽天レシピ）　(c) 料理認識（FoodLog）

**図1.5** 料理に関する自然言語処理や画像処理の活用事例

飲みながら読んでください。

　本書の読者対象は以下のような人です。

- **（a）大学などにいて、自然言語処理や画像処理の研究に興味がある人**
- **（b）企業などにいて、自然言語処理や画像処理の活用に興味がある人**

　（a）は、たとえば、情報系の研究室に所属する学生や先生です。自分の研究テーマをどうしようか。学生の研究テーマをどうしようか。そんな悩みを抱えている人に読んでほしいです。世界と比べると、日本は料理と自然言語処理に関する研究や料理と画像処理に関する研究が盛んで、データセットやツールなどのリソースが整っています。これは論文を書くうえで大きなメリットです。本書でこれらの研究に触れ、ぜひ、研究テーマを考えるきっかけにしてください。

　（b）は、たとえば、IT系のサービスを開発するエンジニアやディレクターです。自然言語処理や画像処理を自社にとりいれたい。けど、なにから始めたらよいのかがわからない。そんな悩みを抱えている人に読んでほしいです。料理は身近な

存在なので、料理に関する自然言語処理や画像処理の活用事例はとっつきやすい題材です。本書でこれらの活用事例に触れ、ぜひ、自然言語処理や画像処理を自社にとりいれるきっかけにしてください。

もちろん、ここで挙げた例にあたらない人も大歓迎です。ときどき、思いもよらない分野（例：経済）や職種（例：弁護士）の人が料理と自然言語処理や料理と画像処理というテーマに興味をもっていることを知り、驚かされることがあります。こういった人たちにも本書が役立つのであれば、筆者らも大変嬉しいです。「料理」や「自然言語処理」、「画像処理」などのキーワードが少しでも気になった人は、ぜひ、本書を読んでみてください。

それでは、本書のメインパートに進んでいきましょう。最初のテーマは料理と自然言語処理です。

---

## Coffee break ☕

**難易度アイコンについて**

各章では、自然言語処理や画像処理の初歩的な解説から始めますが、徐々に難しい話題になっていきます。また、実際に研究や開発を行わない方にとっては過剰となり得る説明もあります。そのため、第2章から第4章では、各節の見出しに以下のようなアイコンを付けています。左が最もやさしく、右が最も難しいことを表しています。

もしあなたが本書の読者対象であれば、ぜひすべて通読してみてください。実際に使用できるデータセットの案内や活用事例の説明もあるので、研究や開発をするときに役立つでしょう。もしあなたが違う立場の人であれば、高難易度を示すアイコンが付いている節は、わかりづらかったり不必要であったりするかもしれません。その場合、これらの節は、読み飛ばしていただいて差し支えありません。自分にとって必要かそうでないかを判断する1つの目安として、アイコンを役立ててください。

# 第**2**章
# 料理と自然言語処理

　「自然言語処理」とはなんでしょうか。ときどき耳にするものの、具体的にはどういったものなのでしょうか。また、本書で扱う料理というドメインでは、どのように使われているのでしょうか。

　本章のテーマは「料理と自然言語処理」です。自然言語処理について一通り学んだのち、料理と自然言語処理に関する研究や活用事例などを通して、ぱっと見は接点がなさそうな両者の関わりを紐解いていきましょう。

# ⌢ 2.1　はじめに

　突然ですが、料理において重要なものはなんでしょうか。材料は重要そうですね。新鮮な肉や魚、野菜を使うことで、料理はずっとおいしくなります。道具も重要でしょう。圧力鍋や低温調理器などがあれば、レパートリーがぐっと広がります。もちろん、個々人のスキルも重要です。初心者の料理と上級者の料理には明らかに差があります。ほかにも、さまざまな答えがありそうです。

　さて、ここではちょっと変わった答えについて考えてみましょう。それは**言語**（language）です。言語は人が行う知的活動の根幹を担うもので、多くの知的活動において重要です。そして、料理もその 1 つです。私たちは言語を使って、料理の作り方や味を伝えています。言語は私たちにとって当たり前の存在なので、その重要性に気づくことはなかなかありません。しかし、間違いなく、料理においても重要です。

　では、その重要な言語を、料理に関するアプリケーションではどのように扱っているのでしょうか。たとえば、レシピサービスで見られるさまざまなアプリケーション（例：レシピ検索）の裏側はどうなっているのでしょうか。そもそも言語は人が扱うものです。一方、アプリケーションの裏側にあるのはコンピュータです。コンピュータはどのように言語を扱っているのでしょうか。

　そこでキーワードとして出てくるのが自然言語処理です。本章では、以下の目次に沿って、料理と自然言語処理の関わりを紐解いていきます。

- **2.1 節 はじめに（本節）**
- **2.2 節 言語ってなんだろう？**
- **2.3 節 自然言語処理とは？**
- **2.4 節 自然言語処理の活用事例**
- **2.5 節 どんなデータセットがある？**
- **2.6 節 最新の研究動向を知ろう！**

まず、2.2 節では言語について、2.3 節では自然言語処理についてお話しします。次に、料理というドメインを軸にして、2.4 節と 2.5 節、2.6 節で自然言語処理の活用事例とデータセット、研究動向を眺めていきましょう。

# 2.2 言語ってなんだろう？

まず、**言語**について考えてみましょう。そもそも言語とはなんでしょうか。本章を書くにあたって、筆者もいくつかの国語辞典を引いてみました。以下は筆者が集めた言語の定義の一例です。

> げんご【言語】一定のきまりに従い音声や文字・記号を連ねて、意味を表すもの。また、その総体。そういう一まとまりの（形式的な）体系。ことば。言語で表現する行為を指すこともある。「——明晰」「——に絶する美しさ」

なお、これは岩波国語辞典 [6] における定義です。

言語の例として最もわかりやすいものは、日本語や英語でしょう。これらは私たちが生きるこの世界で自然に生まれた言語で、**自然言語**（natural language）とも呼ばれます。本書では、とくに断りがないかぎり、言語という単語を自然言語の意味で使います。

別の例として、**人工言語**（artificial language）があります。岩波国語辞典の言語の定義には、以下の補足的説明が続きます。

> 日本語・英語など（「日常——」「自然——」と呼ぶこともある）のほか、特定目的のために設計した記号体系を指すこともある（これを「人工——」「形式——」などと呼ぶ）。

このように、なんらかの目的のために人工的に作られた言語を人工言語と呼びます。この本を手にした人にとってわかりやすい例は、Python や Ruby などのプログラミング言語でしょう。

ここまでで、言語の定義についてはわかりました。では、言語の用途はなんでしょうか。それは「誰かになにかを伝えること」です。私たちは言語を使って会話を行い、メールを書き、資料を作り、SNS でつぶやくことで、誰かになにかを伝えています。

これは本書で扱う料理というドメインでも同じです。私たちは言語を使って誰かに料理の作り方や味などを伝えています。たとえば、レシピサービスのレシピは誰かに料理の作り方を伝えるもので、グルメサービスの口コミは誰かに料理の味を伝えるものです。

さて、言語は基本的に人間が扱うものです。では、言語をコンピュータで扱うにはどうすればいいのでしょうか。その答えが自然言語処理です。

---

### Tech column ✗

**機械学習**

　次節に進む前に、**機械学習**（machine learning）について触れておきましょう。近年の自然言語処理や画像処理では、機械学習が重要な役割を果たしています。1.2節で触れたニューラルネットワークも機械学習の一種です。なお、ニューラルネットワークについては 2.4.3 項の技術コラムなどでお話しします。

　機械学習とは、おおまかには、データに潜むパターンを機械的に見つけるための技術です。以下では、図 2.1 のように、あるレシピのクラスを判定する問題を例に使います。ここではレシピのクラスとして「主食」と「副食」を考えます。なお、副食は主食に対する概念で、その定義は「主食と一緒に食べるもの（主菜＋副菜）」です。このように、あるデータのクラスを判定する問題を**分類**（classification）と呼びます。

　まず、機械学習にはデータが不可欠です。今回の例では「主食であることが既知のレシピ」と「副食であることが既知のレシピ」が必要です。データは**訓練データ**（training data）と**検証データ**（validation data）、**テストデータ**（test data）に分けるのが一般的です。訓練データはモデル（後述）の学習に、検証データはモデルの調整に、テストデータはモデルの評価に使います。

　次に、各データから**特徴ベクトル**（feature vector）と**ラベル**（label）を作ります。特徴ベクトルは特徴量と呼ばれる変数からなるベクトルです。特徴量にはさまざまな情報を使うことができますが、そのなかで問題を解くのに役立ちそうなものを選びます。今回の例では、レシピのタイトル中の名詞とその出現頻度などが分類に役立ちそうです。

　ラベルは、この例では、「主食」か「副食」です。なにかを 2 つのクラスに分類する問題では、機械が扱いやすいように、片方のラベルに 1 を、もう片方のラベルに−1 を使ったりします。図 2.1 でも主食に 1 を、副食に−1 を使っています。なお、ラベルをタグや注釈と呼ぶこともあります。また、これらを人手でデータに付けることをラベル付与やタグ付け、注釈付けと呼びます。より専門的には**アノテーション**（annotation）と呼ぶこともあります。また、これらを行う人をアノテーターと呼びます。

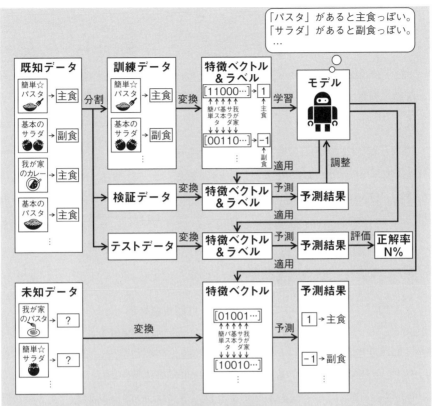

**図2.1　機械学習の概要**

　なお、より抽象的には、ラベルのような「答えとなる情報」を教師や正解（ときに、教師データや正解データ）と呼びます。また、これらにもとづく機械学習を**教師あり学習**（supervised learning）と呼び、これらにもとづかない機械学習を**教師なし学習**（unsupervised learning）と呼びます。答えとなる情報が使えないぶん、後者の方がより難しい問題になります。

　最後に、訓練データで**モデル**（model）を学習します。モデルは、たとえば、タイトルに「パスタ」という名詞があれば主食の可能性が高いといったパターンを学習します。モデルの実態はなんらかの数式や構造、それらに関するパラメータの集合です。モデルにはさまざまな種類があり、各々に長所と短所があります。いくつかのモデルは本書の各所で解説します。

　学習されたモデルは予測に使えるようになります。今回の例では、レシピが主食か副食かを予測できるようになります。検証データ中のレシピやテストデータ中の

レシピは主食か副食かが既知です。そのため、それらのレシピに対する予測結果でモデルを調整したり、モデルを評価したりできます。

　機械学習の最も実用的な価値は、未知のデータに対する予測でしょう。今回の例では、未知のレシピに対する主食か副食かの予測です。学習したパターンを使うことで、たとえば、モデルは「我が家のパスタ」というタイトルのレシピが主食だろうと予測できます。

　このように、機械学習を使うことで、人間と同じような知的な判断をコンピュータに行わせることができます。そして、人間と違って、コンピュータは膨大なデータを扱うことができます。つまり、機械学習を使うことで、膨大なデータに対して知的な判断を行うことができます。近年、機械学習はさまざまなところでその価値を発揮しています。

## 2.3 　自然言語処理とは？

　言語をコンピュータで扱うための技術が**自然言語処理**（natural language processing）です。図2.2は日本語における自然言語処理の概観です。単語単位の技術のうえに文節単位の技術が、そのうえに文単位の技術があります。また、これらの技術と相補的な関係のものとして、意味単位の技術があります。

　そして、これらのすべての技術のうえに、アプリケーションがあります。自然

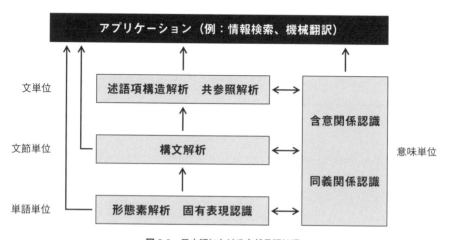

**図 2.2**　日本語における自然言語処理

言語処理に馴染みがない人も多いと思いますが、実は、私たちの身近にあるさまざまなアプリケーションで自然言語処理が使われています。情報検索システム（いわゆる検索エンジン）などはその代表例です。

本節では、図2.2中にある以下の7つの技術を紹介します。

- **2.3.1 項 形態素解析**
- **2.3.2 項 固有表現認識**
- **2.3.3 項 構文解析**
- **2.3.4 項 述語項構造解析**
- **2.3.5 項 共参照解析**
- **2.3.6 項 同義関係認識**
- **2.3.7 項 含意関係認識**

## 2.3.1　形態素解析

最初に紹介するのは**形態素解析**（morphological analysis）です。これは以下の3つの処理をまとめたものです。

**単 語 分 割**　文中の単語の区切りを認識する処理
**品詞タグ付け**　文中の単語の品詞を認識する処理
**見 出 し 語 化**　文中の単語の原形（辞書における見出し語）を認識する処理

**形態素**（morpheme）とは、意味をもつ最小の言語単位です。単語は1個以上の形態素からなります。スペースで単語が区切られている英語などと違って、日本語は単語の区切りが明確ではありません。そのため、形態素解析は日本語における自然言語処理で最も基礎的な技術になります。

なお、単語と形態素の区別は一般的に曖昧です。これは形態素の定義が場合によるからです。たとえば、「肉じゃが」という単語を1形態素とみなすか2形態素（「肉」と「じゃが」）とみなすかは場合によります。本書でもこの問題には深入りせず、単語と形態素という言葉を区別せずに使います。

形態素解析のイメージを図2.3に示します。形態素解析の入力は文です。図では「太郎はフランスパンを食べた」という文が入力です。一方、形態素解析の出力は文中の単語の区切りと各単語の品詞や原形などです。図では「太郎」や「は」、

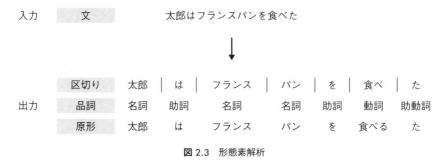

**図 2.3　形態素解析**

「フランス」などの単語の区切りと各単語の品詞と原形が出力です。

　形態素解析は、その処理のなかで 2 つの辞書を使っています。1 つは単語辞書です。この辞書には単語の原形（例：食べる）や品詞（例：動詞）、生起コスト（使われにくさ）などの情報が含まれています。もう 1 つは連接規則辞書です。この辞書には品詞ペア（例：名詞と助詞）の連接コスト（つながりにくさ）が含まれています。

　形態素解析では、まず、入力に対する出力の候補を洗い出します。具体的には、単語辞書と連接規則辞書を引いて、単語列としてありえる候補を洗い出します。そして、それらの候補のなかでコストの合計が最も低いものを最終的な出力として選びます。具体的には、各単語の生起コストと各品詞ペアの連接コストの合計が最も低い候補を出力として選びます。

---

### Tech column 🔧

#### MeCab

　形態素解析を行うツールを形態素解析器と呼びます。日本語の形態素解析器で最も有名なのは MeCab[1] でしょう。その実用性の高さから多くの研究者やエンジニアに使われています。この技術コラムでは、MeCab を使ったことがない人のために、その使い方をまとめています。

　まず、Mac であれば、以下のように Homebrew でインストールできます。

```
$ brew install mecab
$ brew install mecab-ipadic
```

---

[1]　https://taku910.github.io/mecab/

Homebrew 自体のインストール方法については、Homebrew の公式サイト[*2]に譲ります。

一方、ソースファイルからインストールするのであれば、その手順は以下のとおりです。

```
$ tar zxfv mecab-0.996.tar.gz
$ cd mecab-0.996
$ ./configure
$ make
$ su
$ make install
```

mecab-0.996.tar.gz がソースファイルです。なお、このファイルは本書の執筆時点で最新だったもので、MeCab の公式サイトからダウンロードできます。

MeCab をソースファイルからインストールする場合、MeCab 用の辞書もソースファイルからインストールする必要があります。その手順は以下のとおりです。

```
$ tar zxfv mecab-ipadic-2.7.0-20070801.tar.gz
$ cd mecab-ipadic-2.7.0-20070801
$ ./configure
$ make
$ su
$ make install
```

mecab-ipadic-2.7.0-20070801.tar.gz が辞書のソースファイルです。このファイルも本書の執筆時点で最新だったもので、MeCab の公式サイトからダウンロードできます。なお、MeCab 用の辞書はいくつかありますが、このファイルは公式サイトで推奨されている IPA 辞書のものです。

これで MeCab を使うことができます。mecab というコマンドを使って「太郎はフランスパンを食べた」という文を解析してみましょう。出力の各行が各単語の情報（左から表層形、品詞、品詞細分類1、品詞細分類2、品詞細分類3、活用型、活用形、原形、読み、発音）です。* はその情報が辞書に載っていないことを表しています。また、EOS は end of sentence の略で、そこで文が終わっていることを表しています。この出力を見れば、文中の単語の区切りや各単語の品詞や原形などがわかると思います。

---

[*2]　https://brew.sh/index_ja

```
$ echo 太郎はフランスパンを食べた | mecab
太郎    名詞, 固有名詞, 人名, 名,*,*, 太郎, タロウ, タロー
は      助詞, 係助詞,*,*,*,*, は, ハ, ワ
フランス        名詞, 固有名詞, 地域, 国,*,*, フランス, フランス, フランス
パン    名詞, 一般,*,*,*,*, パン, パン, パン
を      助詞, 格助詞, 一般,*,*,*, を, ヲ, ヲ
食べ    動詞, 自立,*,*, 一段, 連用形, 食べる, タベ, タベ
た      助動詞,*,*,*, 特殊・タ, 基本形, た, タ, タ
EOS
```

　このように、MeCabを使うことで形態素解析を行うことができます。使うだけで
あれば、それほど難しくなかったのではないでしょうか。多くの研究やアプリケー
ションがMeCabを使っています。形態素解析を行う機会があれば、まずはMeCab
を試してみるといいでしょう。

## 2.3.2　固有表現認識

　形態素解析と同じ単語単位の技術に**固有表現認識**（named entity recognition;
NER）があります。これは文中の**固有表現**（named entity）を認識する技術です。
形態素の定義と同じく、固有表現の定義も場合によります。代表的なのはIREX
というワークショップ[*3]における定義で、人名や地名、組織名などです。

　固有表現認識のイメージは図2.4のとおりです。固有表現認識では形態素解析
の出力を入力とするのが一般的です。ここでは図2.3の形態素解析の出力が入力
されたとしましょう。固有表現認識の出力は各単語に対する固有表現のラベルで
す。図では「太郎」が人名であることや「フランス」が地名であること、「は」な

**図2.4　固有表現認識**

---

[*3] https://nlp.cs.nyu.edu/irex/index-j.html

どが固有表現でないことがわかります。

　なお、固有表現が常に1単語だけからなるとはかぎりません。図では、「太郎」や「フランス」のように、1単語だけでした。一方、「山田太郎」のように2単語（「山田」と「太郎」）からなる場合もあれば、「エールフランス航空」のように3単語（「エール（フランス語で「翼」）」と「フランス」と「航空」）からなる場合もあります。さらに多くの単語からなる場合もあります。

　固有表現認識は、機械学習で行われるのが一般的です。固有表現認識の場合、図2.4の上部のような単語列と、下部のようなラベル列のペアを訓練データとして集めます。そして、単語列からラベル列を予測するモデルを作ります。

　なお、形態素解析用の一部の単語辞書には固有表現が含まれています。たとえば、前項の技術コラムのMeCabの出力を見ると、「太郎」や「フランス」が人名や地名であることがわかります。これはIPA辞書にこれらの固有表現が含まれているからです。このように、形態素解析を行うだけで固有表現がある程度わかる場合もあります。

## 2.3.3　構文解析

　文の構造を認識する技術を**構文解析**（syntactic analysis）と呼びます。文の構造にもさまざまな定義があります。たとえば、文節と文節の関係や句と句の関係、単語と単語の関係などです。ここでは、文節と文節の関係を文の構造とする構文解析について紹介します。

　構文解析のイメージを図2.5に示します。構文解析の入力も形態素解析の出力とするのが一般的です。今回も図2.3の形態素解析の出力が入力されたとします。文節と文節の関係を文の構造とする構文解析では、まず、文節の区切りを認識します。文節は1個以上の内容語（例：名詞）と0個以上の付属語（例：助詞）からなる言語単位です。文節の区切りは簡単なルールで認識できます。もちろん、訓練データさえあれば、機械学習でも認識できます。

　次に、各文節の係り先を認識します。係り先の認識には機械学習を使うのが一般的です。具体的には、文節間の係り受け関係が付いた文を訓練データとして集め、文節の係り先を予測するモデルを作ります。また、文節は基本的に前から後ろに係る、文節は近くの文節に係りやすい、各文節はただ1つの文節に係る、係り受けは基本的に交差しないといった経験則もよく使われます。

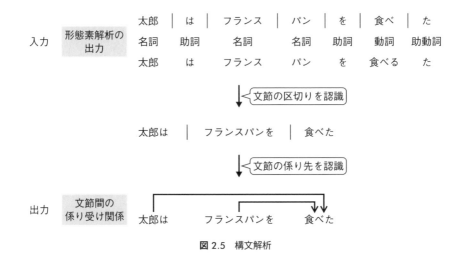

**図 2.5** 構文解析

## 2.3.4 述語項構造解析

図 2.2 を見返すと、形態素解析と固有表現認識は単語単位の技術で、構文解析は文節単位の技術でした。次に、文単位の技術を紹介します。最初に紹介するのは**述語項構造解析**（predicate-argument structure analysis）です。

述語項構造解析は文中（もしくは、文書中）の**述語**（predicate）と**項**（argument）の関係を認識する技術です。述語とは、たとえば、動詞や形容詞です。一方、項とは述語が表す動作や状態に関する要素です。述語項構造解析と言うと仰々しいですが、簡単に言えば、文中の「誰がなにをどうした」のような情報を認識する技術です。

述語項構造解析のイメージは図 2.6 のとおりです。述語項構造解析の入力は構文解析の出力とするのが一般的です。この例では、「食べた」のガ格が「太郎」で、ヲ格が「フランスパン」であると認識するのが述語項構造解析の目的です。ガ格やヲ格とは述語に対する項の関係です。ここでの関係は、おおまかには、主語や目的語などです。

述語の格（例：ガ格）は、格助詞（例：が）が現れていれば、比較的簡単にわかります。しかし、文中にいつも格助詞が現れているとはかぎりません。たとえば、図 2.6 の「食べた」のガ格は「太郎」ですが、「が」という格助詞は文中に現

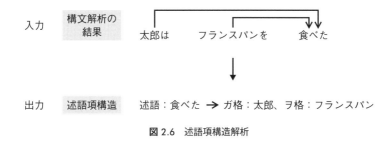

**図 2.6**　述語項構造解析

れていません。なお、「は」は提題助詞です。品詞体系によっては、係助詞や副助詞とも呼ばれます。

　述語項構造解析とよく似た技術に**格解析**（case analysis）があります。これは係り受け関係にある述語と項の関係を認識する技術です。図2.7の「買った」を例にしましょう。この場合、「買った」と係り受け関係にある「フランスパン」と「花子」がこの述語のヲ格とニ格であると認識するのが格解析の目的です。

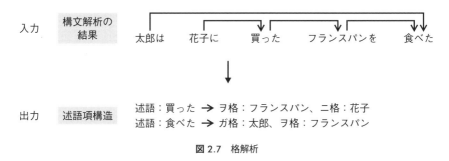

**図 2.7**　格解析

　一方、述語項構造解析の目的は「買った」のガ格とヲ格、ニ格が「太郎」と「フランスパン」、「花子」であると認識することです。「買った」と「太郎」は係り受け関係にありませんが、それらの述語項関係も認識します。まとめると、係り受け関係にある述語と項の関係のみを扱うのが格解析で、係り受け関係にない述語と項の関係も扱うのが述語項構造解析です。

　述語項構造解析や格解析では述語と項の関係を認識するのに格フレーム辞書が使われてきました。これは述語がもつ意味ごとにその項をまとめた辞書です。一方、近年では述語と項の関係が付いた文を訓練データとして集め、それらの関係を認識する機械学習のモデルを作るのが一般的です。

## 2.3.5 共参照解析

　文中(もしくは、文書中)の2つの表現が同じ対象を指すことを**共参照**(coreference)と呼びます。たとえば、図2.8では「花子」と「彼女」が同じ対象を指しています。これが共参照です。共参照関係を認識する技術を**共参照解析**(coreference resolution)と呼びます。

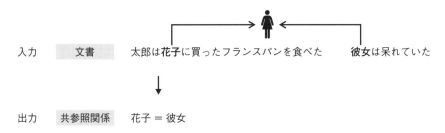

**図 2.8　共参照解析**

　共参照とよく似た関係に**照応**(anaphora)があります。図2.9のように、「花子」と「彼女」は後者が前者を指しているとも言えます。これが照応です。「彼女」のように指す側を照応詞と、「花子」のように指される側を先行詞と呼びます。また、これらの関係を認識する技術を**照応解析**(anaphora resolution)と呼びます。

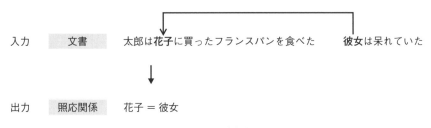

**図 2.9　照応解析**

　ほかの技術と同じく、共参照解析や照応解析でも機械学習や経験則が使われます。共参照関係や照応関係が付いた訓練データがあれば、2つの表現の間にそれらの関係があるか否かを判定するモデルが作れます。経験則としては、たとえば、「彼女」は女性を表す単語を指すといったものがあります。

## 2.3.6 同義関係認識

単語や文節、文などの言語単位の技術とは別に意味単位の技術があります。最も代表的なのは、ある表現と別の表現が同義であるか否かを認識するというものです。これを一般的に**同義語判定**（synonym identification）と呼びます。しかし、2つ下の段落で述べるように、同義関係は単語間だけに成り立つわけではありません。そこで、本書では「同義語」という単語を示す表現は使わず、この技術を「同義関係認識」と呼ぶことにします。なお、この呼び方は次項で述べる「含意関係認識」と揃えてみたものです。

図2.10のように、同義関係認識では「食べる」と「たべる」は同義で、「食べる」と「飲む」は同義でないといったことを認識します。なお、「食べる」と「たべる」は異表記同義の例です。異形同義の例もあります。たとえば、「食べる」と「食う」は異形同義です。

**図 2.10** 同義関係認識（単語単位）

さて、図2.10の例は単語単位での同義関係でした。述語項構造のように、単語より大きな言語単位での同義関係もあります。図2.11を例にしましょう。この場合、「食う」と「使う」は同義ではありませんが、「メモリを食う」と「メモリを使う」は同義です。

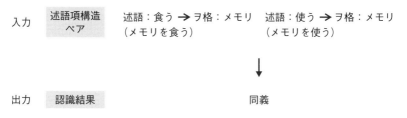

**図 2.11** 同義関係認識（述語項構造単位）

　同義関係認識には同義表現辞書を使うのが一般的です。これは単語や述語項構造の同義表現を人手でまとめた辞書です。一方、**分布仮説**（distributional hypothesis）を使えば、同義表現を自動で集めることもできます。これは「似た文脈で現れる 2 つの表現は似た意味をもつ」という仮説です。ただし、自動で集めた同義表現には間違ったものが含まれることもあります。

　**語義曖昧性解消**（word sense disambiguation）についても紹介しておきましょう。これは同義関係認識とちょうど正反対の関係にあるような技術です。同義関係認識は、ある意味をもつ複数の表現を認識する技術です。一方、語義曖昧性解消は、ある表現がもつ複数の意味を識別する技術です。たとえば、「仏」という表現が「フランス」の意味か「ほとけ」の意味かを識別するのが語義曖昧性解消です。

---

### Tech column 🛠

#### word2vec

　本文で「分布仮説」というキーワードが出てきました。この仮説にもとづいて単語の意味をベクトルで表す方法の 1 つが **word2vec**（ワードツーベック）[4] です。1.2 節でも触れたように、word2vec は 2013 年に発表され、あとで述べる衝撃的な性質によってアカデミアだけでなく産業界にも広く知れ渡りました。

　word2vec では、ある単語を入力として、その周囲に現れる単語（＝文脈）を出力とするニューラルネットワーク（もしくは、その逆を行うニューラルネットワーク）を学習します。そして、学習されたモデルのパラメータを単語の意味を表すベクトルとします。なお、ニューラルネットワークについては 2.4.3 項の技術コラムなどで解説します。また、このように単語の意味を表したベクトルを**分散表現**（distributed representation）と呼びます。

　小難しい話は飛ばして、word2vec でなにができるのかを見ていきましょう。まず、word2vec を使えば、ある単語と似た意味をもつ単語を見つけることができます。単語の意味をベクトルで表すことができれば、ベクトル間の類似度（単語間の類似度）を計算することで、似た意味をもつベクトル（単語）を見つけることができるのです。

　具体例を見てみましょう。以下では、筆者がクックパッドのレシピで学習した word2vec のモデルを使います。なお、実装には gensim[*4] という Python のライブ

---

*4　https://radimrehurek.com/gensim/

ラリを使いました。たとえば、「玉ねぎ」と似た意味をもつ単語を見つけてみましょう。gensim を使えば、以下のようなコードでこれを行うことができます。

```
$ python
$ >>> from gensim.models import Word2Vec
$ >>> model = Word2Vec.load(`word2vec.model')
$ >>> model.wv.most_similar(positive=[`玉ねぎ'])
$ [(`たまねぎ', 0.9236849546432495), (`タマネギ', 0.9153808355331421),
... ]
```

見事に、「玉ねぎ」と異表記同義の「たまねぎ」や「タマネギ」を見つけることができました。なお、各単語の後ろの数値は「玉ねぎ」との類似度です。また、コード中の word2vec.model は筆者が学習した word2vec のモデルのファイルです。

　さて、実は、ここまでは word2vec 以外の方法でもできました。word2vec が衝撃的だったのは、なぜか、単語の意味を足したり引いたりできたことです。有名な例は「king」のベクトルから「man」のベクトルを引いて「woman」のベクトルを足すと「queen」のベクトルが得られたというものです。このような意味の足し算や引き算は word2vec 以外の方法ではできないことでした。

　我々のモデルでも試してみましょう。筆者は大阪で育ったのですが、東京で初めてもんじゃ焼きを目にしたとき、「こんな料理があるのか」と驚きました。では、東京におけるもんじゃ焼きは、大阪におけるなにあたるのでしょうか。「もんじゃ焼き」のベクトルから「東京」のベクトルを引いて「大阪」のベクトルを足してみましょう。

```
$ >>> model.wv.most_similar(positive=[`大阪', `もんじゃ焼き'], negative=
[`東京'])
$ [(`お好み焼き', 0.7188850045204163), (`タコ焼き', 0.6679619550704956),
... ]
```

大阪におけるもんじゃ焼きはお好み焼きでした。なんとなく納得がいく結果ではないでしょうか。二番目の候補であるタコ焼きも、わからないでもない気がします。

　このように、word2vec によって得られるベクトルは単語の意味をうまく捉えているように見えます。実際、このベクトルを使うことで、自然言語処理のさまざまなシステムの性能が上がりました。これらの結果によって word2vec は多くの人々の目を引き、アカデミアや産業界における自然言語処理のプレゼンスを高める一役を担ったのでした。

### 2.3.7　含意関係認識

本節の最後に紹介するのは**含意関係認識**（recognizing textual entailment; RTE）です。これは、$T$ と $H$ という2つの文があるとき、$T$ が $H$ を含意しているか否かを認識する技術です。たとえば、図2.12の $T$ は $H_1$ を含意しており、$H_2$ を含意していないと認識するのが含意関係認識です。

$T$　太郎は花子に買ったフランスパンを食べた

$H_1$　太郎はフランスパンを食べた

$H_2$　花子はフランスパンを食べた

$H_3$　太郎は花子に買ったパンを食べた

$H_4$　太郎はパンを買って、食べた

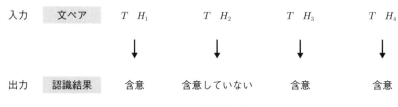

図 2.12　含意関係認識

図の $T$ と $H_3$ も含意関係にあります。この例では「パン」と「フランスパン」の間に、前者が**上位語**（hypernym）で後者が**下位語**（hyponym）という関係があります。「フランスパンを食べた」が「パンを食べた」を含意しているため、$T$ が $H_3$ を含意していることになります。

また、図の $T$ と $H_4$ も含意関係にあります。この例では、$T$ と $H_4$ における「買った」と「食べた」の述語項関係まで考えなければ、含意関係がわかりません。このように、含意関係認識は、ほかのさまざまな技術を必要とする非常に高度な技術です。本節で紹介してきたほかの技術にも言えることですが、人間には簡単にわかることが、コンピュータには難しいのです。

## 🐙 2.4　自然言語処理の活用事例

前節では、日本語における自然言語処理の代表的な技術を紹介しました。図2.2

を見返すと、単語単位の技術や文節単位の技術、文単位の技術、意味単位の技術がありました。そして、これらの技術のうえにアプリケーションがありました。

では、本書で扱う料理というドメインではどういったアプリケーションがあるのでしょうか。自然言語処理に関するアプリケーションとしては、情報検索や機械翻訳が代表的です。これを料理というドメインに絞ると、どういったものがあるのでしょうか。

本節からは、いよいよ、本章のテーマである「料理と自然言語処理」に関する話題に入ります。本節では料理と自然言語処理に関するアプリケーションとして以下の7つを紹介します。

- **2.4.1 項 レシピ検索**
- **2.4.2 項 レシピ分類**
- **2.4.3 項 材料正規化**
- **2.4.4 項 分量換算**
- **2.4.5 項 レシピ読み上げ**
- **2.4.6 項 材料提案**
- **2.4.7 項 重複レシピ検知**

## 2.4.1　レシピ検索

自然言語処理に関するアプリケーションとして最も代表的なのが**情報検索**（information retrieval）です。これは、多くの場合、ユーザが欲する情報を文書集合から探すもので、**文書検索**（document retrieval）とも呼ばれます。身近な例はGoogleやYahoo! の情報検索システム（以下、検索エンジン）でしょう。

料理ドメインにもさまざまな検索があります。「文書」がレシピであるのがレシピ検索です。わかりやすい例はクックパッドや楽天レシピでしょう。また、「文書」がレストラン（の紹介ページ）であるのがレストラン検索です。わかりやすい例は食べログやRettyでしょう。

では、これらの検索ではどのように自然言語処理が使われているのでしょうか。クックパッドや楽天レシピで、たとえば、「たまねぎ」という**クエリ**（query）で検索してみてください。図2.13のように、このクエリに関するレシピが返ってくるはずです。なお、クエリとはシステムに対するユーザの要求で、この例では「た

**図 2.13　レシピ検索**

まねぎ」です。このように検索結果が得られるのは、2.3.1 項や 2.3.2 項で紹介した形態素解析や固有表現認識のおかげです。

　多くの検索エンジンはユーザから与えられたクエリを含む文書を探し、その結果をユーザに返しています。そのためには、検索対象となる文書集合中の各文書に現れる単語や固有表現を知っておく必要があります。ここで形態素解析や固有表現認識が使われています。

　次に、「たまねぎ」でなく、「玉葱」や「玉ねぎ」、「オニオン」といったクエリでも検索してみてください。「たまねぎ」と同じ検索結果が返ってきたのではないでしょうか。「たまねぎ」の検索結果でも、図 2.13 のように、これらの単語を含むレシピが返ってきていたはずです。これは 2.3.6 項で紹介した同義関係認識のおか

げです。

　検索エンジンでは同義表現辞書を使って、同義表現を認識しています。なお、クックパッドの場合、辞書は人手で作っています。つまり、「たまねぎ」と「玉葱」、「玉ねぎ」、「オニオン」などが同義であるというデータを人手で都度辞書に足しています。この辺りの運用は検索エンジンごとに違うかと思います。

## 2.4.2　レシピ分類

　**文書分類**（document classification）も、自然言語処理に関する代表的なアプリケーションです。これは、前もって決めておいた2つ以上のクラスのいずれか（場合によってはいくつか）に文書を分類するものです。身近な例はGmailなどにおける迷惑メールフィルタでしょう。この場合、「クラス」は迷惑メールと非迷惑メール（普通のメール）で、「文書」はメールです。

　料理ドメインにおける分類としては、レシピ分類やレストラン分類があります。図2.14はレシピ分類のイメージです。レシピ検索の結果には、図2.13のように、主食や主菜、副菜、汁物のレシピが混ざっています。レシピ分類を行えば、レシピ検索の結果をこれらのクラスに分類できます。図2.14は、図2.13の検索結果を汁物で絞り込んだときのイメージです。なお、クラスはなんでも構いません。和食や洋食、中華といったものも考えられそうです。

　文書分類の裏側はどうなっているのでしょうか。上の例であれば、汁物のレシピであれば1、そうでなければ−1といったラベルを前もってすべてのレシピに付ければよさそうです。しかし、これを人手で行うのは大変です。クックパッドの場合、2021年1月の時点で約340万品以上のレシピが投稿されています。その一つひとつに人手でラベルを付けるのは現実的ではありません。

　そこで、自然言語処理や機械学習の出番です。上の例であれば、まず、人手でラベルを付けたレシピを訓練データとして集めます。なお、訓練データは1,000品もあれば十分で、この程度の分量であれば、人手でも大丈夫です。筆者の経験上、数時間でラベルを付けることができます。

　そして、レシピを分類するモデルを訓練データで学習します。学習の際は、2.2節の「機械学習」の技術コラムでも述べたように、各レシピを特徴ベクトルで表す必要があります。ここで自然言語処理が使われます。形態素解析や固有表現認識を使えば、同コラムの図2.1のように、レシピを単語や固有表現の特徴ベクトル

**図 2.14 レシピ分類**

で表すことができます。また、構文解析や述語構造解析を使えば、レシピを文節係り受けや述語項構造で表すこともできます。学習されたモデルを使えば、任意のレシピを分類できます。

## 2.4.3 材料正規化

料理に対する関心事の 1 つが栄養価です。つまり、料理のカロリーやタンパク質、炭水化物、ビタミンなどです。自分の料理にしろ、レストランの料理にしろ、その栄養価を気にする人は少なくありません。近年の健康志向の高まりも相まって、その数は増えているように思われます。

一方、実は、レシピから料理の栄養価を計算するのは大変です。レシピがあれ

ば、書いてある材料からその栄養価が計算できそうです。しかし、ユーザ投稿型のレシピサービスの場合、ユーザが思い思いの表現で材料を書きます。このようなレシピの栄養価を計算するのは簡単ではありません。

たとえば、「しょうゆ」は大さじ1杯で約13kcalです。これは、日本食品標準成分表[7]などの「しょうゆ」（こいくちしょうゆ）の項目を引けば、簡単にわかります。そのため、レシピに「しょうゆ」と書いてあれば、少なくともこの材料の栄養価はわかります。

しかし、「しょうゆ」が常にこの表現で書かれているとはかぎりません。たとえば、「しょう油」や「ショウユ」、「★醤油」、「しょうゆ（お好みで）」などのように書かれているかもしれません。これらの栄養価を知るためには、これらを「しょうゆ」に正規化する必要があります。ここでいう「正規化」とは、ある概念に関するさまざまな表現を一つの表現に揃えることです。なお、材料の冒頭の記号は「★の材料を混ぜる」のような手順を書くために使われます。

さて、自然言語処理の世界では、ある表現を同じ意味の別の表現に変換するアプリケーションを**機械翻訳**（machine translation）と呼びます。身近な例はGoogle翻訳やエキサイト翻訳でしょう。この場合、「ある表現」はある言語の文章で、「別の表現」は別の言語の文章です。

材料正規化も機械翻訳の一種とみなせます。まず、訓練データを集めます。ここでの訓練データはレシピの材料の文字列と人手で正規化した文字列（そのままのこともあります）です。次に、図2.15のように、正規化前の材料（図では「★醤油」）を正規化後の材料（図では「しょうゆ」）に変換するモデルを学習します。なお、このモデルはエンコーダ・デコーダと呼ばれるもので、2.6.1項の「RNN」の技術コラムで紹介します。また、2.3.1項の「MeCab」の技術コラムでも出てきましたが、EOSは文の終わりを示す特殊なシンボルです。

学習されたモデルを使えば、訓練データに含まれていない材料も正規化できます。なお、低頻度の材料の正規化は難しく、現状の正解率は70%程度です[8, 9]。レシピ中のすべての材料が正規化されていれば、それらの栄養価を足し合わせることで、レシピの栄養価が計算できます。

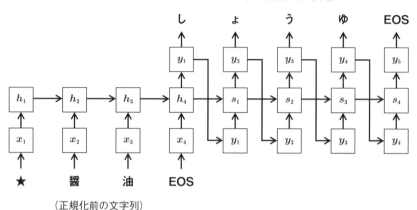

**図 2.15　材料正規化**

Tech column 🔧

**パーセプトロン**

　本文でエンコーダ・デコーダというモデルが出てきました。このモデルは**ニューラルネットワーク**（neural network）の一種です。ニューラルネットワークは図2.16(a) や 2.16(b) のようなノード（図の丸）とエッジ（図の矢印）で表されるモデルの総称です。1.2 節でも述べたように、ニューラルネットワークは自然言語処理や画像処理の世界にさまざまな発展をもたらしました。

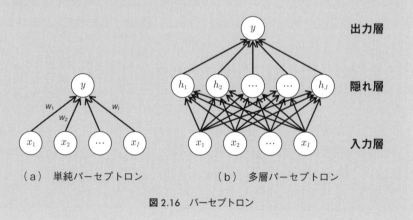

**図 2.16　パーセプトロン**

　さて、エンコーダ・デコーダについて紹介したいところですが、そのためには多くの前提知識が必要です。そこで、まず、この技術コラムではニューラルネットワークの基本である**パーセプトロン**（perceptron）について紹介します。エンコーダ・デコーダについては、本文でも述べたように、2.6.1項の技術コラムで紹介します。まずは基本から押さえていきましょう。

　図2.16(a)は**単純パーセプトロン**（simple perceptron）と呼ばれるモデルです。これは最もシンプルなニューラルネットワークです。単純パーセプトロンでは、まず、入力 $x = (x_1, x_2, \ldots, x_I)$ の各要素 $x_i$ にパラメータ $w_i$ を掛けます。そして、それらの和 $\sum_i w_i x_i$ を関数 $\alpha$ に通した結果 $\alpha(\sum_i w_i x_i)$ を出力 $y$ とします。$y$ の値によって $x$ を2値に分類できます。

　$\alpha$ は**活性化関数**（activation function）と呼ばれます。たとえば、図2.17(a)は活性化関数の一種であるステップ関数です。これは $\theta$ が閾値（図では0）未満であれば0を、閾値以上であれば1を返す関数です。一方、図2.17(b)はシグモイド関数です。これはステップ関数を滑らかにしたような関数です。ステップ関数と違って微分可能で、あとで述べる**誤差逆伝播法**（backpropagation）に使うことができます。

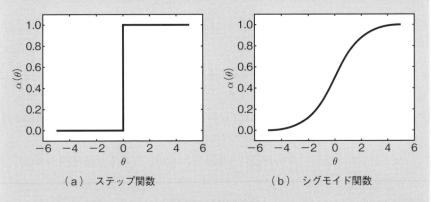

（a）　ステップ関数　　　　　　（b）　シグモイド関数

図 2.17　活性化関数

　図2.16(b)は**多層パーセプトロン**（multi-layer perceptron）と呼ばれるモデルです。これは単純パーセプトロンをたくさん並べたものです。層とは1つ以上のノードの並びで、図は3層の多層パーセプトロンです。入力にあたる層は入力層と、出力にあたる層は出力層と呼ばれます。それ以外の層は隠れ層や中間層と呼ばれます。また、あとで触れる深層学習の文脈では、図のようにすべてのノードが隣の層のノードとつながっている層は**全結合層**（fully-connected layer）と呼ばれます。

なお、図 2.15 や図 2.18 のように、本章では層を四角で、層と層の間の矢印を 1 本の矢印で表すことがあります。これは単に図の簡略化のためです。

多層パーセプトロン（および、その他の一般的なニューラルネットワーク）の学習に使われるのが誤差逆伝播法です。誤差逆伝播法では、まず、パラメータに適当な初期値を与えます。次に、そのパラメータを用いて、訓練データの入力に対する出力を求めます。そして、出力の値と正解の値との誤差を求め、これが小さくなるように出力層の手前のパラメータを調整します。同様の処理を出力層から入力層に向かって順番に行い、すべてのパラメータを調整します。

さて、層を増やしていくと、複雑な問題でも解けるようになります。しかし、実は、パラメータの学習が難しくなります。具体的には、出力層から遠くにあるパラメータの学習が難しくなります。この問題を解決したのが**深層学習**（deep learning）です。その背後にはさまざまな工夫があります。その 1 つである活性化関数 ReLU については 3.8.1 項で紹介します。

この技術コラムはここまでです。2.6.1 項の技術コラムではこの続きをお話しし、最終的にエンコーダ・デコーダについて紹介します。

## 2.4.4　分量換算

材料正規化のついでに、分量換算についても紹介しておきましょう。ユーザ投稿型のレシピサービスでは、材料だけでなく、分量も正規化されていません。なお、ここでの「分量」はレシピ中の各材料の分量（例：100 グラム）ではなく、レシピそのものの分量（例：1 人分）です。

分量が正規化されていないとは、分量が「$N$ 人分」という表現で書かれているとはかぎらない、ということです。「グラノーラクッキー」というタイトルのレシピがあったとしましょう。これはクッキーのレシピなので、その分量として「$N$ 人分」以外にも「$N$ 枚分」や「$N$ 個分」などの表現があります。複雑な例だと、「鉄板 $N$ 枚分」という表現もあります。

分量が正規化されていないと、レシピを比べるのが難しくなります。同じクッキーのレシピでも、その分量が「5 人分」だった場合と、「12 枚分」だった場合で、1 人分のカロリーはどちらが高いでしょうか。これは分量を正規化（「$N$ 人分」に換算）しなければわかりません。

　少し強引ですが、この問題も機械翻訳の1つとみなせます。材料正規化と同じく、まず、訓練データを集めます。ここでの訓練データはレシピのタイトルと換算前後の分量の文字列です。次に、図2.18のように、タイトル（図では「グラノーラクッキー」）と換算前の分量（図では「12枚分」）を換算後の分量（図では「6」）に変換するモデルを学習します。

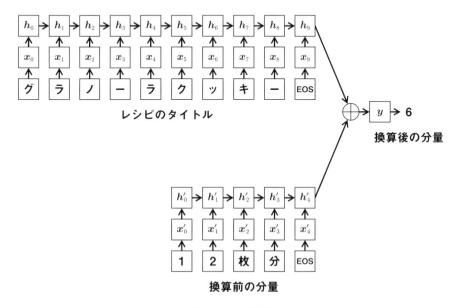

**図 2.18　分量換算**

　学習されたモデルを使えば、訓練データに含まれていない分量も換算できます。なお、現状の正解率は60%程度ですが、これは人間の正解率とほぼ同等であることがわかっています [9]。

## 2.4.5　レシピ読み上げ

　スマートフォンの次に現れた新しいデバイスとして、スマートスピーカーがあります。日本では2017年10月にGoogle Homeが、同年11月にAmazon Echoが発売されました。スマートスピーカーは**音声対話**（spoken dialogue）が行えるデバイスです。音声対話とはデバイスとの対話を通してユーザの要求（例：質問）に応えるアプリケーションです。

　料理ドメインにおける音声対話としてレシピ読み上げがあります。これはユー

ザが選んだレシピをスマートスピーカーが読み上げてくれるものです。調理中は何度もレシピを見たくなります。しかし、手が塞がっていたり、汚れているので、スマートフォンなどを触るのは気が引けます。一方、スマートスピーカーであれば、なにも触ることなく、レシピを「聞く」ことができます。

　世の中には多くのレシピサービスのレシピ読み上げがあります。たとえば、Amazon Echo のスキルストアを眺めると、DELISH KITCHEN やみんなのきょうの料理、ゼクシィキッチンなどのレシピ読み上げが見つかります。なお、「スキル」というのは Amazon Echo の拡張機能です。

　一方、クックパッドなどのユーザ投稿型のレシピサービスのレシピを読み上げるのは簡単ではありません。これはユーザが投稿したレシピには、調理とは関係ない手順が混じっていることがあるからです。典型的な例は、図 2.19 の 4 番目の手順のようなものです。これらは調理と関係ないため、読み上げる必要がありません。

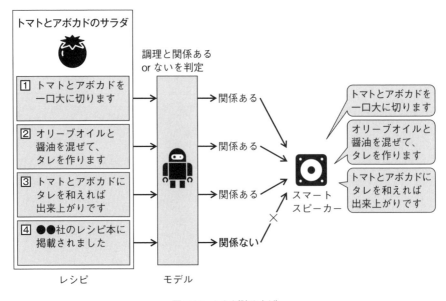

**図 2.19　レシピ読み上げ**

　ここでも自然言語処理と機械学習が使えます [10, 11]。まず、調理と関係ある手順と関係ない手順を訓練データとして集めます。次に、形態素解析などを通して各手順を特徴ベクトルで表します。また、調理との関係の有無をラベルとして表

します。特徴ベクトルからラベルを予測するモデルを学習すれば、図2.19のように、調理と関係ある手順のみを読み上げることができます。

## 2.4.6 材料提案

ユーザ投稿型のサービスでは「いかに多くのコンテンツをユーザに投稿してもらうか」が非常に重要です。レシピが投稿されなければ、クックパッドや楽天レシピなどはそもそもサービスが成り立ちません。コンテンツの数はサービスの競争力にも関わります。

しかし、コンテンツの投稿は簡単な作業ではありません。レシピを投稿することを想像してみてください。一つひとつの材料や手順を入力するのはなかなか面倒ではないでしょうか。ましてや、1.1節でも述べたように近年ではスマートフォンからの投稿が増えています。スマートフォンで一文字一文字入力するのはかなり大変ではないでしょうか。

テキストの入力をサポートするアプリケーションに**自動補完**（autocomplete）があります。ウェブブラウザのアドレスバーや検索エンジンの検索窓になんらかの文字を入力すると、その文字から始まるURLやクエリが表示されることがあります。これらは自動補完の一例です。ユーザは表示されたURLやクエリを選ぶだけで、それらをアドレスバーや検索窓に入力できます。

レシピ投稿における材料提案は、自動補完とよく似ています。このアプリケーションは、ユーザがレシピのタイトルを入力したら、そのレシピで使われていそうな材料を提案してくれるというものです。「鮭と白菜のクリーム煮」というタイトルであれば、たとえば、図2.20のように「白菜」や「牛乳」、「鮭」、「バター」といった材料がスマートフォンの画面に表示されます。ユーザは、これらを選ぶだけで材料を入力できます。

材料提案の裏側にあるのも自然言語処理と機械学習です[12]。まず、レシピのタイトルと材料のペアを訓練データとして集めます。次に、形態素解析などを通してタイトルを特徴ベクトルで表します。また、材料をラベル（図2.20では$m$や$n$などの数字）で表します。これで、訓練データが十分にあれば、特徴ベクトルからラベルを予測するモデル（図2.20ではニューラルネットワーク）が学習できます。

ユーザがタイトルを入力したときの挙動は、次のとおりです。まず、タイトルをサーバーに送ります。次に、学習時と同じように、タイトルを特徴ベクトルで

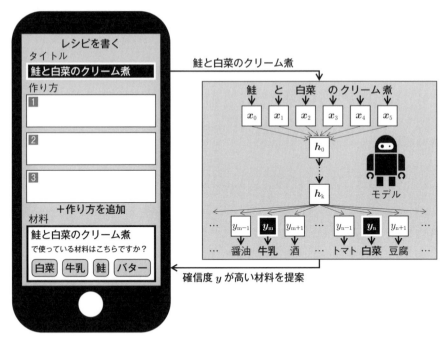

**図 2.20** 材料提案

表します。そして、この特徴ベクトルからラベルを予測します。予測されたラベル（つまり、材料）をスマートフォンに返せば、これをユーザに提案できます。

## 2.4.7 重複レシピ検知

　他人の文章などを自分のものとして無断で使う行為を、剽窃と呼びます。アカデミアでは盗用と呼ぶこともあります。大学に所属している人はレポートや論文を書く機会も多いのではないでしょうか。このとき、出典などを明らかにすることなく、書籍やウェブサイトに載っている文章などをそのまま使うのが剽窃です。言うまでもなく、よいことではありません。

　残念ながら、レシピサービスにおいても剽窃が起こることがあります。たとえば、レシピサービスによっては、投稿に応じてユーザがインセンティブを得ることができます。これを不正に得るため、ごく一部の悪意をもったユーザが他人のレシピをコピーし、そのまま（もしくは、少しだけ変えて）投稿するのです。こ

ういった問題は著作権侵害にあたる可能性もあり、サービスを運営する側も放っておくわけにはいきません。

こういった剽窃を自動で見つけるのが**剽窃検出**（plagiarism detection）です。レシピサービスにおいては、重複レシピ検知とも呼ばれています [13]。ここでも自然言語処理が使われています。まず、各レシピに含まれる文字列をあらかじめ抽出しておきます。そして、図 2.21 のように、文字列集合の一致率が著しく高い（内容が極端に似ている）レシピ対を見つければ、あとに投稿された方を重複レシピとして見つけることができます。

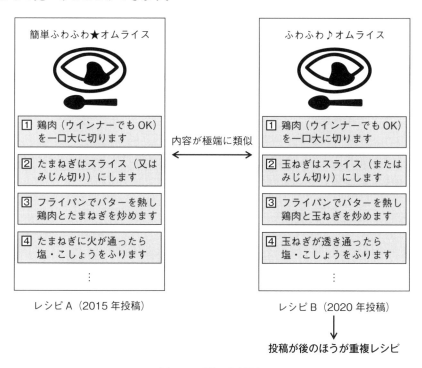

図 2.21　重複レシピ検知

なお、重複レシピ検知においては、画像や投稿間隔の情報も手がかりとして使うことができます [14]。たとえば、レシピ内で使われている画像がほかのレシピ内で使われている画像と同じであった場合、そのレシピは重複レシピである可能性が高そうです。また、あるユーザが短時間に大量のレシピを投稿していた場合、それらのレシピも重複レシピの可能性が高そうです。

## 🍴 2.5 どんなデータセットがある？

　前節では、料理というドメインにおける自然言語処理の活用事例を紹介しました。第1章でもお話ししたように、インターネット上のレシピは増えつづけています。また、自然言語処理の発展も続いています。このような事例は今後もどんどん増えていくでしょう。

　さて、自然言語処理のアプリケーションを作ったり、自然言語処理の研究を行うには、**データセット**（dataset）が不可欠です。データセットとはなんらかのデータを集めたものです。自然言語処理はテキストデータを扱う技術であり、これがなければなにも始まりません。

　そこで、本節では料理と自然言語処理に関するデータセットに焦点を当て、以下の4つの観点からこれらを紹介していきます。

- **2.5.1項 生コーパス**
- **2.5.2項 注釈付きコーパス**
- **2.5.3項 テストコレクション**
- **2.5.4項 辞書**

## 2.5.1　生コーパス

　**生コーパス**（raw corpus）は、データになんの情報も付いていないコーパスです。**コーパス**（corpus）とは、大規模に集めたテキストデータのことです。生コーパスは、たとえば、単語の出現頻度を数えるのに使われます。日本語の生コーパスとしては青空文庫[*5]が有名です。

　ここでは、料理と自然言語処理に関する生コーパスとして、楽天データとクックパッドレシピデータセットを紹介します。

### 楽天データ

　楽天データ[*6]は楽天技術研究所が大学や公的研究機関の研究者向けに公開しているデータセットです。楽天のさまざまなサービスのデータが収録されており、

---

[*5] https://www.aozora.gr.jp/

[*6] https://rit.rakuten.co.jp/data_release_ja/

2010 年に公開されたあとも新しいデータが継続的に追加されています。本書の執筆時点では楽天市場や楽天トラベル、楽天 GORA などのデータが収録されていました。

　楽天データには楽天レシピのデータも収録されています。図 2.22(a) はレシピデータの一例です。レシピデータにはレシピのタイトルや材料、作り方などの基本的な情報だけでなく、ユーザからのレポートなどの情報も収録されています。

| Column | Sample |
| --- | --- |
| レシピID | 1234567890 |
| ユーザID | 0987654321 |
| 大カテゴリ | 主食 |
| 中カテゴリ | パスタ |
| 小カテゴリ | 和風パスタ |
| レシピタイトル | 簡単！小松菜としめじの和風パスタ |
| レシピのきっかけ | 和風味で子供でも食べられるパスタを作ってみました。 |
| レシピの紹介 | 冷蔵庫に残っているような青菜やきのこなど何でも使ってアレンジできます！ |
| 料理画像ファイル名 | 1234567890.jpg |
| 料理名 | 和風パスタ |
| タグ1 | 和風パスタ |
| タグ2 | 小松菜 |
| タグ3 | しめじ |
| タグ4 | ウィンナー |
| ワンポイント情報 | 和風といってもベースはイタリアンにすることで、よりおいしくできます。 |
| 調理時間の目安ID | 3 |
| どんな時用ID | 1 |
| 費用の目安ID | 4 |
| 何人分 | 3 |
| レシピ公開日 | 2012/07/01 |

レシピ情報

| Column | Sample |
| --- | --- |
| レシピID | 1234567890 |
| 素材名 | 小松菜 |
| 分量 | 1束 |

材料情報

| Column | Sample |
| --- | --- |
| レシピID | 1234567890 |
| 手順位置 | 2 |
| 手順作り方 | お湯が沸騰したらお鍋にパスタをいれ、フライパンを弱火にかけてオリーブオイルと少量の刻みにんにくを入れて少し焦げ目がつくまで炒める。 |

作り方情報

| Column | Sample |
| --- | --- |
| レシピID | 1234567890 |
| ユーザID | 0001234567 |
| おすすめコメント | 簡単そうなので普段のレパートリーに追加してみました。ほうれん草とエリンギなど、いろいろ組み合わせています。 |
| オーナーコメント | 野菜の種類も気にせず、普段のパスタの味付けが増えるのがうれしいですよね。 |
| 作成日時 | 2012/07/10 |

「つくったよ」レポート情報

（a）　レシピデータ

レシピ画像

| Column | Sample |
| --- | --- |
| ピックアップ日 | 2016-01-01 00:00:00 |
| レシピID | 1234567890 |

Pickup レシピ

| Column | Sample |
| --- | --- |
| ニュース記事ID | 1234 |
| 公開日時 | 2016-01-01 00:00:00 |
| ライターID | 1 |
| ジャンル名 | 料理上手 |
| 記事タイトル | 料理に欠かせないあの調理器具！ |
| 記事テキスト（メイン記事） | 最近は手軽に色々な調理器具が手に入れられるようになりましたが、その中でも最も使いやすくて便利なものをご紹介します。 |

デイリシャスニュース

（b）　レシピ画像と Pickup レシピ、デイリシャスニュース

図 2.22　楽天データ（公式サイトから引用）

楽天データには約 80 万品のレシピのデータが収録されています。

　図 2.22(b) はレシピ画像と Pickup レシピ、デイリシャスニュースのデータの一例です。レシピ画像は、その名のとおり、レシピの完成画像です。Pickup レシピとデイリシャスニュースは 2016 年に追加されたもので、楽天レシピの「今日の Pickup レシピ」と「Pickup 記事」のデータです。

　楽天データは数十万品規模のレシピのデータを収録した世界初のデータセットで、さまざまな研究で生コーパスとして使われています。このデータセットは国立情報学研究所の情報学研究データリポジトリ[*7]と、情報通信研究機構の ALAGIN 言語資源・音声資源サイト[*8]からダウンロードできます。

### クックパッドレシピデータセット

　2015 年に公開されたクックパッドレシピデータセット [15] は、その名のとおり、クックパッドのデータセットです。楽天データと同様、大学や公的研究機関の研究者向けに公開されたデータセットで、国立情報学研究所の情報学研究データリポジトリからダウンロードできます。

　図 2.23(a) は、クックパッドのレシピの一例です。クックパッドレシピデータセットには実線で囲んだデータ（タイトルと紹介文、材料、作り方、コツ・ポイント、生い立ち）が収録されています。2014 年 9 月までにクックパッドに投稿された約 172 万品のレシピのデータが収録されており、本書の執筆時点でこれは世界最大です。

　クックパッドレシピデータセットには、献立（レシピの組み合わせ）のデータも収録されています。図 2.23(b) はクックパッドに投稿された献立の一例です。収録されているのは実線で囲んだデータ（タイトル、ポイント、調理時間、コツ、主菜のレシピ、副菜のレシピ）です。献立のデータを収録している点もこのデータセットの特徴の 1 つです。

　クックパッドレシピデータセットにはレシピのレビューやカテゴリなどのデータも収録されています。また、別のデータセットであるクックパッド画像データセット [16] と紐付ければ、各レシピの画像（図 2.23(a) と図 2.23(b) の破線で囲んだデータ）も使うことができます。

---

[*7]　https://www.nii.ac.jp/dsc/idr/index.html

[*8]　https://alaginrc.nict.go.jp/

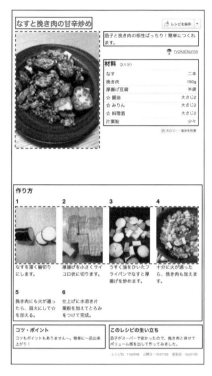

（a）　レシピデータ　　　　　　　　（b）　献立データ

図 2.23　クックパッドレシピデータセット

---

## Coffee break ☕

### 江戸料理レシピデータセット

　昔の人はどんなレシピを見ていたのでしょうか。江戸料理レシピデータセットは
そんな疑問に答えてくれるデータセットです。このデータセットは生コーパスとし
て使うには小規模です。しかし、その名のとおり、江戸時代のレシピを収録した非
常にユニークなデータセットです。

　江戸料理レシピデータセットは人文学オープンデータ共同利用センター[9]によっ
て 2016 年に公開されました。このデータセットには江戸時代のレシピの原本画像
データと翻刻テキストデータ、現代語訳データ、現代レシピデータが収録されてい
ます。

---

[9]　http://codh.rois.ac.jp/

　原本画像データは日本古典籍データセット[*10]で公開されている画像データです。一方、翻刻テキストデータは原本を現代の文字に翻刻したもので、現代語訳データはこれを現代の日本語に翻訳したものです。現代レシピデータは現代語訳データの材料や手順を現代風にアレンジしたものです。

　図 2.24 は原本画像データの一例です。図の左側に江戸時代の料理である小豆餅卵（あずきもちたまご）のレシピがあります。表 2.1(a) はこのレシピの翻刻テキストデータで、表 2.1(b) は現代語訳データです。表 2.1(c) は現代レシピデータです。このデータであれば、現代でも小豆餅卵を作れそうな気がしてきますね。

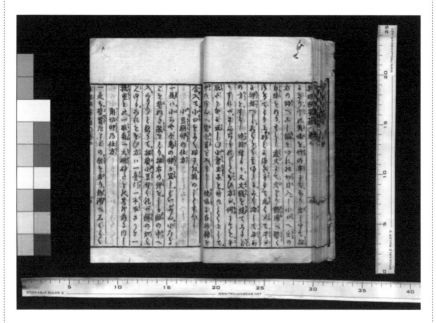

**図 2.24**　江戸料理レシピデータセット・原本画像データ（公式サイトから引用）

　江戸料理レシピデータセットには江戸時代の料理本である「万宝料理秘密箱卵百珍」のレシピのデータが収録されています。本書の執筆時点で 15 品のレシピのデータが収録されており、公式サイト[*11]からダウンロードできます。データを眺めて江戸時代に思いを馳せてみるのもよいのではないでしょうか。

---

[*10]　http://codh.rois.ac.jp/pmjt/

[*11]　http://codh.rois.ac.jp/edo-cooking/

**表 2.1** 江戸レシピデータセット（公式サイトから引用）

| 1 | ずいぶん 小たまごを煎ぬき 殻をとり |
| 2 | 扨右の卵を しる飴の中へ入レ くるりとぬりて |
| 3 | 扨煎小豆付くれば餅の如く見ゆる |

(a) 翻刻テキストデータ

| 1 | 小さい卵をゆで卵にし、殻を取る。 |
| 2 | ゆで卵を水飴の中に入れ、表面にくるりと塗る。 |
| 3 | 2に煮小豆を付ける。そうすると、餅のように見える。 |

(b) 現代語訳データ

| 1 | うずらの卵で茹で卵を作る。茹でる前にあらかじめ卵に画びょうで穴を1つ開けておくと、後でツルッときれいに殻が剥ける。 |
| 2 | 沸騰したら水にとり殻を剥く。 |
| 3 | 卵をしる餡（水飴）の中に入れ、表面に塗る。 |
| 4 | 剥いた卵を粒あんで包む。 |

(c) 現代レシピデータ

## 2.5.2 注釈付きコーパス

次に紹介するのは**注釈付きコーパス**（annotated corpus）です。ここでの「注釈」は、たとえば、形態素解析や固有表現認識に関する情報です。注釈付きコーパスは2.3節で触れた自然言語処理の各技術の研究や開発に使われています。日本語の注釈付きコーパスとしては、京都大学テキストコーパス[17, 18][*12]や、NAIST Text Corpus [19][*13]が有名です。

ここでは、料理と自然言語処理に関する注釈付きコーパスとして、フローグラフコーパスとクックパッド解析済みコーパス、CURDを紹介します。

### フローグラフコーパス

2014年に公開されたフローグラフコーパス[20]は、図2.25のようなフローグラフをレシピに付けた注釈付きコーパスです。フローグラフとはレシピの手順を表した有向グラフです。グラフの根（図では「焼/Ac」）が最終的な料理にあたります。

グラフの頂点はレシピ用語とそのタグのペアです。レシピ用語は食材や道具、

[*12] http://nlp.ist.i.kyoto-u.ac.jp/index.php?京都大学テキストコーパス
[*13] http://chasen.naist.jp/hiki/naistcorpus/

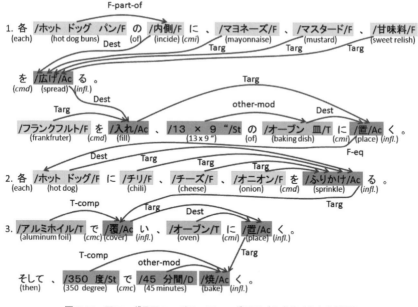

**図2.25** フローグラフコーパス・フローグラフ（公式サイトから引用）

調理者の動作などです。図では「ホットドックパン」などが食材に、「オーブン皿」などが道具に、「広げ」などが調理者の動作にあたります。タグは全部で8種類あり、その一覧は表2.2(a)のとおりです。

グラフの辺はレシピ用語間の関係です。辺のラベルの一覧は表2.2(b)のとおりです。AgentやTarg、Dest、T-comp、F-compは食材と道具、動作間の関係です。一方、F-eqやF-part-of、F-set、T-eq、T-part-ofは食材間の関係や道具間の関係で、A-eqやV-tmは動作間の関係です。

フローグラフコーパスには266品のレシピが収録されています。また、それらをフローグラフに変換するために必要な情報（例：形態素解析や固有表現認識の正解データ）も収録されており、注釈付きコーパスとして使うことができます。フローグラフコーパスは開発元である京都大学森研究室のホームページ[*14]からダウンロードできます。

---

*14　http://www.lsta.media.kyoto-u.ac.jp/resource/data/recipe/

表 2.2 フローグラフコーパス（公式サイトから引用）

| タグ | 意味 | 備考 |
|---|---|---|
| F | 食材 | 代名詞・中間・最終生成物を含む |
| T | 道具 | 調理道具や器など（代名詞を含む） |
| D | 継続時間 | 概数表現を含む |
| Q | 分量 | 概数表現を含む |
| Ac | 調理者の動作 | 語幹のみ |
| Af | 食材の動作 | 語幹のみ |
| Sf | 食材の状態 | 味、切り方など |
| St | 道具の状態 | 温度設定など |

(a) 頂点のタグ

| ラベル | 意味 | 概説 |
|---|---|---|
| Agent | 主語（ガ格） | おもに「が」や「は」で表される動作と主語の関係 |
| Targ | 対象（ヲ格） | おもに「を」で表される動作と対象の関係 |
| Dest | 方向（ニ格） | おもに「に」で表される動作と方向や場所の関係 |
| T-comp | 道具デ | おもに「で」で表される動作とその手段の関係 |
| F-comp | 食材デ | おもに「で」で表される動作とその手段の関係 |
| F-eq | 同一の食材 | 既出の食材とそれに対する参照表現 |
| F-part-of | 食材の一部 | 既出の食材とその一部に対する参照表現 |
| F-set | 食材の集合 | 既出の複数種の食材とその全体に対する参照表現 |
| T-eq | 同一の道具 | 既出の道具とそれに対する参照表現 |
| T-part-of | 道具の一部 | 既出の道具とその一部に対する参照表現 |
| A-eq | 同一の動作 | 既出の動作とそれに対する参照表現 |
| V-tm | 動作のタイミング | 別の動作を行う条件やタイミングを示す句の動詞 |
| other-mod | その他の修飾語句 | |

(b) 辺のラベル

　また、東京大学山肩研究室のホームページ[*15]では、英語のレシピのフローグラフコーパス [21] がダウンロードできます。こちらは 2020 年に公開されたもので、300 品のレシピが収録されています。日本語のフローグラフコーパスと同じく、固有表現認識の正解データなども収録されています。

### クックパッド解析済みコーパス

　クックパッド解析済みコーパス [22] は、クックパッドのレシピの注釈付きコーパスです。全部で 500 レシピが収録されており、各レシピに形態素解析と固有表現認識、構文解析に関する情報が付いています。2020 年に公開されたもので、レ

[*15]　https://sites.google.com/view/yy-lab/resource/english-recipe-flowgraph

```
# Step-ID:1
# Sentence-ID:1-1
* 0 4D 1/2 主題
生    接頭詞,名詞接続,*,*,*,*,生,ナマ,ナマ,B-Fi
鮭    名詞,一般,*,*,*,*,鮭,サケ,サケ,I-Fi
は    助詞,係助詞,*,*,*,*,は,ハ,ワ,O
* 1 2D 1/2 補足語
一口   名詞,一般,*,*,*,*,一口,ヒトクチ,ヒトクチ,B-Sf
大    名詞,一般,*,*,*,*,大,ダイ,ダイ,I-Sf
に    助詞,格助詞,一般,*,*,*,に,ニ,ニ,O
* 2 4P 0/0 述語
切り   動詞,自立,*,*,五段・ラ行,連用形,切る,キリ,キリ,B-Ap
* 3 4D 0/1 補足語
塩    名詞,一般,*,*,*,*,塩,シオ,シオ,B-Fi
を    助詞,格助詞,一般,*,*,*,を,ヲ,ヲ,O
* 4 -10 0/0 述語
ふる   動詞,自立,*,*,五段・ラ行,基本形,ふる,フル,フル,B-Ap
。    記号,句点,*,*,*,*,。,。,。,O
EOS
```

**図2.26** クックパッド解析済みコーパス・レシピの一例

シピの注釈付きコーパスとしては本書の執筆時点で最新のものです。

　図2.26は、コーパス中のレシピの一例です。図を見ると、まず、単語の区切りや品詞などがわかります。たとえば、「生」と「鮭」の間に単語の区切りがあることやこれらが接頭詞と名詞であることがわかります。なお、クックパッド解析済みコーパスの品詞体系は2.3.1項の「MeCab」の技術コラムでも触れたIPA辞書に準じています。

　レシピ中の固有表現もわかります。図を見ると、たとえば、「生」や「鮭」に「B-Fi」や「I-Fi」というタグが付いています。これは、これらの単語が「生鮭」という食べ物（材料）のBegin（始まり）とInside（内部）であることを表しています。タグは全部で17種類あり、その一覧は表2.3のとおりです。

　また、文節の区切りや係り先もわかります。＊で始まる行が文節の区切りです。＊の次の数字は係り先の文節の番号を表しています。たとえば、一番上の行の「4D」はこの文節が4番目の文節に係っていることを表しています。文節の番号は0から始まり、4番目の文節は「ふる。」です。なお、最後の文節の係り先の文節の番

表 2.3　クックパッド解析済みコーパス・固有表現のタグ

| タグ | 意味 |
|---|---|
| Fi | 食べ物（材料） |
| Fe | 食べ物（廃棄物） |
| Fd | 食べ物（料理） |
| Fa | 食べ物（属性） |
| Tg | 道具（一般） |
| Ta | 道具（属性） |
| To | 道具（その他） |
| Nd | 数量（継続時間） |
| Nq | 数量（分量） |
| No | 数量（その他） |
| Af | 動作（食べ物） |
| At | 動作（道具） |
| Ap | 動作（調理者） |
| Sf | 状態（食べ物） |
| St | 状態（道具） |
| Sap | 状態（調理者） |
| X | 未分類の固有表現 |

号が −1 になっています。これは最後の文節には係り先がないためです。

　このコーパスには、さらに、クックパッドレシピデータセット [15] やクックパッド画像データセット [16] と紐付けられるという特徴があります。クックパッド解析済みコーパスの 500 レシピは前者のデータセットからランダムに選ばれたものです。また、2.5.1 項で述べたように、前者と後者のデータセットは紐付けることができます。3 つのデータセットを紐付ければ、500 レシピに対するさまざまな情報を研究に使うことができます。

### CURD

　Carnegie Mellon University Recipe Database（CURD）[23] は、260 品の英語のレシピが収録されたデータセットです。その名のとおり、Carnegie Mellon University で開発されました。CURD は 2008 年に公開されたデータセットで、料理と自然言語処理に関するデータセットでは最初期のものです。

　CURD の特徴は、Minimal Instruction Language for the Kitchen（MILK）という独自の人工言語による表現が各レシピに付いていることです。MILK はレシピ

内の指示を定義したもので、全部で 12 個の指示があります。

たとえば、次の指示は材料を切るためのものです。

```
cut(ingredient in, tool t, ingredient out, string outdesc, string manner)
```

この指示の意味するところは「材料 in を道具 t で切って材料 out を作る」という ものです。outdesc は out の記述（例：chopped onion）で、manner はカットの方 法（例：chop into small pieces）です。このように、CURD では材料を切る各手順 に cut(...) という表現が付いています。

CURD のついでに Recipe Instruction Semantics Corpus（RISeC）[24] も紹介し ておきましょう。RISeC は、図 2.27 のように、CURD のレシピをフローグラフに したようなコーパスです。フローグラフコーパスと同じく、グラフの頂点と辺に タグやラベルが付いています。また、図の「Bake」に対する「the crab mixture」 のように、述語に対する省略された項も付いているという特徴があります。

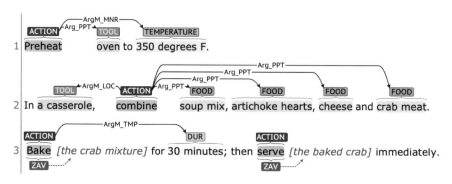

**図 2.27** RISeC（[24] から引用）

CURD や RISeC もその公式ページ[*16][*17]からダウンロードできます。また、こ れらと関連するデータセットとして SIMMR Recipe Dataset [25] があり、これも その公式ページ[*18]からダウンロードできます。SIMMR については 2.6.2 項で紹介 します。

---

[*16]  http://www.cs.cmu.edu/~ark/CURD/

[*17]  https://github.com/YiweiJiang2015/RISeC

[*18]  https://camel.abudhabi.nyu.edu/simmr/

Tech column 🔧

## 京都大学ウェブ文書リードコーパス

本節の冒頭でも述べたように、日本語の注釈付きコーパスとしては京都大学テキストコーパス [17, 18] や NAIST Text Corpus [19] が有名です。これらは1995年の毎日新聞のテキストにさまざまな注釈を付けたもので、これまでにたくさんの研究で使われてきました。サイズも大きく、本節で紹介した注釈付きコーパスの10倍近い文が収録されています。

しかし、実は、これらのコーパスを使うにはお金がかかります。というのも、毎日新聞のテキストを買う必要があるためです。注釈付きコーパスはテキストと注釈からなります。しかし、これらのコーパスの場合、ダウンロードページで手に入るのは注釈のデータのみです。これを、同じくダウンロードページで手に入るプログラムを使うことで、別に買った毎日新聞のテキストに付けることができます。

では、お金をかけずに使える注釈付きコーパスはないのでしょうか。そこで紹介したいのが京都大学ウェブ文書リードコーパス（KWDLC）[26, 27] です。これはウェブ文書の先頭3文にさまざまな注釈を付けたコーパスで、テキストも注釈も無料で使うことができます。KWDLC には約5,000文書のテキストとその注釈が収録されています。

図2.28はこのコーパスの一例です。図を見ると、単語の区切りや品詞、文節の区

```
* 3D
+ 3D <rel type="=" target="著者"/>
私 わたし 私 名詞 6 普通名詞 1 * 0 * 0
は は は 助詞 9 副助詞 2 * 0 * 0
* 3D
+ 3D
よく よく よく 副詞 8 * 0 * 0 * 0
* 3D
+ 3D
愚痴 ぐち 愚痴 名詞 6 普通名詞 1 * 0 * 0
を を を 助詞 9 格助詞 1 * 0 * 0
* -1D
+ -1D <rel type="ガ" target="私"/><rel type="ヲ" target="愚痴"/>
言う いう 言う 動詞 2 * 0 子音動詞ワ行 12 基本形 2
。 。 。 特殊 1 句点 1 * 0 * 0
EOS
```

**図 2.28** 京都大学ウェブ文書リードコーパス（一部の注釈は省略）

切りや係り先などがわかります。コーパスのフォーマットは本項で紹介したクック
パッド解析済みコーパスのフォーマットとほぼ同じです。これは、クックパッド解
析済みコーパスが KWDLC（や京都大学テキストコーパス）などを参考にして作ら
れたからです。なお、KWDLC の品詞体系は JUMAN[*19]という形態素解析器の品詞
体系に準じています。

　さらに図を見ると、述語項関係や共参照関係もわかります。たとえば、「言う」の
上の行を見ると、<rel type="ガ" target="私"/> という注釈が付いています。これ
は、「言う」のガ格が「私」で、ヲ格が「愚痴」であることを表しています。また、
「私」の上の行を見ると、<rel type="=" target="著者"/> という注釈が付いていま
す。これは、この文書の著者と「私」が共参照関係にあることを表しています。

　このように、KWDLC にはさまざまな注釈が付いており、しかも無料で使うこと
ができます。上で触れた注釈以外に固有表現認識に関する情報も付いており、この
コーパスは形態素解析や固有表現認識、構文解析、述語項構造解析、共参照解析など
の研究に使うことができます。KWDLC は開発元である京都大学黒橋研究室のホー
ムページ[*20]からダウンロードできます。

## 2.5.3　テストコレクション

　**テストコレクション**（test collection）は、なんらかのシステムの評価に使うデー
タセットです。とくに、複数のシステムを比べるために、コンペティションやワー
クショップなどで作られたデータセットをテストコレクションと呼ぶことが多い
です。注釈付きコーパスより定義が広く、データに付いている情報は言語的なも
のにかぎりません。

　ここでは、料理と自然言語処理に関するテストコレクションとして、Kaggle
What's Cooking? と NTCIR-11 RecipeSearch を紹介します。

### Kaggle What's Cooking?

　What's Cooking?[*21]は 2015 年に開催された Kaggle のコンペティションです。
Kaggle は、ご存知の方も多いかもしれませんが、コンペティションごとに参加者
が機械学習の腕を競うプラットフォームのようなものです。What's Cooking? は、

---

[*19]　http://nlp.ist.i.kyoto-u.ac.jp/index.php?JUMAN

[*20]　https://nlp.ist.i.kyoto-u.ac.jp/?KWDLC

[*21]　https://www.kaggle.com/c/whats-cooking

材料のリストから料理のジャンルを予測するモデルの性能を競うコンペティションでした。

図2.29はWhat's Cooking?の訓練データの一例です。訓練データには1品のレシピが1個のJSON形式で収録されています。JSONは、レシピのIDと料理のジャンル、材料のリストからなります。図では`tumeric`や`vegetable stock`がレシピの材料で、`indian`が料理のジャンルです。

```
{
  "id": 24717,
  "cuisine": "indian",
  "ingredients": [
    "tumeric",
    "vegetable stock",
    ...
  ]
},
```

**図 2.29** What's Cooking? の訓練データ（公式サイトから引用）

一方、テストデータにもJSON形式でレシピが収録されています。ただし、テストデータには料理のジャンルがありません。つまり、このコンペティションでは訓練データでジャンルを予測するモデルを作り、そのモデルでテストデータ中のレシピのジャンルを予測します。

What's Cooking?には、世界中から約1,400チームが参加しました。コンペティションはすでに終わっていますが、コンペティションに使われた訓練データとテストデータは、今も公式サイトからダウンロードできます。また、公式サイトでは、参加チームのプログラムやディスカッションの詳細も見ることができます。

### NTCIR-11 RecipeSearch

Cooking Recipe Search（RecipeSearch）[22]は2014年に開催された第11回NTCIRワークショップの**共通タスク**（shared task）の1つです。共通タスクとは、研究者が各々の研究成果を比べられるように、データセットや評価方法などを同じにした研究課題です。RecipeSearchにはad-hoc searchとrecipe pairingという2つの

---

[22] https://sites.google.com/site/ntcir11recipesearch/

サブタスクがあり、それぞれに日本語と英語のデータセットがあります [28]。

ad-hoc search は非常にシンプルなタスクで、「料理名や材料名などに関するレシピをデータセットから検索する」というものです。参加者に与えられるクエリは、表 2.4(a) のようなものです。参加者はこれらのデータに関するレシピを検索し、そのランキング結果を提出します。

一方、recipe pairing はもう少し複雑なタスクで、「主菜（と副菜）のレシピに関する副菜のレシピをデータセットから検索する」というものです。参加者に与えられるクエリは、表 2.4(b) のようなものです。recipe pairing は、主菜のレシピ（と検索したい副菜のレシピの一例）が手元にあるという想定のもとで、副菜のレシピを検索するタスクです。

表 2.4　RecipeSearch のクエリ（[28] から引用）

(a) ad-hoc search

| No. | Queries |
| --- | --- |
| 1 | {"topicID": "JA0001", "dishName": "味噌味/厚揚げ/野菜/蒸し煮/料理", "foodNames": ["白菜", "だいこん", "たまねぎ", "にんじん", "ねぎ", "塩", "厚揚げ", "だし類/和風だし/素", "てんさい糖", "酒", "しょうゆ", "みりん", "みそ", "しょうが"], "negation": ["お肉を使わない"], "explanation": []} |
| 2 | {"topicID": "JA0002", "dishName": "ミートソース", "foodNames": ["肉類/うし/ひき肉", "たまねぎ", "にんじん", "生しいたけ", "ピーマン", "トマト缶詰/水煮", "セロリ", "にんにく", "だし類/コンソメ", "ケチャップ", "砂糖", "塩", "こしょう", "オレガノ"], "negation": "オイルなし"], "explanation": []} |
| ⋮ | ⋮ |

(b) recipe pairing

| No. | Queries |
| --- | --- |
| 1 | {"topicID": "JA1001", "MainDish": {"dishName": "ソテー/豚肉/リンゴ/粒マスタード", ... }, "SideDish": {"dishName": "スープ/パリソワール", ... }} |
| 2 | {"topicID": "JA1002", "MainDish": {"dishName": "鱈/あんかけ/甘酢", ... }, "SideDish": {"dishName": "揚げ/ネギ/カリカリ/ごま油/炒め", ... }} |
| ⋮ | ⋮ |

RecipeSearch は、NTCIR のような権威あるワークショップで初めて行われた、料理と自然言語処理に関する共通タスクです。データセットには約 10 万品の Yummly[*23] の英語レシピと約 44 万品の楽天レシピの日本語レシピが収録されてい

---

*23　https://www.yummly.com/

ます。データセットは公式サイトからダウンロードできます。

## Coffee break ☕

### 研究発表の場

　本書で度々出てくる「国際会議」や「ワークショップ」とはなんでしょうか。このコーヒーブレイクではこれらの研究発表の場についてお話しします。「そんなの知ってるよ」って人は読まなくても大丈夫です。逆に、「知らないよ」って人も気楽な気持ちで読んでください。

　表2.5 は研究発表の場をまとめたものです。開催地や開催頻度、参加者数、査読（論文の審査）などの観点で、表の上のほうが発表（もしくは、聴講）するハードルが高い場になります。なお、それぞれの場についての開催頻度や参加者数、査読の項目は大体の目安です。では、表の下から見ていきましょう。

**表 2.5　研究発表の場**

| 区分 | 開催頻度 | 参加者数 | 査読 | 例 |
|---|---|---|---|---|
| 国際会議 | 1〜2年ごと | 数百人〜 | あり | ACL、CVPR |
| ワークショップ | 1〜2年ごと | 数十人〜 | あり | CEA、MADiMa |
| 国内会議 | 1年ごと | 数百人〜 | なし | NLP、MIRU |
| 研究会 | 2〜3ヶ月ごと | 十数人〜 | なし | NL研、PRMU |

　まずは研究会です。ほかの場と比べると、開催地が国内で、開催頻度も高く、参加者も少なく、査読もないので、発表するハードルは低いです。自然言語処理では情報処理学会自然言語処理研究会（NL研）が、画像処理では電子情報通信学会パターン認識・メディア理解研究会（PRMU）が代表的です。

　次は国内会議です。開催頻度が低く、参加者も多いので、発表するハードルは高いです。一方、開催地が国内で、査読もないので、それらの点に関してはハードルが低いです。1年に1度、日本中の研究者と出会える場でもあります。自然言語処理では言語処理学会年次大会（NLP）が、画像処理では画像の認識・理解シンポジウム（MIRU）が代表的です。

　その次はワークショップです。開催地が海外で、開催頻度も低く、なにより査読があるので、発表するハードルは高いです。次に紹介する国際会議との違いは、テーマがかなり絞られているという点です。たとえば、1.3節で触れたCEAやMADiMaは、テーマが「料理とマルチメディア」に絞られたワークショップです。

　最後は国際会議です。開催地が海外で、開催頻度も低く、参加者も多く、査読も

ある（しかも厳しい）ので、発表するハードルは非常に高いです。しかし、そのぶ
ん、発表される研究はどれもハイレベルです。世界中の研究者と出会える場でもあ
ります。自然言語処理では ACL などが、画像処理では CVPR などが代表的です。

　これらの場の魅力は、なんといっても、多くの研究者と最新の研究について直に
話せる点です。発表するのはもちろん聴講するのもハードルが高いですが、チャン
スがあれば、ぜひ足を運んでみてください。

## 2.5.4　辞書

　本節の最後に紹介するのは**辞書**（dictionary）です。ここでは、とくに、概念や
知識をまとめたコンピュータ用の辞書を紹介します。これらは、同義表現認識や
含意関係認識などのように、コンピュータで意味を扱うのに使われます。日本語
の辞書としては、日本語 WordNet[*24]が有名です。

　ここでは、料理と自然言語処理に関する辞書として、料理オントロジーと基本
料理知識ベースを紹介します。

**料理オントロジー**

　料理オントロジー [29] は、料理に関する単語の同義語などを収録している辞書
です。**オントロジー**（ontology）は聞き慣れない単語かもしれません。さまざまな
定義がありますが、よく見るのは「概念化の明示的な規約」というものです。お
おまかには、「ある世界の概念やそれらの関係を明確に示したもの」といったとこ
ろでしょうか。

　料理オントロジーには、「材料 – 魚介」「材料 – 肉」「材料 – 野菜」「材料 – そ
の他」「調味料」「調理器具」「調理動作」という 7 つのカテゴリがあります。そし
て、図 2.30 のように、各カテゴリに見出し語とその同義関係や部分全体関係、属
性にあたる単語（以下、関連語）が収録されています。

　各見出し語の関連語は、開発者らが半自動で集めたものです。具体的には、ま
ず、それらの候補となる単語を生コーパスから自動で集めます。生コーパスには
楽天データが使われています。そして、集めた候補のなかから、見出し語の同義
関係や部分全体関係、属性にあたるものを人手で選んでいます。

---

[*24]　http://compling.hss.ntu.edu.sg/wnja/

**図 2.30　料理オントロジー（[29] から引用）**

　料理オントロジーには公開時点（2014 年 9 月時点）で 474 個の見出し語とその関連語が収録されていました。開発はその後も続いており、同義語については英語のデータも追加されています。この辞書は開発元である中央大学難波研究室のホームページ*25 からダウンロードできます。

### 基本料理知識ベース

　本節の最後に紹介するのは基本料理知識ベース [30] です。**知識ベース**（knowledge base）も聞き慣れない単語かもしれません。これは、おおまかには、なんらかの知識をまとめたデータベースです。オントロジーと似ていますが、オントロジーは「知識ベースを作るための骨格」と考えるほうが、その趣旨に合っています。なお、利用者の立場でこれらの違いを細かく気にする必要はありません。

　基本料理知識ベースには、約 400 種類の料理名とそれらに関する知識（同義語、材料、調理法、属性）が収録されています。たとえば、図 2.31 は「ぶり大根」に関する知識です。各知識は、開発者が料理オントロジーとクックパッドレシピデータセット、クラウドソーシングから半自動で集めたものをさらに専門家が選んだものです。

---

*25　http://nlp.indsys.chuo-u.ac.jp/cgi-bin/cooking/wiki.cgi

【ぶり大根】

[同義語]

ブリ大根 鰤大根

[材料]

**大根** 1.0 生姜 .7 ブリ .2 水 .2 米飯 .1
みりん .9 酒 .9 醤油 .9 砂糖 .7 だし .4
食塩 .3

[調理法]

**煮る** 1.0

[属性]

酒のアテ(付け合せ).5 大人が好き(対象).5 家庭的(場所)1.0 あたたまる(効果・機能).5 **あまじょっぱい**(味).5 プリプリ(食感).5 生臭い(香り).5 面倒くさい(難易度).5

**図 2.31** 基本料理知識ベース・「ぶり大根」の知識([30] から引用)

　知識に付いている数値は確信度です。たとえば、図 2.31 の「大根 1.0」は、「ぶり大根」に「大根」が使われる確信度が 1.0（100%）ということです。また、太字の知識は、その料理を最も特徴づける知識です。図 2.31 では「大根 1.0」と「煮る 1.0」、「あまじょっぱい（味）.5」がこれにあたります。

　表 2.6 は、公開時点（2018 年 3 月時点）で基本料理知識ベースに収録されていた知識の総数です。料理オントロジーの見出し語数が 474 で、基本料知識ベースの

**表 2.6** 基本料理知識ベース・知識の総数（[30] から引用）

| 語彙・関係 | 知識の総数 |
| --- | --- |
| 料理クラスの語彙 | 388 |
| 材料クラスの語彙 | 295 |
| 調理法クラスの語彙 | 29 |
| 属性クラスの語彙 | 4,396 |
| 上位・下位 | 5,955 |
| 同義語 | 3,932 |
| 料理 – 材料 | 7,174 |
| 料理 – 調理法 | 1,525 |
| 料理 – 属性 | 6,135 |
| 料理 – 代表材料 | 388 |
| 料理 – 代表調理法 | 388 |
| 料理 – 代表属性 | 388 |
| 合計 | 25,885 |

見出し語数が 388 なので、両者はほぼ同規模の辞書と言えそうです。基本料理知識ベースは開発元である京都大学黒橋研究室のホームページ[*26]からダウンロードできます。

---

## Coffee break ☕

### レシピに関する経験則

　料理オントロジーの開発では、上で述べたように、関連語の候補となる単語を生コーパスから自動で集めています。その一部で Chung の研究 [31] が使われています。この研究は、レシピに関する 1 つの経験則をベースにしています。このコーヒーブレイクでは、その経験則についてお話ししましょう。

　早速ですが、その経験則は「レシピの主材料は材料欄の最初に書かれることが多い」というものです。これは直感に合う経験則です。また、レシピの書き方に関する書籍 [32] でも、主材料は最初に書くべきだと勧められています。Chung の調査によると、楽天レシピからランダムに選んだ 200 品のレシピの 92.5% で、この経験則が成り立っていたそうです。

　この経験則を使えば、レシピから関連語を集めることができます。まず、なんらかのカテゴリ $c$（例：Chung の実験では「エビ」）に属するレシピを集めます。次に、これらのレシピの材料欄の最初に材料 $i$ が書かれている確率 $FI(i,c)$ を求めます。これで、$FI(i,c)$ が閾値以上の $i$（例：有頭海老、ブラックタイガー、バナメイエビ）を $c$ の関連語として集めることができます。

　なお、主材料と違って、主調味料と材料欄の関係は自明ではありません。これは「調味料は手順に出てくる順番で材料欄に書かれることが多い」ためです。これも 1 つの経験則です。主調味料を得るのであれば、材料欄の位置よりもタイトルでの言及や分量の多寡のほうが重要だと述べている研究もあります [33]。

　ここでお話ししたもの以外にも、さまざまな経験則があります。普段目にしているレシピに、実は、いくつもの経験則が隠れています。経験則は人に話したくなるちょっとした豆知識でもあります。レシピに関する経験則を見つけたら、ぜひ、筆者らにも教えてください。

---

[*26]　http://nlp.ist.i.kyoto-u.ac.jp/index.php?基本料理知識ベース

# 🔍 2.6 最新の研究動向を知ろう！

前節では、料理というドメインにおける自然言語処理のデータセットを紹介しました。料理と自然言語処理に関するアプリケーションと同様、レシピの増加や自然言語処理の発展に伴い、料理と自然言語処理に関するデータセットも毎年のように増えています。

さて、本章の最後に、料理というドメインにおける自然言語処理の研究を紹介します。かなり専門的な内容なので、興味がない人は本節を飛ばし、次章に進んでもらっても構いません。一方、1.3節でも述べたように、自然言語処理の研究に興味がある人はぜひ読んでみてください。

本節では、基礎的なものから応用的なものまで、料理と自然言語処理に関する以下の3つの研究を紹介します。

- ● **2.6.1項 レシピ解析**
- ● **2.6.2項 レシピ構造化**
- ● **2.6.3項 レシピ生成**

## 2.6.1 レシピ解析

料理と自然言語処理に関する研究のなかで最も基礎的なものの1つが、レシピ解析です。ここでの「解析」は形態素解析や固有表現認識です。これらの技術は、料理ドメインにかぎらず、応用的な研究や実際のアプリケーションの足元を支える基礎中の基礎です。

ここでは、2016年のMoriらの研究 [34] と 2015年のSasadaらの研究 [35]、2021年の平松らの研究 [36] を紹介します。最初に紹介するのはMoriらの研究です。彼らは形態素解析器の性能を上げる方法を研究しており、その一部でレシピにおける形態素解析器の性能を調べています。

Moriらの研究では、彼らが開発しているKyTea [37]*27を形態素解析器として使っています。KyTeaには、正解（例：単語の区切り）が文の一部にしか付いていなくても学習できるというユニークな特徴があります。一般的な形態素解析器には、このような特徴はありません。

---

*27 http://www.phontron.com/kytea/index-ja.html

　また、同じく彼らが開発しているフローグラフコーパス [20] を、訓練データおよびテストデータとして使っています。2.5.2 項で紹介したように、フローグラフコーパスはレシピの手順を表した有向グラフです。レシピにおける形態素解析の正解データも収録しています。

　彼らの実験によると、新聞記事などの注釈付きコーパス [38] で学習し、上記のテストデータで評価した KyTea の性能は 95.56% でした。なお、ここでの「性能」は、形態素解析の一部である単語分割の F 値（次の技術コラムで解説）です。つまり、文中の単語の区切りの認識の F 値です。この結果はレシピにおける形態素解析器の性能を示す貴重なデータです。

　Mori らは、さらに、上記の訓練データ中の単語を単語辞書に追加してから学習した KyTea と、訓練データそのものを上記の注釈付きコーパスに追加してから学習した KyTea の性能も調べています。その結果、それぞれの性能は 95.78% と96.43% でした。この結果は、「形態素解析器の性能を上げるには、単語辞書（単語の集合）を拡張するよりも、注釈付きコーパス（単語とその文脈の集合）を拡張するほうがよい」ということを示唆しています。

---

## Tech column 🔧

### 評価尺度

　本文で「F 値」というキーワードが出てきました。これはなにかしらの処理（例：形態素解析）を行うシステムの評価に使われる尺度です。このコラムでは F 値を始めとするいくつかの評価尺度を紹介します。

　以下では、たくさんのレシピのなかから和食のレシピを抽出する問題を題材とします。まず、以下の 4 つの用語を導入します。

**True Positive（以下、TP）**
　システムが positive だと予測して、実際に positive だったデータ
**True Negative（以下、TN）**
　システムが negative だと予測して、実際に negative だったデータ
**False Positive（以下、FP）**
　システムが positive だと予測して、実際は negative だったデータ
**False Negative（以下、FN）**
　システムが negative だと予測して、実際は positive だったデータ

今回の例では、和食がpositiveで、和食以外がnegativeです。たとえば、「システムが和食だと予測して、実際に和食だったレシピ」がTPです。今回の例におけるTPとTN、FP、FNの関係をまとめると、表2.7のようになります。

**表2.7** TPとTN、FP、FNの関係

| システム | | 実際 | |
|---|---|---|---|
| | | 和食 | 和食以外 |
| | 和食 | TP | FP |
| | 和食以外 | FN | TN |

最初に紹介するのは**適合率**（precision）です。これは、システムがpositiveだと予測したデータのうち実際にpositiveだったものの割合です。つまり、適合率の定義は以下のとおりです。

$$適合率 = \frac{TP}{TP + FP} \tag{2.1}$$

適合率と切っても切れない関係にあるのが**再現率**（recall）です。これは、実際にpositiveであるデータのうちシステムがpositiveだと予測できたものの割合です。つまり、再現率の定義は以下のとおりです。

$$再現率 = \frac{TP}{TP + FN} \tag{2.2}$$

さて、適合率と再現率はトレードオフの関係にあります。たとえば、再現率を高くすれば、適合率は低くなります。システムがすべてのレシピを和食だと予測したとしましょう。この場合、再現率は最大（100%）になりますが、適合率は低くなります。逆も然りで、適合率を高くすれば、再現率が低くなります。

そこで、**F値**（F-measure）の出番です。F値は適合率と再現率の調和平均で、その定義は以下のとおりです。

$$F値 = \frac{2 \times 適合率 \times 再現率}{適合率 + 再現率} \tag{2.3}$$

適合率と再現率が最大（100%）になったとき、F値も最大（100%）になります。評価尺度としてF値を使うことで、適合率と再現率の両方を考慮に入れることができきます。

最後に紹介するのは**正解率**（accuracy）です。正解率の定義は以下のとおりです。

$$正解率 = \frac{TP + TN}{TP + TN + FP + FN} \tag{2.4}$$

正解率はテストデータ全体における True の割合です。つまり、システムが positive や negative と予測して、実際にそうだったデータの割合です。

　正解率はわかりやすい尺度です。しかし、positive と negative の割合が極端に違う場合、よい尺度ではありません。たとえば、和食のレシピがほとんどなかった（negative の割合が極端に高かった）としましょう。この場合、システムがすべてのレシピを和食以外と予測すれば、正解率は高くなります。しかし、当初の目的（和食のレシピの抽出）は果たせません。

　このように、問題の性質によって最適な評価尺度は違います。このコラムでは適合率と再現率、F 値、正解率を紹介しました。これらの評価尺度（および、これら以外の評価尺度）を使うときは、問題の性質を考え、最適なものを選ぶようにしましょう。

　次に紹介するのは Sasada らの研究 [35] です。彼らは固有表現認識器 PWNER を開発しています。PWNER にも、上述の KyTea のように、正解（この場合、固有表現のラベル）が文の一部にしか付いていなくても学習できるという特徴があります。なお、PWNER と KyTea は同じ研究室で開発されています。

　PWNER は、まず、入力中の各単語 $w$ について各固有表現ラベル $t$ の信頼度 $P(t|w)$ を列挙します。イメージは表 2.8 のとおりです。なお、この図の F-B や F-I は Food（食材）の Begin（始まり）や Inside（内部）の単語を表しています。O は Ohter（その他）です。また、F や Ac、T はフローグラフコーパスの頂点のタグです。適宜 2.5.2 項の表 2.2(a) を見返してください。

表 2.8　PWNER による認識結果（[35] から引用）

| | $P(t|w)$ | Sprinkle | black | pepper | and | salt |
|---|---|---|---|---|---|---|
| | | | | $w$ | | |
| | F-B | 0.00 | 0.40 | 0.37 | 0.00 | 0.80 |
| | F-I | 0.00 | 0.10 | 0.63 | 0.00 | 0.20 |
| | Ac-B | 0.99 | 0.00 | 0.00 | 0.00 | 0.00 |
| $t$ | Ac-I | 0.01 | 0.00 | 0.00 | 0.00 | 0.00 |
| | T-B | 0.00 | 0.50 | 0.00 | 0.00 | 0.00 |
| | ⋮ | ⋮ | ⋮ | ⋮ | ⋮ | ⋮ |
| | O | 0.00 | 0.00 | 0.00 | 1.00 | 0.00 |

　次に、列挙された信頼度から動的計画法などで最適なラベル列を選びます。た
とえば、表 2.8 の太字の部分を最適なラベル列として選んだ場合、Sprinkle を Ac
と、black pepper と salt を F と予測します。Sasada らは、フローグラフコーパス
を使った実験の結果、PWNER の性能（F 値）が 87.98% であったと報告していま
す。この結果はレシピにおける固有表現認識器の性能を示しており、上で紹介し
た Mori らの結果と同じく、貴重なデータです。

　Sasada らはフローグラフコーパスで学習した PWNER を彼らの研究室のホー
ムページ[*28]で公開しています。彼らは新聞記事の注釈付きコーパスで学習した
PWNER も公開しており、これは一般的な固有表現（例：人名）の認識に使うこ
とができます。

　最後に紹介するのは平松らの研究 [36] です。この研究では、代表的な形態素解
析器や固有表現認識器、構文解析器について、レシピの注釈付きコーパスにおけ
る性能を調べています。注釈付きコーパスには、2.5.2 項で紹介したクックパッド
解析済みコーパスが使われています。

　形態素解析器には、2.3.1 項の技術コラムで紹介した MeCab が使われています。
再学習の有無は、コーパス（の一部）によるチューニングの有無です。また、各
尺度の値は、区切りや品詞が正しかった単語の数から求めたものです。表を見る
と、再学習ありの場合でも、形態素解析（単語分割＋品詞タグ付け）の各尺度の
値はせいぜい 91% です。

　一方、固有表現認識器の性能は表 2.9(b) のとおりです。BiLSTM-CRF [39] は固
有表現認識によく使われるモデルで、BiLSTM と CRF という 2 つのモデルを組み
合わせたものです。なお、BiLSTM については次の技術コラムで解説します。各
尺度の値は、各モデルが認識できた正しい固有表現の数から求めたものです。固
有表現の定義はコーパスによって違います。そのため、表中の各尺度の値が低い
（もしくは、高い）とは一概に言えません。とはいえ、レシピの固有表現認識にも
まだまだ改善の余地がありそうです。

　構文解析器の性能は表 2.9(c) のとおりです。構文解析器には CaboCha[*29] が使
われています。CaboCha は、日本語の自然言語処理において最も代表的な構文解
析器の 1 つです。文節単位の正解率は、係り受けが正しかった文節の数から求めた

---

[*28]　http://www.ar.media.kyoto-u.ac.jp/tool/PWNER/home.html

[*29]　https://taku910.github.io/cabocha/

**表 2.9** クックパッド解析済みコーパスにおける各種解析器の性能

(a) 形態素解析器の性能

| タスク | 再学習 | 適合率 | 再現率 | F 値 |
|---|---|---|---|---|
| 単語分割のみ | なし | 94.82 | 95.18 | 95.00 |
| | あり | 95.69 | 95.84 | 95.77 |
| 単語分割＋品詞タグ付け | なし | 88.69 | 89.02 | 88.85 |
| | あり | 90.91 | 91.06 | 90.98 |

(b) 固有表現認識器の性能

| モデル | 正解率 | 適合率 | 再現率 | F 値 |
|---|---|---|---|---|
| PWNER [35] | 87.48 | 73.61 | 81.37 | 77.30 |
| BiLSTM-CRF [39] | 90.13 | 85.95 | 85.56 | 85.75 |

(c) 構文解析器の性能

| 再学習 | 正解率 | |
|---|---|---|
| | 文節単位 | 文単位 |
| なし | 91.49 | 70.36 |
| あり | 94.20 | 78.04 |

ものです。一方、文単位の正解率は、文中のすべての係り受けが正しかった文の数から求めたものです。表を見ると、再学習ありの場合でも文節単位では5%以上の文節で、文単位では20%以上の文で解析誤りがあったことがわかります。これらの結果から、レシピの構文解析も一筋縄ではいかない研究課題と言えそうです。

**Tech column 🔧**

**RNN**

　本文でBiLSTMというモデルが出てきました。2.4.3項や2.4.4項で出てきたエンコーダ・デコーダと同じく、このモデルもニューラルネットワークの一種です。これらはどちらも**回帰型ニューラルネットワーク**（recurrent neural network; RNN）をベースにしています。この技術コラムではRNNについて紹介します。

　少しページを遡りますが、2.4.3項の技術コラムで紹介したパーセプトロンのようなモデルを**順伝播型ニューラルネットワーク**（feedforward neural network; FFNN）と呼びます。これは各層の値が一方向（図2.16では下から上）のみに進むためです。一方、図2.32(a)のようなモデルを回帰型ニューラルネットワークと呼びます。これは隠れ層の値が入力側にぐるっと戻ってくるためです。

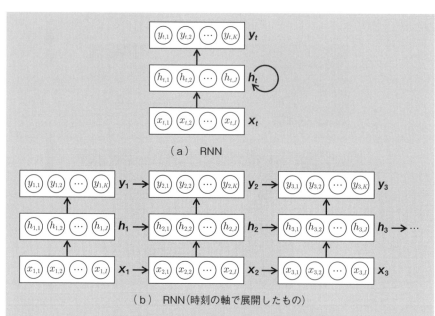

（a）　RNN

（b）　RNN（時刻の軸で展開したもの）

**図 2.32**　RNN

RNN には時刻の概念があり、時刻 $t$ の中間層の値 $\boldsymbol{h}_t = (h_{t,1}, h_{t,2}, \ldots, h_{t,J})$ は時刻 $t$ の入力層の値 $\boldsymbol{x}_t = (x_{t,1}, x_{t,2}, \ldots, x_{t,I})$ と時刻 $t-1$ の中間層の値 $\boldsymbol{h}_{t-1}$ から計算されます。これにより、$\boldsymbol{h}_t$ には時刻 $t$ までの情報が蓄えられることになります。この構造は系列を扱う問題に適しています。たとえば、文の途中までの単語列から次に現れそうな単語を予測するのに RNN を使うことができます。

　なお、RNN は図 2.32(b) のように描かれることもあります。これは図 2.32(a) を時刻の軸で展開したものです。このように描くと、RNN も FFNN とみなすことができます。また、FFNN と同様、誤差逆伝播法（を少し変えた方法）でパラメータを学習できます。誤差逆伝播法については 2.4.3 項の技術コラムもご覧ください。

　RNN を発展させたのが**長・短期記憶**（long short-term memory; LSTM）です。上で述べたように、RNN は過去の情報を蓄える構造をもっています。しかし、過去の情報はどうしても徐々に失われていきます。つまり、RNN は長い系列を扱うことができません。一方、LSTM は、過去の情報をうまく取捨選択する特殊な隠れ層をもっています。これにより、普通の RNN より長い系列を扱うことができます。

　本文で出てきた BiLSTM は Bidirectional LSTM の略で、系列を前から順に入力した LSTM と後ろから順に入力した LSTM を組み合わせたものです。系列を前か

ら順に見ていったときと後ろから順に見ていったときの両方の情報を使いたい場合（例：単語の前後の文脈の情報を使いたい場合）に BiLSTM を使うことができます。

**エンコーダ・デコーダ**（encoder-decoder）[40] は、図 2.33 のように、2 つの RNN をつなげたようなモデルです。自然言語処理では機械翻訳によく使われます。まず、翻訳元（例：日本語）の文の各単語をなんらかの方法でベクトル $x_t$（$t = 1, 2, \ldots, T_e$）に変換します。エンコーダは $x_t$ を 1 つずつ受けとって、その情報を $h_t$ に蓄えます。デコーダは $h_{T_e}$ を受けとり、$y_t$（$t = 1, 2, \ldots, T_d$）を 1 つずつ生み出します。最後に各ベクトル $y_t$ を翻訳先（例：英語）の単語に変換すれば、翻訳のできあがりです。

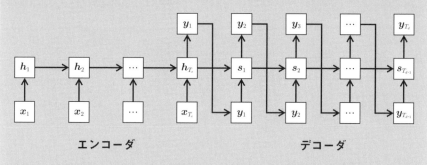

**図 2.33** エンコーダ・デコーダ

この技術コラムでは RNN について紹介しました。上でも述べたように、RNN は系列を扱う問題に適しています。自然言語処理は系列を扱う機会が多いため、RNN が頻繁に使われます。一方、画像処理では CNN と呼ばれるモデルが頻繁に使われます。CNN については 3.8.1 項で紹介します。

## 2.6.2 レシピ構造化

レシピ構造化はコンピュータによってレシピの構造を明らかにする研究です。そのゴールは、典型的には、レシピ中の単語や固有表現の関係を表したグラフを作ることです。構造化は「理解」の 1 つの形です。コンピュータによるレシピの理解が進めば、応用的な研究や実際のアプリケーションの可能性は広がっていくでしょう。

ここでは、2015 年の Kiddon らの研究 [41] と Jermsurawong らの研究 [25]、Maeta らの研究 [42] を紹介します。最初に紹介するのは Kiddon らの研究です。彼らはアクショングラフという構造とレシピをこの構造で表す手法を提案しています。

　図 2.34 左側のレシピのアクショングラフは同図右側のようになります。$e_i$（図では $i = 1, \ldots, 5$）が 1 つのアクションで、1 つの動詞 $v_i$（例：preheat）と 1 つ以上の項 $a_{ij}$（例：oven）からなります。点線の項はレシピ中に現れていない暗黙的な項です。$s_{ij}^k$ は $a_{ij}$ の $k$ 番目の単語列で、対応する $v_i$ とは実線の矢印で、関係する $v_{i'}$（$i' < i$）や材料とは破線の矢印（以下、コネクション）でつながっています。

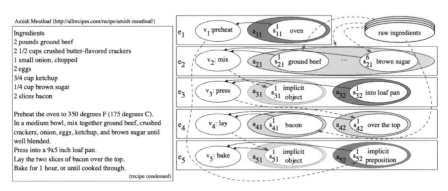

**図 2.34**　アクショングラフの一例（[41] から引用）

　Kiddon らの手法は、考えうるすべてのコネクション集合のなかから、レシピ $R = \{e_1, \ldots, e_I\}$ において最も尤もらしいコネクション集合 $C$ を選ぶというものです。具体的には、まず、$C$ が生成される確率 $P(C)$ と、$C$ から $R$ が生成される確率 $P(R|C)$ を定義します。そして、同時確率 $P(R|C)P(C)$ が最大となる $C$ を選びます。

　実験の結果、彼らの手法の性能は 80.0% でした。ここでの「性能」はコネクションの予測の F 値です。また、この数値はレシピのアクション（図の $e_i$）への分割を人手で行った場合のものです。つまり、アクションの分割は正しいという前提のもとでの数値です。Kiddon らはアクションの分割を自動で行う手法も提案しています。アクションの分割を自動で行った場合の F 値は 66.8% まで下がります。

　一方、Jermsurawong らは、Simplified Ingredient Merging Map in Recipes（SIMMR）という構造とレシピをこの構造で表す手法を提案しています [25]。SIMMR はレシピの材料と手順からなるグラフです。余談ですが、Jemsurawong らの研究と Kiddon らの研究は、同じ年に同じ国際会議（EMNLP 2015）で発表されました。

　図 2.35 左側のレシピの SIMMR は、同図右側のようになります。SIMMR は終端ノードが材料で、内部ノードが手順のグラフです。このグラフから、たとえば、材

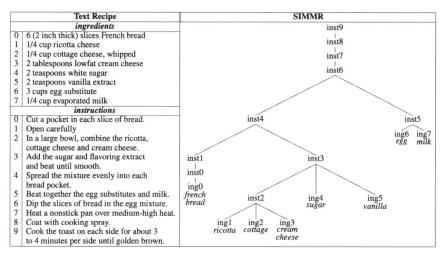

**図 2.35** SIMMR の一例（[25] から引用）

料1と2、3が手順2の入力で、その出力が手順3の入力であることがわかります。

　レシピをSIMMRで表すには、材料と手順を紐付け、さらに手順と手順を紐付ける必要があります。Jermsurawong らはこれらの紐付けを分類問題とみなし、SVMというモデルでこれを行っています。SVMについては詳しく解説しませんが、分類問題を解くのによく使われるもので、機械学習で代表的な分類器の1つです。

　実験の結果、紐付けの正解率はそれぞれ95.8％と92.4％でした。なお、Jermsurawong らの実験では2.5.2項で紹介したCURDを使っています。また、彼らはCURDのレシピをSIMMRで表したデータを彼らの研究室*30で公開しています。興味がある人はダウンロードしてみてください。

　最後に紹介するのはMaeta らの研究 [42] です。彼らはレシピからフローグラフを作る手法を提案しています。これまでに何度か紹介したように、フローグラフは頂点がレシピ用語で、辺がそれらの関係であるグラフです [20]。Maeta らはレシピからレシピ用語を抜き出し、それらを紐付けることで、レシピからフローグラフを作っています。

　彼らは、まず、単語分割と固有表現認識でレシピからレシピ用語を抜き出しています。この場合、単語分割の入力はレシピの手順（例：両手鍋で油を熱する）で、出力は単語のリスト（例：両手、鍋、で、油、を、熱、する）です。また、固有

---

*30 　https://camel.abudhabi.nyu.edu/simmr/

表現認識の入力は単語のリストで、出力はレシピ用語のリスト（例：両手鍋、油、熱）です。レシピ用語については 2.5.2 項の表 2.2(a) を見返してください。

次に、レシピ用語を紐付けて最大全域木を作り、この木にさらに辺を足してフローグラフを作っています。最大全域木を作るときは、レシピ用語の周辺の単語などの情報から辺のスコアを計算しています。また、フローグラフを作るときは、(1) 最大全域木に含まれていない、(2) スコアが高い、(3) その辺を足したあとでもフローグラフの条件を満たす（有向グラフの条件を満たす）辺を足しています。

Maeta らの手法でレシピからフローグラフを作った結果、その性能は 51.6% でした。ここでの「性能」はフローグラフの辺の予測の F 値です。レシピからフローグラフを作るには、上で述べたように、いくつかのステップを介する必要があります。そのため、51.6% という数値を上げるためには、各ステップの F 値を 1 つずつ上げていく必要があります。要するに、フローグラフの作成は非常に難しい研究課題ということです。

## 2.6.3 レシピ生成

料理と自然言語処理に関する研究のなかで、最も応用的なものの 1 つが、レシピ生成です。これはコンピュータによってレシピを生成する研究です。典型的には、なんらかの入力からレシピの手順を生成します。入力はテキストの場合もあれば、画像 [43, 44, 45] や動画 [46] の場合もあります。

ここでは、入力がテキストである 2014 年の Mori らの研究 [47] と 2016 年の Kiddon らの研究 [48]、Sato らの研究 [49] を紹介します。最初に紹介するのは Mori らの研究です。彼らはフローグラフを入力としてレシピを生成する手法を提案しています。この研究は、前項で紹介した Maeta らの研究と正反対のことを行うものです。

Mori らの手法では、前準備として、レシピ集合からスケルトンを集めています。彼らがスケルトンと呼んでいるものは、文中の固有表現をそのラベルに置き換えた文のテンプレートのようなものです。たとえば、「両手鍋で油を熱する。」という文であれば、そのスケルトンは「T で F を Ac する。」となります。ここでの T（道具）や F（食材）などもフローグラフコーパスの頂点のタグ（表 2.2(a)）です。

レシピを生成するときは、まず、入力となるフローグラフを小さい木に分解します。具体的には、グラフ中の各 Ac（調理者の動作）を根とする木に分解します。次に、木に含まれる固有表現のラベル列と同じラベル列をもつスケルトンを選び

ます。そのようなスケルトンが複数ある場合は、レシピ集合における頻度が最大のものを選びます。最後に、各ラベルを木のなかの対応する単語に置き換えれば、レシピができあがります。

Mori らは、実験で、フローグラフコーパスに含まれる40個のフローグラフのレシピを生成（復元）しています。その結果、あらかじめ10万レシピからスケルトンを集めておけば、98.4％の木についてなんらかの文を生成できることがわかりました。一方、生成されたレシピからできる料理はフローグラフのもととなるレシピからできる料理と違うことがあり、彼らの手法に改善の余地があることもわかりました。

次に紹介するのはKiddon らの研究 [48] です。彼らはニューラルチェックリストというモデルを提案しています。このモデルは、レシピのタイトルと材料を入力として、レシピの手順を生成するものです。「入力とした材料を漏れなく含むようにレシピを生成する」という特徴をもっています。

図2.36(a) はニューラルチェックリストによるレシピ生成の流れです。この図では、Pico de gallo（メキシコ料理のサルサ）というタイトルと chopped tomatoes と onion、jalapeños、salt、lime という材料が入力です。これらを入力として Place や tomatoes、in、a、bowl、... というように手順の単語を生成していきます。

彼らがチェックリストと呼んでいるものは図の点線のボックスです。1つのボックスが1つの材料に対応しており、生成済みの手順にその材料が現れたか否かという情報をもっています。たとえば、onion のところで一番上のボックスにチェックがあります。これは、「Place から the までの間に chopped tomatoes（正確には chopped tomatoes に関する単語）が現れた」ということを表しています。実際、ここでは tomatoes という単語が現れています。

単語を生成する仕組みはエンコーダ・デコーダとほぼ同じです。ただし、チェックボックスの状態から計算される2つの度合いも考慮に入れます。1つめは各材料を生成すべき度合いです。図では実線のボックス（左側）で表されています。たとえば、1つめの tomatoes のところで一番上のボックスが濃くなっています。これは「ここで chopped tomatoes を生成すべきだ」ということを表しています。

2つめは各材料を再生成すべき度合いです。1つの材料が手順に何度も現れるのは珍しいことではありません。図では実線のボックス（右側）でこの度合いが表されています。たとえば、2つめの tomatoes のところで一番上のボックスが濃く

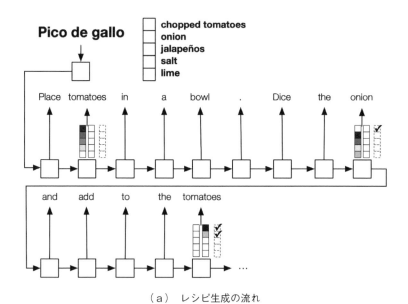

（a） レシピ生成の流れ

| Title: Casino royale casserole<br>Ingredients: 10 oz chopped broccoli, 2 tbsp butter, 2 tbsp flour, 1/2 tsp salt, 1/4 tsp black pepper, 1/4 tsp ground nutmeg, 1 cup milk,<br>1 1/2 cup shredded swiss cheese, 2 tsp lemon juice, 2 cup cooked cubed turkey, 4 oz mushrooms, 1/4 cup grated Parmesan cheese, 1<br>can refrigerated biscuits |||
| --- | --- | --- |
| **Truth** | **EncDec** | **Checklist+** |
| Preheat oven to 375. Melt butter in saucepan. Blend in flour, salt, pepper, and nutmeg; cook 1-2 minutes. Gradually add milk; cook, stirring, until slightly thickened. Stir in frozen vegetables. Remove from heat; stir in cheese until melted. Add lemon juice, turkey, mushrooms, and broccoli. Pour mixture into a lightly greased 8"x8" baking dish; sprinkle with parmesean and top with biscuits. Bake 20 minutes, or until biscuits are golden brown. | Cook broccoli according to package directions; drain. In medium saucepan, melt butter. Stir in flour, salt and pepper. Gradually add milk, stirring constantly. Cook over medium heat, stirring constantly, until mixture comes to a boil. Reduce heat to low. Cook, stirring constantly, until mixture boils and thickens, about 5 minutes. Stir in **milk**. Gradually heat to boiling; reduce heat. Cover; simmer 10 minutes or until heated through. Serve immediately. | Mix the turkey with the flour, salt, pepper, milk and lemon juice. Stir in the cheese. Add broccoli, mushrooms, nutmeg, and cheese. Mix well. Add the butter and mix well. Add the biscuits and mix well. Spread in a greased 13x9 inch baking pan. Bake in a 350f oven for 35 to 40 minutes, or until pick inserted in the center comes out clean. Serve hot. |

（b） レシピ生成の結果

**図 2.36** ニューラルチェックリストによるレシピ生成（[48] から引用）

なっています。これは「ここで chopped tomatoes を再生成すべきだ」ということ
を表しています。

　図 2.36(b) は、ニューラルチェックリストによるレシピ生成の結果です。Truth
が正解の手順で、Checklist+ がニューラルチェックリストの出力（正確にはこれ
を簡単なルールで補ったもの）です。なお、EncDec は比較に使われたエンコー
ダ・デコーダの出力です。レシピ生成も難しい研究課題で、ニューラルチェック
リストの出力には多くの誤りがあります。たとえば、オーブンで焼く前に材料に

火を通していません。しかし、モデルの特徴によって、入力とした材料は漏れなく出力に含まれています。

最後に紹介するのはSatoらの研究 [49] です。この研究では日本語のレシピを入力として英語のレシピを生成しています。つまり、これはレシピ翻訳です。筆者が知るかぎり、この研究はレシピ翻訳にとりくんだ最初のものです。

Satoらは、彼らの研究にレシピの**対訳コーパス**（parallel corpus）を使っています。対訳コーパスとは、ある言語（例：日本語）のテキストと別の言語（例：英語）の翻訳を集めたコーパスです。彼らが使った対訳コーパスは日本語のレシピと英語の翻訳からなり、全部で 16,283 レシピのデータを収録しています。

また、彼らは 2 つの機械翻訳の手法を使っています。1 つは 2015 年に提案されたニューラル翻訳（以下、NMT） [50] です。ニューラル翻訳にはさまざまなバリエーションがありますが、2015 年に提案されたものは、エンコーダ・デコーダにもとづくものです。もう 1 つはニューラル翻訳が提案されるまで一般的だったフレーズベース統計的機械翻訳（以下、PBSMT） [51] です。これは文を語句ごとに翻訳し、自然な順番に並び替えるものです。

実験の結果、それぞれの手法にそれぞれの翻訳誤りがあり、また、どちらの手法においても消失と挿入の誤りがあったと報告しています。とくに一番多かったのは消失で、これは入力中にある情報が出力中にない誤りです。一方、挿入は入力中にない情報が出力中にある誤りです。表 2.10 は、PBSMT と NMT における消失と挿入の一例です。たとえば、NMT では、入力中にある「ホームベーカリーの」という情報が出力中にありません。

表 2.10　レシピ翻訳における消失と挿入の一例（[49] から引用）

| 入力 | ホームベーカリーの生地作りコースで生地を作る。 |
|---|---|
| 出力（PBSMT） | Make the dough in the bread maker to make the dough. |
| 出力（NMT） | Make the dough using the dough setting. |
| 出力（正解） | Use the bread dough function on the bread maker to make the bread dough. |

Satoらの研究は、レシピ翻訳の実現可能性を調べたものです。2017 年と 2018 年には WAT[*31]でもレシピ翻訳が共通タスクの 1 つになりました。WAT は、アジアの言語に関する機械翻訳のワークショップです。WAT の公式サイトには、さまざ

---

[*31]　http://lotus.kuee.kyoto-u.ac.jp/WAT/

まな機械翻訳の手法の評価結果が載っています。これらもレシピ翻訳の実現性を示す貴重なデータです。

---

## Tech column 🔧

### BERT

　本章の最後で、**BERT**（バート）[5] について触れておきましょう。1.2 節でも述べたように、BERT は 2018 年に発表されたモデルで、自然言語処理のさまざまなタスクで劇的な性能を見せました。本書の執筆時点（2021 年 1 月時点）では、まだ、料理と自然言語処理に関する研究で BERT を使ったものはほとんどありません。しかし、今後、BERT を使った研究が増えていくのは間違いないでしょう。そのような未来を見越して、本章の最後は BERT の話で締めくくりたいと思います。

　BERT は Bidirectional Encoder Representations from Transformers の略です。**トランスフォーマー**（transformer）[52] は 2017 年に発表されたモデルで、おおまかには、2.6.1 項の技術コラムで紹介したエンコーダ・デコーダをさらに発展させたようなものです。ちなみに、普通のエンコーダ・デコーダと違って、RNN でなく self-attention と呼ばれる仕組みを使っています。BERT は、図 2.37(a) のように、トランスフォーマーのエンコーダ部分をたくさんつなげた非常に大きなニューラルネットワークです。

　このニューラルネットワークを、まず、生コーパスで学習します。2.5.1 項でも解説したように、生コーパスはデータになんの情報も付いていないコーパスです。なんの情報も付いていないコーパスからどうやって学習するのでしょうか。BERT では Masked Language Model（以下、MLM）と Next Sentence Prediction（以下、NSP）という 2 つのタスクの訓練データを生コーパスから作り、それらでモデルを学習します。

　MLM は、マスクされた文中の単語を予測するタスクです。コーパス中の文の一部の単語を特殊な記号に置き換えることで、訓練データを作ります。図 2.37(a) では文 A の単語 $w_{A,2}$ や文 B の単語 $w_{B,3}$ を [MASK] という記号に置き換えています。置き換える単語はランダムに選びます。なお、正確には、前述の記号でなく別の単語に置き換えたりもします。このような訓練データから、置き換えられた単語（つまり、もとの単語）を予測するモデルを学習します。

　一方、NSP は 2 つの文が連続しているか否かを予測するタスクです。連続している 2 つの文と連続していない 2 つの文をコーパスから抜き出すことで、訓練データを

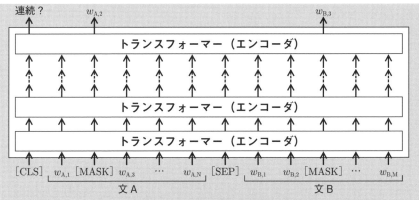

（a） 事前学習（MLM と NSP）

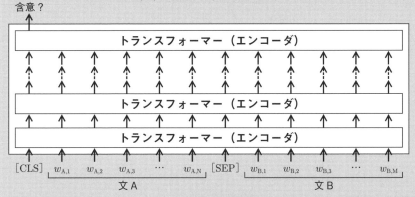

（b） 追加学習（RTE）

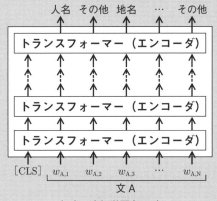

（c） 追加学習（NER）

図 2.37 BERT

作ります。ただし、図 2.37(a) のように、1 つめの文の先頭には [CLS] (classifier) のような記号を付け足します。そして、この記号に対する出力層の値で 2 つの文が連続しているか否かを判定します。このような訓練データから、2 つの文が連続しているか否かを予測するモデルを学習します。なお、2 つめの文の先頭には [SEP] (separator) のような記号を付け足します。この記号は 2 つの文の境界を表しています。

さて、私たちが実際に解きたいタスクは MLM や NSP ではありません。たとえば、含意関係認識 (RTE) かもしれませんし、固有表現認識 (NER) かもしれません。BERT では、図 2.37(b) や図 2.37(c) のように、解きたいタスクに合わせてネットワークの出力層の部分を置き換えます。そして、MLM と NSP の訓練データで前もって学習したパラメータを初期値として、解きたいタスクの訓練データで、改めてモデルのパラメータを学習しなおします。

このような学習戦略を、**事前学習**と**追加学習**と呼びます。生コーパスが手に入りやすいこともあって、MLM や NSP の訓練データは大量に手に入ります。一方、往々にして、RTE や NER の訓練データは少量しか手に入りません。しかし、前者のようなタスクで事前に学習しておけば、訓練データが少量しかなくても、後者のようなタスクのモデルを効率よく学習できるのです。事前学習と追加学習については 3.6.1 項の技術コラムでもとりあげます。

冒頭でも述べたように、BERT は自然言語処理のさまざまなタスクで劇的な性能を見せました。2021 年現在、自然言語処理の世界は BERT の話で持ち切りです。BERT はアカデミアのみならず産業界にも知れ渡り、多くの人々の注目を集めています。料理と自然言語処理に関する研究やアプリケーションが BERT の恩恵に預かる日も、そう遠くはなさそうです。

さて、これで本章は終わりです。ぱっと見は接点がなさそうな自然言語処理と料理の関わりが、少しは明らかになったのではないでしょうか。

ところで、自然言語処理は料理を支える情報処理技術の 1 つに過ぎません。本書では重要な技術をもう 1 つとりあげます。それは画像処理です。次章では、料理と画像処理というテーマで両者の関わりを紐解いていきます。

第 **3** 章
# 料理と画像処理

"You are what you eat" という言葉のとおり、日々の食事は、わたしたちの生活の重要な一側面です。深層学習が花開いて以降、個々人の食事記録の情報化が少しずつ進んでいます。たとえば、料理の写真から栄養価の情報を読み取ったり、料理を作る工程を動画から理解したりすることで、毎日の食事の記録が蓄積できれば、予防医学をはじめとするさまざまな分野に波及する重要なデータとなるでしょう。本章では、おもに「料理を食べる」「料理を作る」というシーンを対象として、カメラによる観測をもとに情報を読み取るためのさまざまな技術について紹介します。

# ⊖ 3.1 はじめに

　食事は誰もが、しかも毎日行うものであるにも関わらず、その情報化はまだ
だ十分とは言えません。畑から口まで、食べ物がどのような過程を経て消費され
たかを追跡することは、お店で外食をするとしても、家で作って食べるとしても
重要なことです。個人の健康管理やマーケティング、予防医学の発展による医療
費削減など、さまざまな価値があります。

　たとえば東大発のベンチャー企業である foo.log 株式会社の FoodLog という食事
記録管理アプリ（図3.1左）は、食べる前に食事の写真を撮ることで、毎日自分が
なにを食べたのかを簡単に記録することができます。また実験室レベルではあり
ますが、調理がどこまで進んだのかを自動的に理解し、ユーザの行動を先読みし
てレシピを提示するシステム（図3.1右）[53, 54] も実現されつつあります。

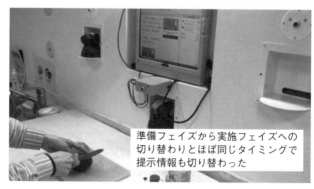

準備フェイズから実施フェイズへの
切り替わりとほぼ同じタイミングで
提示情報も切り替わった

食事管理アプリ　　　　　　動作同期型レシピ提示システム CHIFFON
FoodLog

**図 3.1　画像処理を応用した料理関連アプリケーションの事例**

　いずれの場合も、システムの鍵を握るのは、カメラで観測したデータを解析す
る画像処理技術です。本章では、このような応用の基礎となる画像処理技術につ
いて、食への応用を交えながら紹介します。本章のテーマは画像×料理で、その
目次は以下のとおりです。

- **3.1節 画像ってなんだろう？**
- **3.3節 画像の内容を理解する処理**
- **3.4節 画像列の内容を理解する処理**
- **3.5節 計測に関するさまざまな技術**
- **3.6節 どんなデータセットがある？**
- **3.7節 画像処理の活用事例**
- **3.8節 最新の研究動向を知ろう！**

## 3.2　画像ってなんだろう？

　前章では「言葉」を対象とした「自然言語処理」の技術を紹介しました。本章のテーマは、「画像」を対象とした「画像処理」です。これから詳しく解説していくのですが、そもそも「画像」とはなんでしょうか？　自然言語処理のときと同様に、まずは解析対象について知っていきましょう。

　撮影した**画像**（image）や**動画**（video clip）を保存する際に、JPEGやPNG、あるいは、MOVやMP4など、さまざまなファイル形式があることはご存知かもしれませんね。多くの場合、こういったファイル形式の違いは、圧縮方式の違いに起因しています。プログラムで画像や動画を扱う場合は、このようなファイル形式ごとに決められた方法に従って解凍を行います。画像ならば $x$（横軸）、$y$（縦軸）、$c$（色チャンネル）の3次元配列データに、動画ならばそれに $t$（時間軸）を加えた4次元配列データに変換します（図3.2）。この「決められた方法」とは、一般的な画像・動画ファイルの解凍の場合、プログラミング言語ごとにパッケージとして提供されている関数が利用できます。

　これらの配列データに格納された値は、それぞれが**センサ**（sensor）によって観測された値です。画像とは、2次元平面上に格子状に配置されたセンサが、それぞれ観測した光の強さを並べたものなのです。

　実は、人間の目の中にある網膜にも、光の強さに応じて反応を起こすセンサが並んでいます。網膜はセンサと違って平面ではありませんし、それ以外にもさまざまな違いはありますが、共通しているのは「レンズ（人間の目では水晶体）に入ってきた光をもとに、視線が遮られないかぎりは、相当に広範囲に渡って一度に観測できる」という点です。画像は、いわば、体内から体外の世界でなにが起

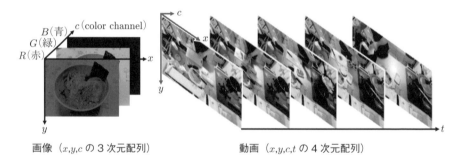

画像（$x,y,c$ の3次元配列）　　　　動画（$x,y,c,t$ の4次元配列）

**図3.2　画像と動画のデータ構造**

きているかを覗き見る窓のようなものなのです。

　では、画像処理は、人間が網膜で観測する情報に対する処理を模倣するような
ものでしょうか？　これは、YesでもありNoでもあります。私たちにとって身近
なスマートフォンなどで撮影した写真は、可視光画像、あるいはRGB画像と呼ば
れます。これは、人間の目が観測している赤（R）、緑（G）、青（B）の3種類の光
の波長に対象を絞って観測されたものです。一方、赤外線や紫外線に代表される
ように、光には人間の目に見えない波長のものもあります。このような非可視光
を対象としたカメラは、特殊なカメラの代表例です。また、光以外の物理量を計
測するものとして、距離を測る**深度カメラ**（depth camera）や、温度を測る**サー
モカメラ**（thermal camera）があります。広い範囲を同時計測することによって、
一点のみの物理量を計測したのではわからない、さまざまな情報を得ることを目
的としたカメラです。

　センサによって得られる観測値は、**信号**（signal）と呼ばれます。画像処理の分
野において、画像とは「空間的な広がりをもつ信号の集合全般」を指します。ま
た、信号処理の分野において、画像処理とは、そのような「空間的な広がりをも
つ信号の集合に対する計算処理技術全般」を指します。

Tech column ✕

**光が内容と結びつくまで**

　画像は3次元配列、動画は4次元配列のデータであることはすでに述べました。
この配列の各要素を**画素**（pixel）、各画素の値を**画素値**（pixel value）と言います。

ある画像ファイルを無事に解凍して配列データに変換できたとしても、撮影機材や
ソフトウェアに応じて、画像の性質はそれぞれ異なります。図3.3は、レンズを通
して観測された光が、観測対象空間の状況を説明する内容へと変換されるまでの、
機械的・ソフトウェア的な処理の典型例を表しています。視覚情報を処理する際に
は、図に示した4つの構成要素それぞれに対して、どのように操作・介入を行い最
適な結果を得るかを統合的に考える能力が要求されます。

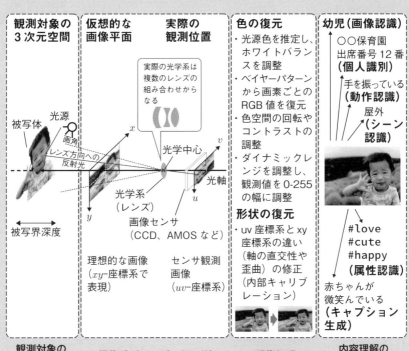

**観測対象の3次元空間**
光源（太陽、照明、プロジェクタによる投影光など）からの光が被写体で反射したもののうち、レンズのほうに向かったものだけが記録される。レンズの特性に応じて、ピントが合う範囲（被写界深度）が決まる。

**撮像系（レンズ、センサ）**
光学系は複数のレンズの組み合わせからなる。光の波長の違いに起因する色ごとのピントずれ（色収差）をなくしたり、デジタルセンサの制約（光の侵入方向）を揃えたり、座標の違いによる明るさのムラをなくすようにデザインされる。画像センサは、各画素に相当する少領域ごとにシャッター時間の間で受け取った光子の量（＝光の強さ）に応じた電荷を数値化する。

**現像処理**
人間にとって理解しやすいように色空間を調整するほか、センサ配列の物理的な歪みやレンズの影響、動きなどによるボケなどを取り除き、計測としての精度を高めるためのさまざまな処理を行う。

**内容理解のための処理**
計測された視覚情報を、あらかじめ決められた記号に対応付ける処理を行う。近年では対応する自然言語表現を生成する処理までが実現されている。

図 3.3 画像が取得されてから内容が理解されるまで

**■観測対象の 3 次元空間**　撮影をする際に注意すべきことの 1 つが、画角と被写界深度です。画角とは、カメラで撮影できる観測範囲のことで、光学中心からの、光軸をゼロ度としたときの角度で表現されます。また、被写界深度とは、カメラの光学系ごとに、ボケのない像を得ることができる範囲のことです。カメラで 3 次元空間を観測する際にボケのない画像を得たい場合には、カメラと被写体の距離が適切な被写界深度の範囲に収まっているかどうかを確認する必要があります。

　次に注意することが、被写体の反射特性です。デジタルカメラは、光を電気信号に変換することにより、3 次元空間を観測します。光は太陽や照明から発せられ、物体表面で反射します。このような物体表面の反射光のうち、レンズの方へ向かった光がカメラのセンサ部に届き、観測されます。このため、カメラにより観測している信号は被写体がどのように光を反射するか、その特性に大きな影響を受けます。

　物体表面での光の反射のうち、金属や鏡のように光の入射角に応じて特定方向に強く反射する成分を鏡面反射成分、反対に粘土の表面のように入射角によらずさまざまな方向に反射する成分を拡散反射成分と呼びます。また、光の一部が物体内部に侵入し、表層内で複雑な反射をする表面化散乱という現象もあります。表面化で散乱した光も、その後再び物体外に飛び出すことで反射光となります。場合によっては、交通標識などに使われる再帰性反射材[*1]や蓄光や蛍光といった特殊な性質をもった材料の利用を考えると面白い応用があるかもしれません。

　これらの現象がそれぞれどの程度の割合で起きるのかは、物体の材質に応じてさまざまです。反射特性に応じて照明とカメラの配置を変えたり、反対に適切な反射特性をもつ素材を利用することで、計測が簡単になる場合があります。たとえば、3.5.1 項で紹介する**拡張現実**（Augmented Reality: AR）システムのためのマーカー表面は、鏡面反射成分が小さい素材を使うべきでしょう。

**■撮像系**　撮像系とは、レンズやセンサ（古くはフィルム）からなる、光を画像に変換し保存するシステムのことです。撮像系に対する工夫は、実にさまざまなものがあります。とくに近年では、後段でソフトウェア的な処理を行うことを前提とした撮像系の工夫が、**コンピューテーショナル・フォトグラフィ**（computational photography）などと呼ばれ、**Lytro**（ライトロ）に代表される**ライトフィールドカ**

---

[*1]　入射角方向に強く光を反射する特殊な反射特性をもつ素材で、テープやスプレー噴射式のものなどは手軽に工作可能です。ライトを照らすと、照らした人の方向に強く反射するため、身近では交通標識などに使われています。

メラ（light field camera）[*2]や日本において活発な研究グループが存在している**符号化開口**（coded aperture）[*3]などが知られています。なお、残念ながらLytroの事業は惜しまれつつも2018年に終了してしまったため、市販のライトフィールドカメラを手に入れるのは、現在は困難な状況です。

　もちろん、後段でのソフトウェア処理を想定するもの以外にも、角速度・加速度センサで測ったカメラの動きに合わせてレンズやセンサを移動させる**光学的手ブレ補正**（optical image stabilization）や、**偏光板**（polarizing plate）を利用したガラス面での反射の除去、あるいは**ハーフミラー**（half mirror）を使って複数のカメラ/プロジェクタの光軸を一致させる撮影方法なども、撮像系の工夫に入るでしょう。

**■現像処理**　センサで観測される信号は、レンズを通過してセンサのある画素に飛び込んできた光子の量を電荷の量に変換したものです。色は物体表面の光の反射特性だけでなく、光源の色にも強く影響されます。このため、同じ物体であっても、その物体の色はさまざまな環境要因――晴天の太陽光、曇天の拡散した太陽光、蛍光灯、電球色、雪原での地面からの照り返しなど――によって変化します。このため、光源の色を特定し、その影響を除去するという作業が必要となります。

　また、通常、各画素の値は特定のビット長のデータとして保存されます。たとえば、8ビット＝256階調の整数値とされることが一般的です。このような形式へ変換する際には、0〜255の範囲に対応させる色の最小値と最大値（**ダイナミックレンジ**（dynamic range））の決定と、そのダイナミックレンジ内で、連続値である電荷の量を0〜255の整数に割り当てる**量子化**（quantization）処理が必要となります。このとき、うまくダイナミックレンジを決定しないと、0より小さい（あるいは255より大きい）値は全て同じ値に押し込められてしまい、情報損失が起きてしまいます。同様に、連続値の広い範囲をある一つの整数値に割り当ててしまうと、そこでも色情報が失われてしまう色潰れの恐れがあります。

　最近のスマートフォンでは、センサ観測画像に対して非常に高度な現像処理が行われ、色の違和感や白飛び、黒つぶれのない安定した絵作りが実現されています。このように人の目で見てわかりやすい画像は多くの場合、撮像後に行われる「内容

---

[*2]　ライトフィールドカメラは、通常1枚の大きなレンズからなるレンズ系を、マイクロレンズアレイと呼ばれる小さな複数のレンズが2次元的に配置されたものに置き換えた特殊なカメラです。少しずつ視点の異なる小さな画像を多数得ることで、光の強さだけでなく、その光がどの方向から来たのか（光場、すなわちライトフィールド）まで観測できるようにしたものです。単にステレオ視のような距離計測が可能なだけでなく、撮影後に被写界深度や焦点距離を変えるなどの特殊な処理が可能です。

[*3]　レンズの前に特殊な形状の窓を取り付けることで、被写体のある1点からレンズに入射する光の一部をマスクし、高解像度化や三次元情報の取得を行う特殊な撮影方法のこと。

を理解するための処理」を行い易いと言えます。反対に、現像処理を経てもなおボケや手ブレが激しい写真、暗すぎたり明るすぎたりして見た目が通常の写真と大きく違うような入力に対しては、内容を理解するための処理で期待した精度が出ない場合があります。

**■内容理解のための処理**　本章でおもに取り扱うのは、この内容理解のための処理です。つまり、写真や動画から「なにが写っているのか」を、記号や言語表現として取り出すのがこの処理になります。この処理は、基本的に機械学習によって行われるものです。したがって、本章の内容も機械学習に関連する話題が多くなっています。

# 3.3　画像の内容を理解する処理

本書では、時間的に一瞬を切り取った視覚情報を「画像」と呼びます。画像は、空間的な広がりのある信号です。本節ではまず、画像に対する内容理解の処理を紹介します。自然言語処理と異なり、画像の内容を理解する処理においては、単語 → 文節 → 文といった明確な構造はありません。その代わりに、画像中のどの範囲に注目するかに応じて課題がわかれています。本節では、以下の4つの課題を紹介します。

- 3.3.1 項 画像認識
- 3.3.2 項 物体検出
- 3.3.3 項 領域分割
- 3.3.4 項 姿勢推定

## 3.3.1　画像認識

図3.4は2016年に話題になったツイートです。これらの写真は子犬かベーグルのどちらかになります。ひと目で見分けられますか？　コンピュータによって同じことを行う課題を考えてみましょう。入力は図3.4のそれぞれの画像、出力は「子犬」か「ベーグル」のどちらかとなります。仮にこれを、出力が0なら子犬、1ならベーグルとしましょう。このときの0や1は数字の大小関係に意味はなく、た

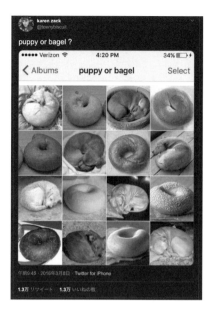

**図 3.4** 子犬とベーグルがよく似ている！ というツイート。皆さんは完璧に見分けられますか？
https://twitter.com/teenybiscuit/status/707004279324696577?s=20(@teenybiscuit)

だ2つが違うものであることを表す記号です。機械学習では、こういった「データに対応する記号を特定する問題」を、**分類**あるいは**認識**（recognition）と呼びます[*4]。また、とくにデータが写真や動画などの視覚情報である場合を**画像認識**（image recognition）と呼びます。また、記号を実世界の実体に結びつけることを**記号接地**（symbol grounding）と呼びます。画像認識は、記号接地を行う手段の1つと言えます。

　子犬とベーグルは「はい」か「いいえ」で答えられるような2値の画像認識とすることができました。もっと多くの種類の画像を認識する場合はどうでしょうか？ ここからは、図3.5のような写真から料理名を当てる問題を考えてみます。

　認識では、re-cognition（再認知）の名のとおり、事前に登場し得る料理名を**集合**（set）として列挙しておく必要があります。たとえば、「そば、カレーライス、ラーメン、……、パンケーキ」。この集合の各要素（そば、カレーライス、ラーメンなど）のことを、「それが指す内容と一対一で結びついた記号」という意味で、

---

[*4]　自然言語処理では分類、画像処理では認識という語が使われることが多いようです。

**図 3.5　某国民的人気食の画像**

**クラス**（class）あるいは**カテゴリ**（category）などと呼びます。以下は、料理認識
問題におけるカテゴリの例です。

```
0: そば
1: カレーライス
2: ラーメン
3: ハンバーグ
4: チャーハン
 :
N-1: パンケーキ
```

　ここで、最終行にある $N$ は、料理の種類の数（カテゴリ数）です。一般的に、
画像認識は図 3.6 のように、画像を入力として 0 から $N-1$ までの数字のうち 1
つを選ぶ課題として実装されます。近年では、このような画像認識を行うのに、
ニューラルネットワークを用いることが一般的になっています。そのためのネッ
トワークの構造にはさまざまなものがあり、多くがインターネット上で公開され
ています。図の台形は、このようなネットワークを想定したものです。とくに深
層ニューラルネットワークモデルは、その一部または全部を抽象化して台形で表
すことも多く、今回もそのような抽象的表記を用いています。また、慣例的に台
形の向きはモデルによる計算の入出力が原信号に近いほうが幅が大きく、カテゴ
リなどの抽象表現に近いほうが小さくなります。

　なお、画像処理のためのネットワークは学習対象となるパラメタ数が膨大とな

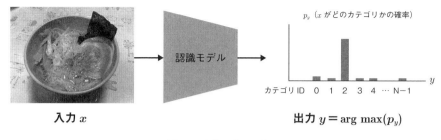

入力 $x$

出力 $y = \arg\max(p_y)$

図 3.6　画像認識のしくみ

るため、一般的なコンピュータの演算装置であるCPUでの計算は処理速度が追い
つかず、学習に膨大な時間がかかってしまいます。このため、ニューラルネット
ワークを用いた画像処理では、Graphical Processing Unit（GPU）という、大量の
並列演算に特化した演算装置が欠かせません。幸いなことに、GPUを所有してい
なくても、Google Colaboratoryなどのインターネット越しに無料でGPUが使え
るサービスがあります。ネットワーク環境さえあれば、手元のノートパソコンな
どからでも、簡単に試してみることができます。

　また、深層ニューラルネットワークによる機械学習（**深層学習**（deep learning））
のライブラリの多くは、Pythonというプログラミング言語をベースとしています。
Pythonの習得は、多数の書籍があるほか、東大発ベンチャーであるAidemy[*5]の
ようなサービスもあります。プログラミング初学者の場合は、このようなサービ
スを利用するところから始めるのもよいでしょう。

> ### Tech column 🛠
>
> **認識率100%を達成することはできるのか？——ベイズ誤り率**
>
> 　さて、深層学習のような最新のモデルを使えば、画像認識は完全に解くことがで
> きるのでしょうか？　残念ながら、曖昧性がある「信号」を曖昧性のない「記号」
> に変換するという性質上、画像認識は、原理的に回避不可能な誤りを含む可能性が
> あります。たとえば、カテゴリが「味噌ラーメン」と「醤油ラーメン」に分かれて
> いたら、見る人によって答えが変わるような事例の割合は増えるかもしれません。
> このような問題ごとに存在する不可避の誤り率を、統計学の分野では**ベイズ誤り率**

---

[*5]　https://aidemy.net/

（Bayes error rate）と呼びます。

　通常、画像のみからなにかを認識する問題のほとんどは、ベイズ誤り率は0%よりも大きくなります。言い換えると、そもそも精度100%を達成することが不可能な課題である、ということです。さらに言い換えると、画像認識モデルにできることは、モデルの誤り率をベイズ誤り率にかぎりなく近づけることだけなのです[6]。もしも皆さんが実験をしたときに、精度が100%となった場合は、ぬか喜びをしてはいけません。曖昧性を含む難しい事例がデータに含まれておらず、検証が不十分なのだと考えるべきでしょう。あるいは、プログラムや検証方法に問題があるのではと疑うことも必要です。実用上の技術として画像認識を解くうえでは、図3.5のような、誰が見てもラーメンだ！　と断言できる典型的なデータばかりを集めても嬉しくありません。学習したモデルの誤り率を理想値、すなわちベイズ誤り率に近づけるためには、深層学習のような技術的に優れたモデルを利用する以外に、典型的な画像に加えて、子犬とベーグルの写真のように、認識がちょっと難しいデータを正解付きで収集することが重要です。

## 3.3.2　物体検出

　さて、さきほどまででは、認識対象の料理が画像のなかに大きく写っている状況を考えました。しかし、もし一枚の画像に複数の料理が写っていたら、料理名を1つしか出力しない画像認識では対応ができません。どのように答えたらよいでしょうか？　この問いに答える方法の1つが、**物体検出**（object detection）です。

　図3.7に、物体検出の例を載せます。物体検出は、入力されたデータのなかに含まれる、所望の物体を囲む矩形を出力する課題です。「ご飯」を見つけたい場合は、写真に写っているご飯を囲む四角を表示させる、ということですね。本質的には、下記の4つの処理を含みます。

**1. 局所領域ごとに、そこに物体が存在するか否かの2値分類を行う**

**2.（物体ごと）その物体を囲む矩形の位置を回帰により推定する**

---

[6]　画像認識におけるベイズ誤り率自体を0%に近づける唯一の方法は、画像以外の補助的な情報を入力データに加えることです。しかし、もしベイズ誤り率を0%にできるような補助データが存在する場合、その補助データ自身が求めたい正解データとまったく同じ情報をもっている可能性が非常に高いです。それならば、そもそも画像認識を利用する必要性がなくなるでしょう。したがって、画像認識によって解きたい実用上の課題において、ベイズ誤り率が0%というのは非常に考えにくい想定です。

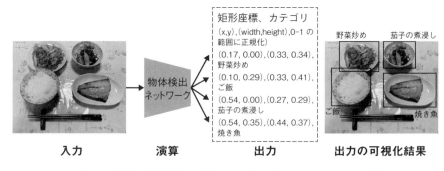

図 3.7 物体検出。矩形の座標は矩形の位置 $(x, y)$ とサイズ $(width, height)$ により表される。

**3. （物体ごと）その物体の種類がなんであるか分類する**

**4. （検出結果全体に対して）同じ物体が複数回検出されている可能性があるので、重複を削除する**

2. にある「**回帰**（regression）」とは、座標のような連続的な数値を予測する問題です。さきほどは「矩形の位置を回帰で推定する」と説明しましたが、ニューラルネットワークでは学習のために、正解とのズレを連続値の誤差にする必要があります[*7]。このため、カテゴリを認識する離散値の推定問題も**ロジスティック回帰**（logistic regression）と呼ばれる特殊な回帰問題に変換して解くことになります。ロジスティック回帰については、3.8.1 項で、もう少し詳しく触れます。

認識も特殊な回帰問題の 1 つであると考えれば、上記の 4 つの手順のうち、1-3 はすべてがある種の回帰を行う処理となっています。このため、3 つの誤差の重み付き和を最小化するように誤差逆伝播を行うことで、ニューラルネットワークを最適化することができます。

4 つめの処理を実現するための一般的な方法は、**重なり率**（intersection of union: IoU）が一定以上となる 2 つの検出結果に対して、**非最大値抑制**（non-maximum suppression）[*8]という方法が用いられます。名前は難しそうですが、これは単に、

---

[*7] ニューラルネットワークでは、モデル内部の変数を適切な値に調整することで、正解とのズレが最小になるよう学習を行います。このための計算は**誤差逆伝播法**（back propagation）と呼ばれます。出力が正解に近づくように、変数の値を調整する計算を、予測値を出力するのに近い側から入力側へ遡りながら計算を行います。このとき、「出力が正解に近づく方向」を知るために微分演算が可能であることが求められます。誤差が離散的な計算によって与えられてしまうと、この微分演算ができません。したがって、誤差自体も連続値としなければならないのです。

[*8] 局所的に最大なものを抑制するという意味から、非極大値抑制とも呼ばれます。

一定以上矩形が重なっている検出結果のなかから、尤度が最大のもののみを残して、それ以外のものはすべて尤度を 0 として無視してしまう処理のことです。この結果、ある程度重なって検出された同種の物体については、尤度が最も高い矩形のみが採用されるようになります。

### 3.3.3　領域分割

　画素ごとにラベルを割り当てて画像を分割するのが、**領域分割**（segmentation）という課題です。画素単位で判定することで、矩形よりも厳密に、物体などの位置を特定することができます。領域分割には、**カテゴリ領域分割**（semantic segmentation）[*9] と**個体領域分割**（instance segmentation）の 2 種類に大別できます（図3.8）。いずれも画素ごとに、その画素を占めている物体がなにかをカテゴリとして出力する課題です。用途は必ずしも物体領域分割にかぎらないことから、より一般化した**画素分類**（pixel classification）という呼称も存在します。また、分割する領域のカテゴリが注目対象とそれ以外に分かれる場合の領域分割を、とくに**領域抽出**（region extraction）と呼ぶこともあります。

カテゴリ領域分割　　　　　　　　　　　　　個体領域分割

**図 3.8　画像処理における 2 種類の領域分割課題**

　カテゴリ領域分割と個体領域分割の違いは以下のとおりです。まず、カテゴリ領域分割はその名のとおり、画素ごとに物体カテゴリを推定する課題です。この場合、たとえば同種の物体が複数並んでいる場合、それらの領域内は一様に同じカテゴリが推定されてしまい、それらの物体の境界を出力から知ることはできません。これに対して、個体領域分割では、カテゴリの記号と併せて個体識別番号も割り当てることで、同じカテゴリでも異なる個体を区別できる状態にします。

---

[*9]　「semantic segmentation」は、直訳すると「意味論的領域分割」となります。しかし、実際に推定しているのはあくまでカテゴリであり、しかも各カテゴリのもつ意味には踏み込んでいません。したがって、誤った理解を助長する可能性を排除するため、あえて意訳的な訳語を当てています。この語は、ほかの日本語文献では「セマンティックセグメンテーション」などとカタカナで記述されることが多いようです。

　ここで、前節で紹介した物体検出では、同種の物体を区別して検出できていたことを思い出してください。個体領域分割は、本質的には、物体検出とカテゴリ領域分割の複合的な課題となっています。とくに、料理を対象とした応用という文脈では、分量の推定などでカテゴリごとの体積（あるいは画像中の面積）を求める、あるいは物体検出によって個数を数えられれば十分な場合も多いかと思います。前者はカテゴリ領域分割で、あと者は物体検出で実現可能です。個体領域分割は、検出された各個体に画像処理を加えて見た目を自動編集したり、あるいはロボットによる把持[*10]など、観測された個体に物理的な操作を施すといった用途において重要な技術となります。

## 3.3.4 姿勢推定

　検出された物体がどのような向きであるのかを推定する技術が、**姿勢推定**（pose estimation）です。姿勢推定には、関節のない剛体（曲がらない物体）に対する姿勢推定と、関節のある複数の剛体の集合（人体や手など）に対する姿勢推定の2種類があります。

　このうち、関節のない剛体については、剛体の位置と基準姿勢からの3次元的な回転を推定する問題となります。たとえば、ロボットが物体を把持する際に、既知の3次元データと観測された物体とを照らし合わせる場合などに利用されます。

　関節がある場合も、推定すべき値は、それぞれの剛体の位置・向きとなります。ただし、単独の剛体の位置・向きと異なり、各関節位置で2つの剛体が連結しているという制約が生まれます。また、その出力は、関節を頂点、関節に接続する剛体を枝とする**骨格モデル**（bone model）　と呼ばれるグラフにより表現されます（図3.9）。

　ジェスチャーなどによってコンピュータを操作するデバイスである Microsoft Kinect が発表された際、深度カメラに対する2桁近い価格破壊が業界に衝撃を与えました。そして、価格以外のもう1つのセールスポイントが、人体の全身骨格に対する姿勢推定技術の精度の高さでした。初代の Microsoft Kinect はパターン光投影方式の深度カメラ（3.5.3項参照）でした。当時は深層学習が生まれる前でしたので、深層学習以前によく用いられていた**ランダムフォレスト**（random forest）

---

[*10]　手で掴むこと。

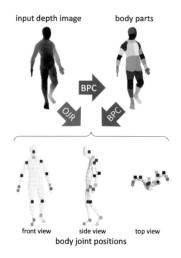

図 3.9 部位推定からの骨格モデルの抽出。図中の BPC は Body Part Classification、OJR は Offset Joint Regression の略（[55] より引用）。

というモデルを利用して、画素ごとに体の部位ラベルを推定するカテゴリ領域分割が利用されました [55]。深度画像上で画素を体の部位に分類したあとは、それぞれの部位の接合点を関節位置として出力する、あるいは関節を小さな部位として領域抽出することで画像平面上の位置を特定することができます。そして、画像平面上での位置が特定されれば、深度カメラの奥行き情報から各関節の3次元位置が特定することができます。

　この手法が発表される以前、精度よく姿勢推定をするには動画を利用し、前後のフレームの情報も活用しながら複雑な計算をする必要がありました。また、そこまでしたとしても、その精度には限界がありました。しかし、この手法が提案されて以降は単独の画像のみから姿勢を推定するのが一般的となっています。

　姿勢推定は、昔からある画像処理の伝統的な課題ですが、深層学習により、近年目覚ましい発展を見せています。その代表的な手法が、**OpenPose**（オープンポーズ）[56] です（図3.10）。この手法では、画像内の複数人の姿勢を実時間で推定するための、さまざまな工夫が行われています。とくに独創的な工夫が、関節ごとに「その関節自体の位置に加えて、隣接する関節がどちらの方向に存在しそうか」という情報も推定するようにしたことでしょう。この工夫は、「遮蔽によって見えない関節が存在する場合がある」という困難さと、「複数の人がいるときに

**図 3.10**　Open Pose による姿勢推定（https://github.com/CMU-Perceptual-Computing-Lab/openpose より引用）

検出された関節が誰の関節なのかを特定する計算の複雑さ」という 2 つの問題を同時に解決する、革新的なものです。

　なお、RGB 画像における姿勢推定では、本質的には奥行方向の情報は復元できません。深層学習の高い推論能力を利用して、単一画像から奥行きを含めた姿勢を推定する試みが行われているものの、計測手法として実用的な精度には至っていないのが現状です。このため、RGB 画像を使って奥行方向を含めた姿勢推定を精度よく行いたい場合は、複数視点での観測を行う必要があります。

　また、深層学習を使ったほかの手法には、**AlphaPose**（アルファポーズ）[57] があります。OpenPose、AlphaPose ともに、コードは GitHub で公開されており、学術目的の利用にかぎり無料となっています。

# 🔅 3.4　画像列の内容を理解する処理

　さて、ここからは時間軸方向に並んだ複数の画像、すなわち**画像列**（image sequence）に対する処理について説明します。図 3.2 に示したとおり、画像列は、縦横 2 次元の空間的広がりに時間軸を加えた 3 次元の広がりをもつ信号です。3 次元座標 $(x, y, t)$ で指定される各画素には、静止画同様に色の情報が格納されており、全体としては 4 次元のデータ構造をもちます。

　本書では、とくに時系列方向の観測間隔が十分に短く、動きが連続的に見えるような画像列を、一般的な画像列と区別して、**動画**と呼びます。たとえば、テレビ放送などは約 30 fps の動画です。ここで、fps は frame per second の略で、1 秒

あたりのフレーム数を指します。つまり、30 fps の動画は、1/30 秒間隔で撮影した画像列となります。

　動画は、空間的な隣接性に加えて、時間的な隣接性ももちます。したがって、時間方向に対して**フーリエ変換**（Fourier transform）のような周波数解析が意味をもつ、という本質的な特徴があります。反対に、時間間隔が疎らな場合、たとえばレシピの各手順に添えられた作業手順の重要シーンの画像列のようなものでは、時間軸上で並んでいる 2 枚の画像の間に連続性はありません。このような場合は、周波数解析がそれほど意味を為さず、3 次元の畳み込み層の利用は妥当ではありません。「畳み込み層」の詳細については、3.8.1 を参照してください。離れた時刻で観測された事象の関係性を取り扱うには、空間については連続性を、時間については文脈を考慮するモデルを利用するのが一般的です。つまり、最初に各画像から畳み込み層を利用して特徴量に変換します。次に、その特徴量を自然言語処理における**分散表現**のように捉えて 67 ページのコラムで紹介した **LSTM** や 76 ページのコラムで紹介した **BERT** などのモデルへ入力する、といったネットワーク構造がよく使われます。

　さて、このような動画と画像列の違いを意識しながら、本節では以下の 5 つの課題を紹介します。

- **3.4.1 項 動作認識**
- **3.4.2 項 動作区間検出**
- **3.4.3 項 動作予測と早期動作認識**
- **3.4.4 項 物体追跡**
- **3.4.5 項 時系列整合とスポッティング**

## 3.4.1　動作認識

　**動作認識**（action recognition）は、たとえば調理作業を動画で撮影したデータのある区間（典型的には数秒から数十秒程度）が与えられ、その時刻にどんな動作が行われていたかを認識する課題です（図 3.11）。調理のような複雑な作業では、動作はしばしば「動作」のカテゴリと、「動作の対象物体」のカテゴリの対で定義されます[11]。

---

[11]　このように動作と対象物体をあわせて認識する場合を、とくに**行動認識**（activity recognition）などとして、動作カテゴリのみの認識課題と区別することもあります。

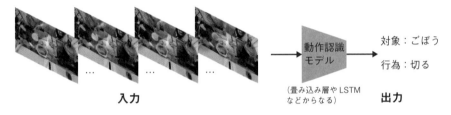

**図** 3.11 動作認識

　動作認識のなかでも、とくに細かな動作の違いまでを区別する問題を**詳細動作認識**（fine-grained action recognition）などと呼びます。なにをもって詳細な動作区分とするかに関する、明確な定義はありません。調理の場合、慣例的には、「切る」「炒める」などの調理器具（包丁、フライパン）とほぼ一対一で対応づくような粒度の行為カテゴリを対象とする場合を、通常の動作認識とします。一方、「短冊切りにする」「みじん切りにする」といった道具の使い方によって差が生じるような行為カテゴリを扱う場合を、詳細動作認識と呼ぶことが多いようです。

## 3.4.2 動作区間検出

　**動作区間検出**（temporal action detection）は、動画のなかから、特定の動作（検出対象動作）が行われている区間を検出する課題です。英語では temporal action localization や action spotting とも呼ばれます。検出対象動作は複数となる場合もあり、その場合は動作認識を兼ねた複合的な課題となります。図3.12は、調理を対象とした動作区間検出のイメージです。ここでは、さきほど述べた畳み込み層とLSTMを用いたネットワーク構成としていますが、さまざまなモデルが提案されているため、これは一例であると考えてください。

　さて、このようなモデルを学習するためには、正解データとして動作認識と同様の動作ラベルのほかに、その動作の開始と終了の時刻を準備する必要があります。しかし、しばしば、人間にとっても開始と終了が曖昧で「ここ！」と特定するのが難しい場合があります。たとえば、ゴボウをささがきにするシーンに対して、{ ゴボウ、切る } で定義される動作区間検出の正解データを作成することを考えてみましょう。正解データを作成するためには、この動作の開始と終了がどのフレームであったかを特定する必要があります。しかし、実際に私たちが動画を見るとき、さまざまな証拠を総合的に判断して { ゴボウ、切る } が行われること

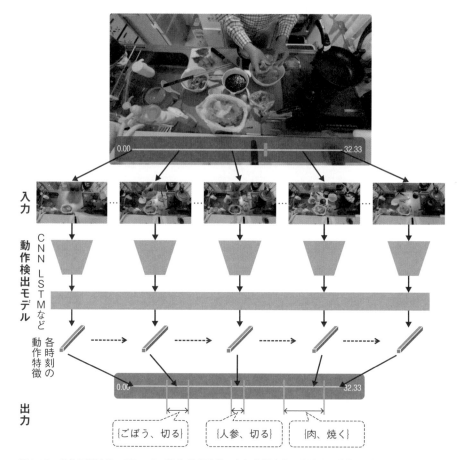

**図 3.12** 動作区間検出。フレームごとに該当動作の有無を判定する方法や、動作の開始・終了に相当するフレームを特定する方法のほか、それらを複合的に用いる方法などがある。

に対する確信度を深めていきます。このため、どの程度確信を得た時点で開始とし、どこで終了したと判定するか、その基準は人によってさまざまです。この点が、物体検出における矩形のラベルと大きく異なる点です。

　機械学習の正解データ作成において、基準を統一することは非常に重要です。サンプルによって異なる基準で正解データが付与されていることは、**過学習**（overfitting）の原因となりえます。過学習とは、訓練データでは高い精度を達成できるのに、訓練に含まれなかったデータにおいて精度が低くなってしまう状況を指します。こ

れは、訓練データのみに特有な手がかりに依存して推論を行うようになることが原因で起こります。

たとえば、仮に画像の背景に時計が写っているとします。また、その時計の針の位置から訓練データのデータセット内でのIDが特定できたとしましょう。このIDが特定できれば、対応するラベルも特定できるので、訓練データに対しては時計の針を見ることで精度が向上します。しかし、背景中の時計の情報は、推定対象の動作とはまったく関係ないはずです。それにも関わらず、このように訓練されたモデルは、訓練データに含まれていない画像が入力された場合にも、時計の針に注目してしまいます。このような手がかりを利用する動作区間検出器は当てにならないことが、容易に想像できると思います。

なお、実際には、時計の針のような人間にも理解しやすい手がかりが学習されることは稀で、たとえばデータ中のノイズなど、一見すると理解不可能な手がかりを学習してしまう場合がほとんどです。いずれにせよ、正解データの作成基準が曖昧になると、まったく汎用性のない手がかりに注目してしまうという状態を誘発してしまいます。

では、どのように統一的な基準を決めるべきでしょうか？　実際にゴボウのささがきを行う前後で行われた関連動作を抜き出した図3.13の例を通して、{ ゴボウ、切る } という動作の区間をラベル付けするための基準を考えてみましょう。まず、「切る」という言葉を辞書的に考えれば、「鋭利なものを押し付けることによって、一塊の物体を2つに分ける」となります。そして、実際にゴボウが切断されているのは、4番目の作業である「ささがきにする」のシーンです。「切る」の辞書的な意味に厳密に従うと、{ ゴボウ、切る } という動作が行われている区間は、包丁の刃がゴボウと接触して、ゴボウが分離されつつある間、ということになります。

しかし、このような動作は繰り返し行われます。包丁が刃にあたっていない区間は正解から外すべきでしょうか？　あるいは、途中で「横で炒めていたフライパンの中身をかき混ぜる」といった動作が入った場合はどうでしょう？　また、この動作区間検出結果を利用する先のサービスなどにおいて、そのように一回一回の刃と食材の接触区間を正確に特定することは本当に必要でしょうか？　また、仮に切断の前後に行われる一連の動作すべてを「切る」であると考えて、その

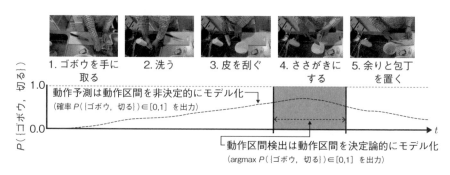

**図 3.13** 上段はゴボウのささがきに関係する動作系列。下段はこの例に対して、動作区間検出・動作予測が仮定する動作区間のモデル。動作区間検出では動作区間であるか否かの2種類しか存在しないと仮定するのに対して、動作予測はそのような仮定を置かず、確率的に扱う。

始まりと終わりはどのように定義されるべきでしょうか？[*12]

このようなことを考えた場合、正解となる区間の基準を決める方法は、以下の2つの観点から考える必要がありそうです。

**1. ラベル付けをする作業者の違いによって正解が大きく変わらない。**

**2. 実際にそのような正解と同様の区間が検出できれば、想定する応用にとって十分有用である。**

また、上記の観点に従って区間を設定したとしても、それがモデルによって正しく推定可能でなければ意味がありません。したがって、問題が解けるか解けないかという側面から、以下の追加的基準も考える必要があります。

**3. 少なくとも人間であれば、コンピュータに入力される情報のみで正解が推定できる。**

人間は非常に賢いため、手動のラベル付けでは、多様な情報や複雑な文脈を考慮して正解が特定されます。基準に従って動作の開始・終了を特定する際、動画ビューアを操作して少し先（あるいは過去）の状況をチェックしたり、レシピの情報を参照したり、果ては調理者のクセを見出してそれを利用したりします。た

---

[*12] 50 salads データセット [58] など一部の研究では、図3.13のような例に対する「切る」という言語への対応の曖昧性の問題に対して、動作を「前処理」「本処理」「後処理」の3つに分解してラベルを付けることにより、柔軟に対応できるようにしているものもあります。このような定義に従ってラベルを付けることは、もちろん単に1つの処理としてラベルを付けるよりも大きなコストがかかります。

とえば、ゴボウを手にとったとき、「単にゴボウが邪魔で、ちょっとどけようとしているだけ」なのか、あるいは「これからゴボウを切ろうとしているのか」を、調理台上の物体の配置やほかの作業の状況などから推論したりします。これは、機械学習の訓練データ作成という観点から見ると、よいことだけではありません。これから学習するモデルは、正解データの作成にあたって人間が利用した情報を、すべて入力として受け取っているでしょうか？　逆に言えば、参照すべきではない情報を使わないと、人間でも正解を作成できないような基準になっていないでしょうか？　このことをチェックしておかないと、どんなに頑張っても推定精度が上がらないデータセットができてしまう危険があります。

　また、調理作業に対して、実際にこのような正解データ作成の作業をしてみると、作業の終了を判断するのは非常に難しいことにも気が付きます。たとえばゴボウのささがきの例で、すべてのゴボウが切られた状態になって手が止まったのであれば、おそらく作業は終了したのでしょう。しかし、ゴボウを全部使い切る前に手が止まった場合はどうでしょうか？　その先でさらにゴボウのささがきを続けるのか、これ以上ゴボウを使わないのかを、その先でなにが起きるか観測せずに過去の情報のみから判断するのはほぼ不可能です。したがって、動作区間検出のうち、とくに終了時刻をリアルタイムで検出することは非常な困難を伴うことにも注意が必要です。

　このように、正解データを作成すること自体難しい動作区間検出課題ですが、なかには、動作主体となる人物や動作対象となる物体の矩形あるいは領域を検出する**時空間動作検出**（spatio-temporal action detection）や**時空間動作領域分割**（spatio-temporal action segmentation）などのタスクも存在しています。これらは、まとめて**時空間動作位置推定**（spatio-temporal action localization）などと呼ばれることもあります。なお、本節の動作区間検出と次節で紹介する動作予測に関連した用語は、近年、国際会議でも濫用されがちとなっています。このため、合意された和訳があるわけではありませんので、ご注意ください。

## 3.4.3　より早いタイミングでの動作認識

　物体検出と異なり、動作区間検出は検出対象の境界を一意に決めることが困難であることから、筆者は、そもそも動作区間検出自体が機械学習にとってよい問題設定にはなっていないのではないかと考えています。では、動作は徐々に始ま

る、というような非決定的な考え方をしてみるとどうでしょうか？　すなわち、明確な動作の始まりや終わりの境界はわからないが、徐々に確信度が高くなっていく、というような考え方です（図3.13）。

このように動作区間に対して非決定的なモデルを考えた場合、1つの応用として「より早く動作認識を行う」という課題が設定できます。このような課題は**動作予期**（action anticipation）や**動作予測**（action forecasting）、**早期動作認識**（early-stage action recognition）など、さまざまな名称で呼ばれます。

これらの呼称の違いについて、統一的な見解があるわけではありませんが、筆者はおおよそ、以下のような区別があると理解しています。まず、動作予期は、推定対象動作はまったく行われていない状況で、文脈などの間接的証拠のみから動作認識を行う場合に用いられることが多い印象です。図3.13の例であれば、ゴボウを手に取る前の段階で、それまでの作業の文脈やレシピなどの観測外情報も活用しながら「次はゴボウを切るであろう」と推定する課題となります。動作予測は、「ゴボウを手に取る」「ゴボウを洗う」など、検出対象動作の予兆となる動作が観測されているものの、そのもの包丁の刃をゴボウに当てるなどの決定的な動作が行われる前の段階で動作認識をする課題です。最後に、早期動作認識は実際に刃があたったあとで、しかしできるだけ早く動作認識をする課題です。

とくに動作予測や早期動作認識は、人や車の移動に関しては早くから研究が盛んでしたが、調理のような複雑な活動に対する研究の数は現時点では、それほど多くありません。2020年現在、レシピが既知である、という条件のもとでの動作予期および動作予測の研究 [59, 54] や、（レシピの情報は使わずに）1分後の動作を予期する研究 [60] などがあります。

## 3.4.4　物体追跡

動画の内容を理解するうえで、各時刻で検出された物体が同一の個体であるかどうかを知ることが重要になる場合があります。たとえば、調理途中のある時刻において動画に現れている食材が、過去にどのような工程を経てきたものなのかを知ろうと思うと、それより前の時刻の観測画像との間で、物体の同一性の判定が必要となります。このような時間軸方向で物体の同一性を判定する問題を**物体追跡**（object tracking）と呼びます。一般的な画像処理における物体追跡は「人物

追跡」や「車両追跡」など、同一性が明らかなものが対象となります。

　物体追跡の入力は動画と、動画の最初のフレームにおける追跡対象の位置情報です[*13]。矩形に囲まれた物体が既知であるか未知であるかに関わらず、動画中のフレームを跨いで同一物体を追跡します。追跡対象の位置情報としては矩形が用いられることも多いですが、領域分割のように、画素単位での領域が与えられる場合もあります。画素単位で与えられた領域を追跡することのメリットとしては、背景と前景を明確に区別しながら追跡対象の特徴を捉えることができる点にあります。背景が複雑であったり、矩形の中で追跡対象が占める面積が少ないフレームを含む場合などには、より厳密な物体領域の追跡のほうが精度がよい場合もあります。また、同じシーン中の多数の人を個別に追跡するような、同種の追跡対象が複数存在する場合を、とくに**複数物体追跡**（multiple object tracking）と呼びます。

　複数物体追跡の難しさは、追跡対象がシーン中のほかの物体と重なって観測できなくなる**遮蔽**（occlusion）の問題と、追跡対象の向きの変化によって見えが変化してしまう問題の2点に集約されます。とくに、これらが同時に起こる——つまり、遮蔽によって見えていない間に向きが大きく変わって見た目が変化する（しかも、その向きは過去に見たことがない）ような場合には、原理的に追跡が不可能となることがあります。このため、数十分も物体を精度よく追跡するのは、非常に難しい問題です。このように、物体を途中で見失うことを前提とし、確信度は高いが途中で見失った部分で細切れとなっている追跡結果を出すことを物体追跡の目標とする場合があります。このような細切れの追跡結果は**トラックレット**（tracklet）と呼ばれます。ここで "-let" はブックレット（book-let）などにも使われている接尾子で、「小さい」という意味を表します。つまり追跡結果が細切れになったもの、というニュアンスの語です。同様に、動作区間検出においても、細切れになった動作区間のことを**アクションレット**（actionlet）などと呼ぶことがありますので、覚えておいてもよいでしょう。

　物体追跡は、たとえばスポーツにおける選手の移動軌跡の取得などで実用化されています。システムはトラックレットを出力し、人手でトラックレットをつなげて誤りのない追跡結果とすることで、試合を分析するための基礎データを得ることができます。また、未知物体に対しても精度よく追跡できる手法は、物体検

---

[*13] 厳密に言えば、必ずしも最初のフレームである必要はありませんが、多くのデータセットでは最初のフレームで追跡対象を指定するという問題設定を採用しています。

出タスクなどの正解データ作成作業の補助ツールとして利用することができるでしょう。

　調理における食材追跡は、画像処理で過去に扱われてきた伝統的な物体追跡とは少し異なる課題となります。たとえばジャガイモが乱切りにされると「もともとは同一だった物体が複数に分かれる」などの変化が起きます。また、乱切りされたジャガイモがボウルの中にまとめられたりします。まな板の上に3つのジャガイモがある状況を想像してみてください。次に、それらが乱切りされ、同じボウルの中に置かれたとしましょう。このとき、私たちは明らかに、ボウルの中の一つひとつのジャガイモ片がもとは何番目に切ったイモだったのかを意識していません。人物追跡や車両追跡とは、同一性の定義が異なるようです。このことについては、次のコラムの中で詳しく紹介します。

---

### ☕ Coffee break

**食材追跡とテセウスの船 ——物体の同一性とは**

　画像処理における物体追跡の問題は、一般的には人や車など、自分で動き回る物体に対して語られることが多くあります。ところが、料理に代表されるような、「人が物体を加工し、なにかを作り上げる作業」では、加工対象の物体を追跡する必要に迫られることがあるかもしれません。このような物体の追跡を考えることは、実は哲学的に興味深い命題を含んでいます。つまり、ある異なる2つの時点において「物体が同一であること（物体の同一性）」とはなんであるか？　という問いです。たとえば、ハンバーグを作ることを考えましょう。調理開始前に材料として揃えられた玉ねぎと、調理後に現れたハンバーグは同一と言えるでしょうか？

　実は、このような「物体の同一性」に関する議論は、古くは古代ギリシャ哲学にも見られる根源的な問いで、「テセウスの船」や「ヘラクレイトスの川」などとして有名です。「テセウスの船」では、何度も何度も修理をして、部材がすっかり入れ替わってしまった船が修理前の船と同一と言えるか否かを議論しています。また、「ヘラクレイトスの川」では、川の水が流れてしまえば、その川はもはや同一ではないのではないか？　という問いがなされています。

　画像処理における一般的な物体追跡問題では「部材」あるいは「川の水」のように物質を追跡します。この根底には、部材が違えば船はもはや同一ではないという仮定があります。しかし、社会においては、物体の同一性の判断をその素材の物質的な同一性によって判断することは稀のようです。たとえば自動車は、車両登録を

行ったあとは、テセウスの船のようにすべての部品が入れ替わったとしても同一の車両として扱われます。日々新陳代謝によって細胞が入れ替わる我々人間は、実はそのような例の最たるものですし、同様の事例は枚挙に暇がありません。

　このことは、物体の同一性に少なくとも複数の定義が存在すると仮定すると説明ができそうです。実際、アリストテレスが唱えた「質料因」「形相因」「目的因」「動力因」の四原因説は、このことに1つの解を与えます。

**質料因（Material Cause）**　モノの材質など質量的な要因。一般的な画像処理における物体追跡は、これを指すことが多い。

**形相因（Formal Cause）**　モノがそのものたらしめる要因を指す。一般的な画像処理においては、物体認識や個人認証課題における推定対象に対応する。

**目的因（Final Cause）**　モノがなんのために存在するか、その目標状態を指す。調理においては「ある食材が最終的にどの料理となるか」などに対応する。

**作用因（Efficient Cause）**　モノがどのような作用によって今の状態となったか、その来歴を指す。調理では「ある食材がそれまでにどのような工程を経たか」に基づいた同一性に対応する。

　調理のような「モノづくり」を対象として、「作られるモノを追跡する」という場合、物体の同一性は、一般的な画像処理で考慮されている質料因・形相因による定義のほか、目的因・作用因による定義をも考慮する必要があるかもしれません。目的因は、そのモノがなにになるかです。たとえば「トマトと卵の中華炒め」を作る場合、トマトと卵は、その目的状態（「トマトと卵の中華炒め」）が同一であるので、目的因の観点からは同一の物体であると考えられます。これは、レシピの途中段階に対しても定義できます。つまり、食材AとBを「混ぜる」という工程を目的状態であると考えれば、AとBは（混ぜられる前か後かに関わらず）同一である、といった具合に、「混ぜる」という工程ごとに異なる基準の同一性を定義できるのも目的因の特徴です。

　作用因による同一性の定義は、調理においては非常に直感的です。つまり、過去に施された工程によって、食材が同一か否かが定義されます。この定義では、みじん切りにする前の玉ねぎと、みじん切りになった玉ねぎは、もはや別の物体です。調理工程の進捗状況を理解するためには、この「作用因」による同一性の判定が重要となります。また、我々が調理中にみじん切りされた玉ねぎを（それがもともとは複数の玉ねぎであったにせよ）1つの物体であると認識するのは、作用因による同一性に基づいた認知を行っているからでしょう。

## 3.4.5 時系列整合とスポッティング

時系列データを扱う場合、異なる複数の系列データ内で同一内容を観測している区間を対応付けるという課題があります。このような対応付けは応用ごとにさまざまな名称が存在しますが、本書では**時系列整合**（temporal alignment）、または単に**整合**（alignment）としてまとめます。なお、このような文脈での "alignment" の合意された訳語は今のところ存在しませんが、本書では「整合」としています。カタカナでアラインメント（またはアライメント）と書かれた文献も多数存在します。

時系列整合を実現するための処理手順は、2 段階に分けられます。各時刻における局所的なシーン間の類似性の判定と、その類似性を利用した系列全体を通した対応付けを求める全体最適化の 2 つです。とくに後段の処理については、**動的時間伸縮法**（dynamic time warping）[*14]という古典的な最適化手法が用いられます。なお、時系列整合と呼ぶ場合、一般的には 2 つの時系列データの間で、工程の実施順序は一致しており、各工程の開始タイミングや継続時間などにのみ違いがあることを前提とします。また、一方のデータに無関係な動作が差し込まれている場合を考慮する、などの亜種もあります。

また、単独の動画に対して、その重要部分を特定する課題を**スポッティング**（spotting）と呼びます。スポッティングは、典型的には、ほかの課題の前処理として行われます。たとえば、動画から **LSTM** などを使って動作認識を行う際、連続するフレームは情報の重複が多く、効率が悪いと考えられます。これに対して、前処理として LSTM に入力するフレームを選ぶための別のニューラルネットワークを学習する手法などが提案されています [61]。この「LSTM へ入力するフレームを選ぶ」という課題は、まさにスポッティングの具体例です。

また、調理に関しても、料理番組の動画を**自動要約**（automatic summarization）する手法が、名古屋大学の研究グループによって提案されています [62]。この手法では、調理の工程の多くが、同じ動きの繰り返しを伴う（たとえば、包丁で切る作業の多くや、鍋をかき混ぜる作業）ことに着目し、機械学習を伴わない古典的な画像処理・信号処理技術によって「同じ動きの繰り返し」を検出しています。

---

[*14] **動的計画法**（dynamic programming）によるマッチングとして **DP マッチング**（DP matching）とも呼ばれます。

自動要約も不要なシーンを削除するという意味で、スポッティングの一種と言えるでしょう。

# 3.5 計測に関するさまざまな技術

さて、ここまでは画像や動画の内容を理解するための推論処理を紹介してきました。ここからは、画像処理に特有の「計測」に関連した技術を紹介していきます。

なお、たとえばスマートフォンアプリのユーザが自由に撮影した写真やWeb上のデータのみを扱う場合には、本節で紹介する技術的内容はあまり役に立たないかもしれません。それは、ユーザがカメラで撮影をする過程に介入する手段がないからです。一方で、撮影過程への介入が可能である場合には、これまで紹介した推論処理のみではできないことができるようになる可能性があります。これは、推論処理のみに頼らざるを得ない開発者に対して大きなアドバンテージとなるため、もし撮影過程に介入できる応用先をもっている技術者であれば、厳しい技術開発競争を乗り越えるために絶対に知っておかなければならない知識とも言えるでしょう。

本節では、観測対象である3次元空間に対して可能な仕掛けや撮影方法に関する技術について、以下の5つの話題に分けて紹介をします。

- 3.5.1項 ARマーカーや透かし技術による空間への情報埋め込み
- 3.5.2項 カメラによる計測
- 3.5.3項 多様なカメラによる観測方法
- 3.5.4項 多様な3次元情報取得方法
- 3.5.5項 3次元空間を扱うデータ形式

## 3.5.1 ARマーカーや透かし技術による空間への情報埋め込み

観測画像にURLなどの情報を埋め込む技術の代表例が、**ARマーカー**（AR marker）です（図3.14）。ARは**拡張現実**（augmented reality）の略ですから、ARマーカーとは現実空間に、もともとは存在しなかった機能を足すための印という意味になります。

ARマーカーのなかでも、とくに身近であろうQRコードは、株式会社デンソー

QR コード

ARToolkit

ArUco

**図 3.14　さまざまな AR マーカー**

ウェーブが開発した AR マーカーの一種です。3つ隅の四角い枠によって効率的か
つ精度よく検出が可能で、その内部には白黒の2色を利用したビット列として情
報が埋め込まれています。3つ隅の四角を検出する際に、カメラに対する QR コー
ド平面の傾きを読み取ることにより、これらのビット列も効率よく参照すること
ができます。また、一部のビットが読み取れなかったとしても、**リード・ソロモ
ン符号化**（Reed-Solomon coding）と呼ばれる冗長性をもった符号化が行われて
いるため、頑健に復号が可能です。

　QR コードに類似のマーカーで、研究開発用途で利用しやすいツールも多数存在
しています。たとえば**ARToolkit**（エーアールツールキット）は、奈良先端科学技
術大学院大学の加藤博一教授が開発し、研究者に長く愛されてきたツールキット
です。枠の中を自由にデザインできるなど、カスタマイズ性に優れています。ま
た、より新しく、かつ、充実したライブラリが提供されている**ArUco**（アルコ）
は、手軽に最新の AR マーカー技術を利用できます。

　AR マーカーは非常に頑健であるものの、枠などが人の目にも見えてしまうなど、デ
ザイン性の制約があります。この問題に対して、**電子透かし**（digital watermarking）
は、人の目には知覚しにくい周波数領域帯にビット列を埋め込むことで、任意の
画像に情報を埋め込む技術です。もともとは著作物の違法な複製などを検出する
セキュリティを目的として発展したもので、本来はその著作物をダウンロードし
たユーザが誰かといったデータの追跡情報を見た目を変えずに埋め込むためのも
のです。この技術を応用して印刷物に URL の情報を電子透かしとして埋め込むこ

とで、明らかにそれとわかるようなマーカーを配置することなく、デザイン性の高い拡張現実を実現することができます。印刷物の平面の向きなどを得るために、**対応点探索**（次節で詳述）などを行う必要があり、処理時間が増えてしまうほか、頑健性も一般的には AR マーカーに劣ります。しかしながら、デザインにおける制約が緩和されるため、使い方次第ではあっと驚くようなサービスを作成できるかもしれません。

調理に関連した AR マーカーの応用例としては、調理器具や容器にマーカーを取り付けることで、調理器具の検出や認識の手間を省いたシステムなどが過去に提案されています [63]。また、商品パッケージなどに、同様のマーカーを仕掛けるといった工夫も考えられるでしょう。さらに、直接的にクッキーにマーカーをプリントし、AR 技術によって見た目や香りを変えて脳に錯覚を起こさせる Meta Cookie+[64] という研究もあります。これについては、4.6.1 項で詳しく紹介します。

## 3.5.2 カメラによる計測

画像は、2 次元的に配置されたセンサで計測された単位時間あたりの光子量です。この観測情報にはさまざまな誤差が載っており、また、光子の量はそのままでは人間の視覚特性と一致しないため、色については補正が必要となります。しかし、ある視点から切り取った空間の情報を一度に捉えることができます。また、複数のカメラを用いて（あるいは時刻ごとに異なる角度にして）複数の視点から空間を観測した場合に、カメラの相対的な位置関係を知ることができれば、距離を含めた 3 次元情報を計測することも可能です。このように、カメラはセンサとしての機能を、計算によって拡張することもできます。

このような技術は深層学習以前から長く技術開発が行われており、非常にわかりやすい専門書も多数出版されています。とくに「コンピュータビジョン アルゴリズムと応用」[65] は、いわゆる辞書的に活用できる網羅的な技術書として、専門家なら手元に 1 冊は置いておきたい名著です。このような本が邦訳されており、母国語で読める状態になっているということに感謝をせずにはいられません。

本節で紹介する話題は非常に多岐にわたるため、網羅性を重視し、キーワードと、それが解決する課題についてを駆け足で説明していきます。気になる技術を見つけた場合は、上記「コンピュータビジョン アルゴリズムと応用」の索引を辿っ

たり、インターネットで解説記事を検索してみてください。キーワードを知ることで、よりよい記事に巡り合う手助けができれば嬉しく思います。

### 幾何学的カメラ校正

　まず、画像処理を語るうえで最も重要といっても過言ではないのが、幾何学的な**カメラ校正**（camera calibration）です。カメラ校正には、画像歪みの原因となるカメラごとのセンサの歪みを解消する**内部校正**（intrinsic calibration）と、外部パラメタと呼ばれる複数のカメラ間の相対的な位置関係を求める**外部校正**（extrinsic calibration）があります（図3.15）。図3.15に示すカメラ校正に用いる校正ボードは、チェッカーパターンを区切っている多数の直線を検出することで、画素よりも細かい精度で直線の交点の位置を特定できます。これ利用して、直線の交点が本来あるべき位置とカメラ内で検出された位置のズレを補正する形で、カメラの内部校正が行われます。また、複数のカメラで数枚程度の同時計測を行うことで、外部校正も可能です。写真は屋外用のつや消しラベルに印刷し、アクリル板へ貼ったものですが、タブレット端末に表示したものを使う方法などもあります。

　内部校正で扱うセンサの歪みとは、2次元に配置されたセンサの配置歪み、および、レンズによる光路の歪みの両方を指します。具体的にどのようなパラメタが推定対象となるかは、これらの歪みをどのような数学モデルにより表現するか

**図3.15　カメラ校正に用いる校正用ボード**

に応じて変わります。一方、外部校正で求められるカメラの相対的な位置関係は、回転と並進を表す行列として普遍的に表すことができます。一般的に、外部校正の説明では、歪みがない内部校正済みの画像を前提とした議論が行われている場合が多いので、注意しましょう。

なお、実装上は、外部校正と内部校正が同時に行えるようになっているライブラリも少なくありません。ですから、ライブラリのみを眺めていると、これらの違いを意識していない人もいるかもしれません。しかし、内部校正の方法はレンズの種類などに応じて適切に選択する必要があります。とくに、魚眼カメラのような超広角レンズやその他の特殊なレンズを使う場合は、ライブラリの関数が想定している歪み方から外れてしまうことも多いです。特殊なレンズを使って撮影された画像に対しては、そのレンズ専用の内部校正用関数を呼び出したり、自作したりする必要があるでしょう。

また、内部校正のパラメタと外部校正のパラメタを同時に推定することを**強校正**（strong calibration）、外部パラメタのみを推定することを**弱校正**（weak calibration）と呼ぶこともあります。最近のスマートフォンなどでは、内部校正を済ませた状態で出荷されているものも多いようです。とくに超広角レンズにも関わらず内部校正済みであるものは、我々のプログラミングや校正のための物理的な作業の手間を大幅に軽減してくれるため、価値が高いように思われます。画像処理技術者としては、カメラを用いた3次元形状計測処理を行う際は、常に、個々のカメラが内部校正済みであるかどうかを意識しながら、適切に撮影方法や校正方法を検討する必要があります。

### 3次元形状計測とオプティカルフロー ——対応点探索に基づく処理

さて、複数のカメラ間の相対的な位置関係は、3次元形状を計測する場合に必須の情報です。これが既知であり、かつ、2つのカメラで3次元空間中の同じ点を観測している場所がわかれば、そのような場所すべてに対して個別に三角測量を行い、3次元空間中の位置を計測することができます。なお、「2つのカメラで観測している同じ点」を見つける問題は、**対応点探索**（keypoint matching）と呼ばれ、形状計測においては非常に基本的な問題です。一方で、それぞれの対応点の3次元的な位置がわかれば、カメラの相対的な位置関係がわかります。つまり、「カメラの相対位置」を知ることと「被写体の3次元形状」を知ることは鶏と卵の関係

にあるのです。

　このような関係をうまく利用して、カメラ校正なしでカメラの相対位置と対応点の3次元位置の両方を同時に推定しようとする、**バンドル調整**（bundle adjustment）と呼ばれる技術も存在しています。たとえば、図3.16は、画像処理コミュニティでは非常に有名な "Building Rome in a day"（ローマを一日にして成す）というプロジェクト[*15]で計算されたローマのコロッセオの3次元形状復元結果です。この復元にはインターネットで収集された2,106枚の画像が使われています。図中の黒い四角錐は、個々の画像を撮影したカメラ位置の推定結果を表しています。また、このコロッセオの3次元形状を表す対応点の数は、合計で819,242個に及びます。コロッセオの例は屋外の建築物に対するデモンストレーションですが、バンドル調整は屋内を動き回るロボットが部屋の形状を理解するためにもよく使われる技術となっています。

**図 3.16**　バンドル調整技術による3次元形状復元の例

　対応点探索は3次元計測以外にもさまざまなところで用いられます。たとえば、**オプティカルフロー**（optical flow）は、動画中で時刻の異なる2フレームにおいて対応点探索をすることで、画素単位で観測対象の動きを算出する問題です。前述の3次元形状計測においては、観測対象が静止し、カメラの位置のみが変わる

---

[*15]　https://grail.cs.washington.edu/rome/

状況を仮定して対応点を探索していました。これに対して、オプティカルフローは、観測対象も動く場合を含むより一般的な状況を対象にしているという違いがあります。

なお、オプティカルフローにせよ、3次元形状計測にせよ、周辺に画素値の変化が少ない点では、周辺に類似点が多数存在するため対応点を見つけることができません。のっぺりした白い壁のなかのある一点が、ほかの画像のどの点であるかを当てる問題を想像してください。手がかりがなさすぎて、正確に答えることは不可能ですよね？　これに対して、たとえば壁の四隅など、正確に答えることができるような特徴的な点を、画像処理では**特徴点**（keypoint）と呼びます。図3.17は、メロンの表面を撮影した画像に対して、特徴点を自動抽出した結果です。模様の直線上ではなく、曲がり角のような部分に多く特徴点が検出されていることがわかるでしょうか？　このように、特徴的な点とは角にある点であるという考え方から、特徴点を**コーナーポイント**（corner point）と呼ぶこともあります。

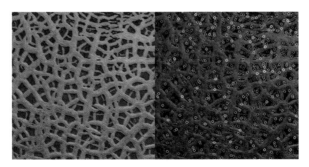

入力画像（メロンの皮）　　　検出された特徴点

**図 3.17**　特徴点抽出の例

一般的に、特徴点は画像中に疎らに存在する「疎な集合」となります。このため、特徴点ごとに得られる計算結果も、疎に得られます。たとえば、図3.18は、メロンを画面上左から右へ転がした動画に対する処理結果です。中段に示した結果は、時間的に隣接する2つのフレーム間で抽出された特徴点の対応点探索結果を、画素の移動軌跡としてつなぎ合わせたものです。この軌跡を構成している2フレーム間での対応点探索結果を、**疎なオプティカルフロー**（sparse optical flow）と呼びます。また、この図のように3つ以上のフレームの疎なオプティカルフローをつなぎ合わせたものを、**密な特徴点軌跡**（dense trajectories）と呼びます。疎な

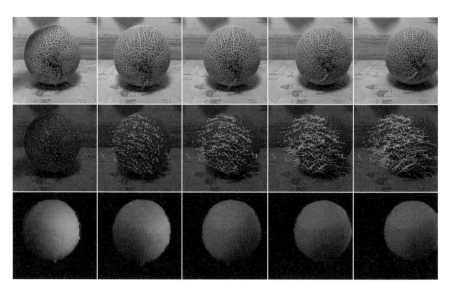

**図 3.18** オプティカルフローの計算例（上段：入力画像（10 フレームごと）、中段：疎なオプティカルフローから得た特徴点の軌跡、下段：密なオプティカルフロー）

オプティカルフローに対して「密な」という名前がついているのが少々ややこしいですが、一般的な物体追跡が物体ごとに1つの軌跡しか出力しないことへの対比として、「密な」軌跡という名前がついています。密な特徴点軌跡は、深層学習以前の動作認識課題においてよく利用されていました。

　ところで、疎なオプティカルフローの結果からは、特徴点以外の画素がどのように動いたかを知ることはできません。特徴点以外の画素についても結果を得たいときには、特徴点における計算結果を**補間**（interpolation）する処理が必要となります。補間によって画像中のすべての画素に対して計算されたオプティカルフローを、とくに**密なオプティカルフロー**（dense optical flow）と呼びます。図3.18の下段に示した処理結果は、画素ごとのオプティカルフローの向きを色で、移動の大きさを明るさで表現したものです。赤色が右（0度）、黄色が右下（60度）で、以降、時計回りで60度ごとに、緑色、水色、青色、紫色と続き、一周して再び赤色に戻ります。密なオプティカルフローには、このような色による表示を用いるのが一般的です。

　加えて、通常のオプティカルフローが、画素ごとに画像平面上の2次元的な動きを追跡するのに対して、画素ごとに観測空間中の3次元的な動きを推定する問

題は、**シーンフロー**（scene flow）と呼ばれます。密なオプティカルフローやシーンフローは、深層学習においては画素ごとの推論問題として実装することができ、さまざまな手法が提案されています。

### 手ブレ補正

ここまでは、点の対応を取ることによるカメラの動きや被写体の動きの計測について説明しました。実際の計測においては、シャッターが開いている間にカメラや被写体が動いてしまい生じる**動きブレ**（motion blur）の問題もあります。動きブレを低減する方法には、さまざまな方法があります。たとえば、カメラの動きを**角速度センサ**（gyro sensor）[*16]などにより計測し、レンズ（またはセンサの受光部）を物理的に移動させることでボケを発生させないようにする**光学的手ブレ補正**（optic image stabilization）が有名です。また、計測後の画像に対してボケに対応するフィルタを求め、逆畳み込みによりボケを解消する**ボケ除去**（deblurring）による対処方法もあります。前者はカメラの動きに起因するボケしか除去できませんが、後者はオプティカルフローなどとの組み合わせにより、被写体ごとの動きを推定することができれば、被写体の動きに起因するボケの除去にも適用できる可能性があります。

また、動画撮影時などに、連続する2枚のフレームでカメラ位置がズレると、いわゆる映像酔いが起きやすい状況になります。この位置ズレを解消することを、**動画ブレ補正**（video stabilization）と言います。まず、ソフトウェア的な解決方法として、連続する2枚の画像を比較してカメラの動きを打ち消すように画像変換を行う方法が、**レジストレーション**（registration）です。また、ハードウェア的な解決方法として、カメラ全体を支持する部分に手ブレを伝えないようにする機構をもたせたカメラスタビライザーを利用する撮影方法もあります。スキーや自転車のレースをカメラマンが追走しながら撮影する場合などによく用いられますが、ドローンなど揺れやすい移動体での撮影にも有用です。

また、画素に対応する各センサの計測面の面積によって限界が決まる画像解像度を改善するための、**超解像**（super resolution）技術なども、計測の高性能化のため

---

[*16] 取り付けた物体の単位時間あたりの回転角度を測るセンサのことです。被写体が十分離れている場合には、平行移動よりも回転のほうが大きな影響を与えるため、接写などの特殊な撮影方法を除いては、角速度のみに基づいた手ブレ補正が行われます。

の技術と言えます。近年では深層学習を用いた超解像が活発に研究されています。しかし、これらの超解像技術は、計測というよりも統計に基づくものであり、応用に応じて適切な学習データを選ぶことが重要になります。2020 年には、オバマ元大統領の画像に対して超解像処理を施すと白人となって出力される現象が話題となり、それ以降、学習データの中にある偏りに関する議論が活発化しています。このように、学習に基づく超解像は学習データに大きく性能が左右され、想定していない問題を引き起こす可能性があるために注意が必要です。一方で、伝統的な超解像技術にはたとえば撮影時のカメラの微小な揺れなど、観測時に得られる手がかりを最大限利用する純粋な計測技術も多く存在します。微小な揺れを利用することで、センサの計測面よりも細かい範囲で光子の平均照射量を測ることができます。なお、このような計測面よりも細かい範囲は**サブピクセル**（sub-pixel）と呼ばれます。

### 色補正

　さて、ここまでは幾何学的な計測に関するものでした。これに対して、色の計測に関連する処理についても紹介しましょう。色に関する誤差の典型的なものは、物体などの境界で、RGB のなかの特定の色のみが滲んでしまう現象です。これは、光の波長ごとにレンズに対する屈折率が異なる**色収差**（chromatic aberration）が原因の場合と、センサが受光部ごとに異なる波長の色を計測していて、あとから色を合成する方式をとっていることに起因する場合があります。後者については、**ベイヤー配置**（Bayer arrangement）などで Web 検索すると詳しく知ることができます。いずれの場合も、ソフトウェア的には**中央値フィルタ**（median filter）や**バイラテラルフィルタ**（bilateral filter）などのフィルターを適用するなどして、ある程度は解消することができます。

　さて、そもそも色というものは、観測対象の物体のみならず、その物体に当たる光源の色の影響も受けています。たとえば、蛍光灯は短い波長の光の成分が多く青っぽいのに対して、白熱灯は黄色みがかった光を発します。太陽光は日中は大気からの散乱光が多いため、波長が短く散乱しやすい青色成分が強いですが、夕暮れ時は長い大気の層を通過して、散乱成分が除去された赤色成分が強くなります。図 3.19 は、蛍光灯下でセンサが観測した電荷の量をそのまま RGB 値にした場合と、実際にカメラが出力する画像の例です。人間の脳は非常に高度な処理を

**図 3.19**　色補正前後の画素値の例。蛍光灯のもとで撮影された画像は青色が強く、人間の目には不自然なために色補正が必要となる。

行うことで、光源の影響によらず、色を（ある程度）正しく知覚することができます。これに対して、センサで観測される電荷の量は、光源色の影響を直接的に受けてしまいます。そのため、同じ物体を撮影したとしても、得られる画素値は光源によってさまざまです。このため、センサの観測値を人間の脳が処理する結果に近づけるための処理全体のことを、**色補正**（color correction）処理と言います。

　色補正のなかでも、とくに写真の印象に影響があるものの1つが、**ホワイトバランス**（white balance）の調整です。ホワイトバランスとは、白または灰色の物体表面における、RGBそれぞれのチャンネルの画素値の比のことです。また、この比を自動的に調整する処理や技術のことを、**オートホワイトバランス**（auto white balance）と呼びます。

　正しく光源色の影響を抑えることができたとして、次に問題となるのは、連続値である電荷の量を一般的な画像フォーマットである0-255の256階調（8ビットの整数）の画素値[17]に変換する**ダイナミックレンジ**の決定と**量子化**です。とくに、ダイナミックレンジの決定や色調補正の方法は、昔のフィルムカメラでいうところの「画作り」に近いところであり、具体的にどのような処理が行われるかは、カメラのメーカーやスマートフォンアプリに応じてさまざまです。スマートフォンなど比較的潤沢な計算資源を搭載している場合、画像ごとではなく、画素ごとに異なるダイナミックレンジや色調補正を適用する場合もあります。暗いところや明るいところで異なる補正を行いながらも、人が見たときに不自然にならないよ

---

[17]　16ビット（65,536階調）の画像も保存ができるよう規格が定められている、TIFFといったファイルフォーマットも存在します。

うな画作りを実現することで、非常に広いダイナミックレンジを、256階調のなか
でうまく表現している場合も多くなってきたように思われます。

　なお、近年主流の深層学習による処理をはじめとして、一般的な画像処理では、
おもに画素値の相対的な関係（**テクスチャ**（texture））に着目した処理が行われま
す。このため、テクスチャに大きな影響を与えるオートホワイトバランスや、白飛
び・黒つぶれといった情報損失に関係するダイナミックレンジの調整がうまくで
きていることは、非常に重要となります。反対に、細かな色味を調整する色調補正
処理は、深層学習の精度にはそれほど影響しないと考えて差し支えないでしょう。

　ただし、これは訓練データに多様な色調補正がされた写真が含まれていること、
および、深層学習を利用していることを前提とした議論です。厳密な色の計測や、
色に基づいた統計処理などにおいては、色調補正の違いが致命的な精度低下につ
ながる場合があります。

### OpenCV

　本節で紹介したさまざまな処理の多くは、OpenCVというライブラリを利用す
ると解決することが可能です。OpenCVは、C++で書かれた画像処理用のライブ
ラリの1つです。Pythonもサポートされており、すでにPythonがインストール
されているターミナルであれば、下記のように簡単にパッケージを追加すること
が可能です。

```
$ pip install opencv-contrib-python
```

　OpenCVは2000年に公開されて以来、画像処理における中心的なライブラリと
して君臨しつづけています。非常に多くの機能が実装されており、有志によって
さまざまな書籍が発行されているだけでなく、近年もなお活発な更新が行われて
います。たとえば前節で紹介した**ArUco**もOpenCVのなかに組み込まれており、
図3.15のようなARマーカーを利用した校正用ボードも利用できます。一昔前ま
ではマーカなしのチェッカーパターンが主流でしたが、ARマーカーにより各点
をユニークに特定できるため、校正用ボードが一部画角からはみ出たり、手など
による遮蔽といったマーカーがない場合に大きな問題となるようなデータからも、
頑健に校正を行うことができます。新着情報に関する関連書籍やWeb上の記事も

多数あるため、本書では個別の処理方法については紹介しません。

### 3.5.3 多様なカメラによる観測方法

　一言に「カメラ」といっても、さまざまな種類が存在します。また、カメラの設置方法によっても、観測可能なものは大きく変わります。身の回りに存在するカメラのなかで最も身近なものの1つは、環境中の設備に埋め込まれた固定のカメラです。固定カメラの利点として、電源供給やデータ転送が容易である点、同じ場所を途切れなく観測できる点などがあります。

　一方で、カメラやコンピュータ、バッテリーの小型化により、ウェアラブルカメラも増えてきています。たとえば、作業者の頭部にカメラを固定する**ヘッドマウントカメラ**（head mount camera）は、カメラ1つだけで、それを装着したユーザが活動する広範な領域を観測することができます。また、このような装着者視点の画像処理のことを、**一人称視点**（first-person vision）などと呼びます。一人称視点の動画では、作業者の顔の向きとカメラの向きが一致するため、おおよそ画面中央の物体が作業者の注目する物体となるなど、作業者の意図がカメラワークに反映されやすいという利点もあります。一方で、連続撮影する場合には、バッテリーの持続時間に限界があったり、プライバシ情報が映り込みやすいなど、実用上の難しさもあり、利用シーンはかぎられるデバイスでもあります。

　また、首から下げる**ボディカメラ**（body camera）は、とくに米国の警察官などが利用していることでよく知られています。さらに、「把持している物体を特定する」という目的に特化した**リストマウントカメラ**（wrist mount camera）[66] なども考案されています（図3.20）。ドローンに搭載されているカメラや、ドライビングレコーダーも、メジャーなカメラ設置位置になりつつあります。サービスデザイン次第では、訓練用に多数のデータを収集することが可能なカメラ設置位置の1つと言えるかもしれません。

　次に、カメラの種類にはどういったものがあるでしょうか？　**サーモカメラ**は、料理と聞いて真っ先に思いつくものの1つかもしれません。たとえば、炒めている食材の温度状態は不均一で、温度計1つで測ることは困難です。しかし、図3.21に示すような画像を取得できるサーモカメラを用いることで、より詳細な状況を観測可能です。ほかにも特殊なカメラとして、**近赤外線光**（near infrared: NIR）などがあります。これらはいずれも、人間の視覚には観測できない波長の光を観

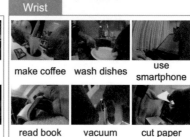

**Dataset**

- 20 subjects
- 20 different houses
- 23 daily activities
- 6.5 hours
- Publicly available!

**Head**

make coffee　wash dishes　use smartphone

read book　vacuum　cut paper

**Wrist**

make coffee　wash dishes　use smartphone

read book　vacuum　cut paper

**Download:**
http://www.mi.t.u-tokyo.ac.jp/static/projects/miladl

**図 3.20**　ヘッドマウントカメラとリストマウントカメラの視点の違い（Web 上で公開されている CVPR2016 における発表ポスター[*18]より抜粋して引用）

測するものです。人間の視覚で観測できるカメラを可視光カメラと呼ぶのに対し、このような別の波長を観測するカメラを**非可視光**（invisible light）カメラと呼びます。

　なお、最近では、スマートフォンに取り付けて簡単に使える近赤外線カメラも登場しています。ただし、一部の製品は薄着の衣服が透けて見えてしまうこともあるため、公共の場での使用や同意なき撮影は大きなトラブルに発展する場合があることに注意が必要です。近赤外光は、とくにプライバシ的な問題が大きいカメラですが、これにかぎらず、一般的にデータ収集を目的としたカメラによる撮影では、常にプライバシの問題などに配慮が必要です。

　たとえば、総務省が Web 上で公開している「カメラ利活用ガイドブック」は、事業者が日本国内でカメラを設置し、データ収集やサービス展開を行う場合には必読の書です。また、電子情報通信学会からも「カメラ映像を学術研究で利用するためのプライバシーを考慮したガイドラインについて」という解説記事 [67] が

---

*18　https://katsunoriohnishi.github.io/pub/wrist/cvpr16_poster_ohnishi.pdf

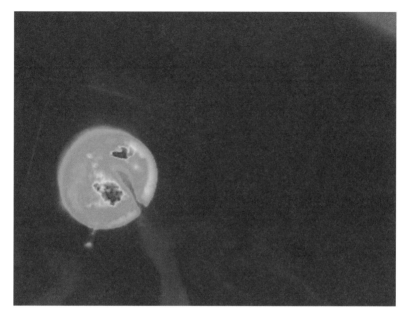

**図 3.21** サーモカメラが写したフライパンでの炒め調理の画像（4.4.2 項で紹介する KUSK データセットより引用）。

公開されています。この解説では、総務省のガイドブックを踏まえながら、学術研究での利用に例を絞って、プライバシポリシの雛形、撮影告知用の掲示物、Webサイトの例が紹介されています。

　カメラとプライバシの考え方は、国や文化によって大きく異なりますが、現時点でどうあれ、時代とともに常に変化するものです。時代を超えて持続的なサービスを提供することを目標とするのであれば、その国の法律という観点だけではなく、普遍的な**倫理的・法的・社会的な課題**（Ethical, Legal and Social Issues: ELSI）を意識した開発を行うことが重要になるでしょうし、そうでなければ、のちのち大きな社会問題に発展する危険があると認識するべきでしょう。

　さて、観測する光の波長の違いに関連する最後のカメラは、**ハイパースペクトルカメラ**（hyper-spectral camera）です。このカメラは、可視光・非可視光を含めて幅広い波長を捉えるカメラです。通常の画像では色がRGBの離散的な3チャンネルで表されるのに対して、ハイパースペクトルカメラで得られるデータは、色も波長ごとに連続的に計測されており、空間の広がりを示す$x, y$の2軸に加えて、

新たな連続値の軸として光の波長λをもつ3次元的データとなります。一般的な画像におけるRGB色空間では、R・G・Bの各軸が観測する光の波長が非常に離れていて、色$c$を軸として見たときの連続性や隣接性はありません。これに対して、ハイパースペクトルカメラのもつ波長λの軸は、連続性や隣接性を仮定できる点が、信号としての大きな性質の違いと言えるでしょう。人工衛星などに搭載されることも多く、画像処理分野では、地表の自動カテゴリ分類などの研究が多く存在しています。食に関するところでは、たとえば収穫した農作物の品質（糖度や表面の傷の有無など）に関する非破壊検査[68, 69]や、ワイン用のぶどうの葉の状態チェック[70]などの用途で、このようなカメラを使うことがあります。

　光の波長を捉える以外の特殊なカメラとしては、**深度カメラ**があります。深度カメラは、画素ごとに物体までの距離[*19]を測るカメラです。大きく分けて、複数のカメラを用いた**ステレオ視**（stereo vision）による方式、不可視の近赤外光を投影するプロジェクタとその投影像を観測する近赤外線カメラの組み合わせによる方式があります。また、近赤外光方式には、MicroSoft社の初代Kinectに代表される**パターン光投影**（pattern projection）方式と、Kinect v2に代表される、プロジェクタから出た光がカメラに届くまでの時間を計測する**飛行時間**（time-of-flight: TOF）方式の2つがあります。

　ステレオ視方式には、一般的に、可視光カメラによる対応点探索と補間処理が用いられます。2つのカメラでカメラ校正が完了している必要があるため、製品としては、外部パラメタが出荷時から変化しないように製品躯体のなかでしっかりと固定されます。なお、このようなステレオ視は、2つのカメラがあれば比較的簡単に自作できます。しかし、被写体が動的である場合には、2つのカメラで厳密にシャッタータイミングを同期させる必要があります。このため、「同期ユニットと呼ばれる装置から出力される、同期信号に合わせてシャッターを切ることができるような機能をもったカメラを使う」などの工夫が必要となるので注意が必要です。

　近赤外光方式では、プロジェクタによる投影光への工夫によって、画素単位の対応関係の推定問題を容易にしています。なお、この方式でも三角測量の原理を利用しているため、プロジェクタとカメラの間でカメラ校正と同じ計算を行い外

---

[*19] カメラの光学中心と画像平面中の各画素を結んだ直線の延長線に沿った距離。

部パラメタを取得すること、および、それらの位置がズレないようにしっかりと固定しておく必要があります。この方式の利点の1つは、特徴点によらない計測ができるために、補間処理が不要となることです。このため、テクスチャの少ない面に対しても正確な計測が可能です。一方で、この方式による複数の深度カメラを同時に使う場合に、ほかのカメラからの投影光が干渉するため注意が必要です。同時撮影をする場合には、互いに同期を取り合って投影タイミングをずらすなどの工夫により、干渉を防ぐような機能が組み込まれている場合もありますが、台数が多くなるとそれも難しくなる、ということを知っておくとよいでしょう。

なお、近赤外光は太陽光にも多く含まれるため、一般的な深度カメラは、屋外や窓際での利用において精度が大幅に低下するなどの問題があります。最近では、太陽光が地表に届くまでに大きく減衰する940 nm付近の波長領域を利用した、飛行時間方式の深度カメラが市販されはじめていて、この問題は解決されつつあるようです。

このほか、時間方向で特殊な観測が可能なカメラも存在します。たとえば、**イベントカメラ**（event-based camera）は、連続する2つの時刻の光量の差を出力するカメラです。変化の生じた画素のみ非同期で出力するため、省電力、高フレームレート（1マイクロ秒前後の間隔）を達成できます。しかも、変化量を出力する方法では（非常に急激な輝度変化がないかぎり）ダイナミックレンジの問題も生じません。このため、移動体へ搭載して利用するなどの応用を中心に注目が高まっています。一方で、非同期的なデータの入出力を取り扱う必要があるために、OpenCVのようなコモディティ化した開発環境を利用できません。まだ、多様な場面で手軽にさまざまな既存の画像処理手法を適用しながら開発を行える状況、とは言えないかもしれません。また、近年では、さらに高いピコ秒やフェムト秒単位で光量の変化を捉える、**ストリークカメラ**（streak camera）なども市販されています。

## 3.5.4　多様な3次元情報取得方法

3次元形状の計測方法は、前節で紹介したステレオ視によるものだけではありません。計測に用いる情報源の違いから、それぞれ名前がついています。

まず、前述のバンドル調整は、カメラを連続的に動かしながら物体の特徴点の3次元位置を取得します。カメラの動きに応じて3次元位置の推定をすることか

ら、バンドル調整を用いた3次元計測手法は、structure-from-motion などと呼ばれます。ほかに有名なところでは、異なる位置にある複数の光源のオン／オフによって、物体表面の法線方向を得る**照度差ステレオ法**（photometric stereo）に代表される shape-from-shading、複数の視点から得た物体の輪郭情報を利用する**視体積交差法**（visual hull）に代表される shape-from-silhouette、ラインレーザで物体をスキャンする**光切断法**（light stripe triangulation）やプロジェクタを利用する**空間コード化法**（spatial encoding）に代表される shape-from-projection などがあります。これらの手法が、原理的にはカメラ—カメラ（または照明—カメラ）間の外部校正を必要とするのに対して、外部校正が不要な方法として、画像のピントのズレ具合を利用した depth-from-defocus や、空気の霞具合から距離を測る depth-from-haze も知られています（図 3.22）。

（a）入力画像　　（b）推定された霞を　（c）推定された
　　　　　　　　　　　除去した画像　　　　奥行き

**図 3.22**　霞から距離を推定する depth-from-haze の例（[71] より引用）。

　ところで、上述の名前には、strucutre-from-X、shape-from-X、depth-from-X という3種類がありました。**構造**（structure）、**形状**（shape）、**奥行き**（depth）という3つの言葉の使い分けは、実は得られる3次元情報の質によって分けられています。まず、前者2つの区別は物体表面の3次元情報が連続的面として与えられているかどうかに応じて呼び名が別れており、連続的な面としての情報が与えられている場合は形状（shape）、離れた点の集合としてしか与えられていない場合は構造（structure）と呼ばれます。後者2つに関しては、3次元情報を物体中心に考え、かつ、表面の法線方向といった物理量と正確に結びつく場合には形状（shape）という言葉を使います。この物理量は、カメラの視点中心に考えた場合は、視点から表面上の各座標までの距離と等価な情報となります。また、このような視点

と物体表面との関係を考えるうえで、とくに距離のような物理量との正確な対応
関係の有無に拘らない場合が奥行き（depth）となります[20]。

　ただし、このことはdepth-from-Xという名の手法が距離を計測できないことを
意味しません。たとえば、Kinectは不可視のパターンを環境中に投影するdepth
from structured-lightの一種です。Kinectで取得される深度画像は、深度画像の最
大値と最小値に対応する距離がわかれば、その間の距離は単純な線形補間により
距離に変換可能です。また、実際、Kinectでは事前にパターンを投影する赤外線
プロジェクタと赤外線カメラの距離が既知であるため、そのような最大値、最小
値に相当する距離も算出ができるようになっています。このように、得られた奥
行き情報を距離に変換する関数が既知であり、必要なパラメタの値が揃ってさえ
いれば、depth-from-Xの手法で得られた奥行きを距離に変換することができるの
です。実際、多くの手法において、距離に変換する手段がセットで提供されてい
ます。ですから、depthという表記を見たときには、距離に変換するためにひと
手間加える必要があるのだな、とピンとくるための手がかりくらいに考えてもよ
いかもしれません。

## 3.5.5　3次元空間を扱うデータ形式

　さて、距離を計測するカメラで取得された3次元データは、どのように扱われる
べきなのでしょうか？　観測対象となる空間中の計測点が手法によって異なる3次
元データの場合、それを表現するデータ形式には、おもに**深度画像**（depth image）、
**ボクセル表現**（voxel representation）、**点群**（point cloud）、**陰関数曲面**（implicit
surface）の4つがあります。現状、料理に関連する応用研究においては、深度カ
メラ以外のデータ形式が使われることは稀ですが、これら4つについて一通り説
明します。

　深度画像は前節で紹介した**深度カメラ**などにより得られるデータ形式です。図
3.23左は、スタンフォード大学から公開されている3Dモデリングの分野では非常
に有名な、Stanford Bunnyのデータを深度画像として書き出したものです。カメ
ラに近いほど明るく、遠いほど暗くなっています。「画素値の最大値と最小値が、

---

[20]　depth cameraが深度カメラと訳されるようになって以降、depthも深度と訳される場合が多くなっ
　　　てきています。しかし、depthは距離よりも広い概念を示す意味で、ここでは伝統的な「奥行き」と
　　　いう訳語を当てています。

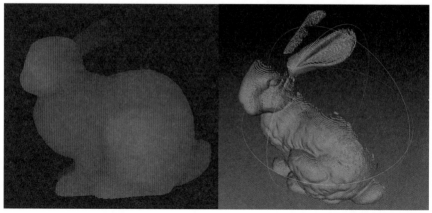

深度画像 各画素における計測点を
３次元空間投影したもの

**図 3.23** Stanford Bunny の深度画像表示と計測点の点群表示

実測でカメラから何メートルの距離に対応するか」のデータも保持することで、物
理量としての距離に変換が可能です。

　深度カメラでは、計測対象のカメラ側の面しか撮影できません（図3.23右）。こ
のため、深度画像は「2.5次元データ」とも呼ばれます。幸いにして、深度画像は
可視光画像と同じ形状のデータ構造をもつため、深層学習モデルによる学習を適
用する場合は、基本的に可視光画像と同じ技術が適用可能です。

　一方、$x, y, z$ 方向の3次元空間の各座標で、物体の有無や色などの性質を値とし
て保持するボクセル表現（図3.24左）は、物体の内部や裏側まで表現可能な3次
元的広がりをもつデータです。また、時間軸を入れると、4次元的広がりをもつ
データとなります。通常の画像や動画と比べて、非常に大きなデータになるのは
もちろん、圧縮方法などもそれほど活発に研究がなされておらず、取り扱いが難
しいデータであるといえます。また、4次元のデータとなると、深層学習のモデル
を学習するには膨大なデータが必要になることも予測されます。

　次に、物体表面を構成する点の集合として、3次元構造を表現する点群データ
は、各点を独立に扱うのであれば、$(x, y, z)$ の座標値をもつ点が並んだ可変長の
1次元データとして扱うことが可能です。しかし、どの3点が物体表面を構成する
のか、などは推定する**表面再構成**（surface reconstruction）処理を別途必要としま
す。このような表面再構成は、それほど単純ではありません。これ自身、機械学

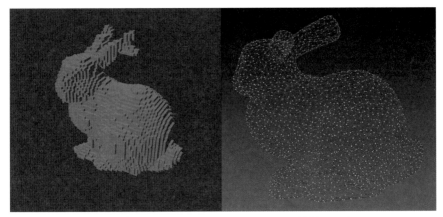

ボクセル表現 　　　　　　　　　　　点群とメッシュ

**図 3.24** Stanford Bunny のボクセル表現と点群+メッシュによる表現

習による推定対象となりえます。表面再構成が無事にできれば、表面は点群を頂点集合とするグラフ（メッシュ表現、図3.24右）の面として表現されます。

　しかし、これが時系列になると、さらに話は複雑になります。つまり、各時刻で物体表面上の異なる点が観測されているとすれば、連続する2つの時刻で得られる点群 $V_t$ と $V_{t+1}$ の間で、頂点は一対一で対応しません。また、仮に一対一対応する場合であっても、その対応関係は未知となります。そのため、2つの点群の**位置合わせ**（registration）をする必要がさらに生じます。

　上述のデータ形式はすべて、保存されるデータに依存した解像度しか得られませんでした。これに対して、任意の解像度で保存データを描画できるのが、陰関数曲面による物体形状の表現です。これは、昔のパソコンやゲームにおけるドット表現の文字と、現在は一般的に使われているサイズ可変なフォントの文字の違いと同様です。ドット表現の文字は拡大するとガタガタになってしまいますが、曲線などを関数のパラメタとして保持している現在のフォントは、拡大・縮小に応じて関数を計算し直すことで常になめらかな曲線となります。同様に、陰関数曲面は面の形状を関数のパラメタとして保持することで、フォントと同様に、どのような拡大・縮小に対してもなめらかな表面を描くことが可能になります。

　このような曲面を表現するための関数として、これと決まったものがあるわけではありませんが、多数の関数の重み付き和を利用することで、複雑な形状も表

現可能であることが知られています。点群からメッシュ表現を得るのが、多数の平面の組み合わせによる形状補間（区分線形補間）を目指すのに対して、点群から関数による表現を得ることは、よりなめらかな補間を目指すことに相当します。ほかにも、たとえば関数のパラメタの加減算によって物体の形状を操作するなど、特殊な機能をもった陰関数表現が実現できることも知られています。

# 🐾 3.6　どんなデータセットがある？

　画像処理のなかでも、とくに内容理解のための処理については、自然言語処理と同様に**データセット**の存在が処理の実現や達成精度に対して非常に重要な鍵を握ります。とくに、料理に対する内容理解の処理を対象とするデータセットは、大きく分けて「完成した料理」の静止画を収集したものと、「料理を作る過程」を撮影した動画を収集したものに分類できます。この2つについて研究に使えるデータセットを順に紹介します。

## 3.6.1　完成写真のデータセット

　完成した料理画像を用いた応用には、どのようなものが考えられるでしょうか？たとえば、料理写真を撮影するだけで、毎日の食事ログを手軽かつ客観的に、機械可読な形で記録できれば便利でしょう。写真を撮影する「ひと手間」を煩わしいと思う人はいるにせよ、レコーディングダイエットや予防医学の基礎研究などを目的として行われてきた文章記述型の自己申告型の食事ログ対して、スマートフォンのアプリを立ち上げて写真を撮るだけで済むのは、圧倒的に手間が少なくなります。

　このような理由により、健康増進・生活習慣病予防などを対象とした料理画像処理の研究が盛んに行われています。

　これらの研究では、課題を段階的に解決することを目的とし、さまざまなデータセットが提案されています。

1. **食事の種類を推定する（画像認識）**
2. **食事の栄養価を推定する（属性推定）**
3. **料理皿を検出する（物体検出）**

食事の種類が推定できれば、データベースなどを参照して、カロリーをはじめとする栄養情報を参照することができるでしょう。もちろん同じ種類とされる料理であっても、その分量や味付けによって栄養価は異なります。このような料理の個体差に対応するためには、直接栄養価情報を推定する回帰問題を解く必要があるでしょう。多くの場合、食事は複数の皿に盛り付けられて提供されますので、画像中から料理を検出する必要も生じます。なお、同じ皿に複数の料理が盛られたワンプレートランチのようなものについては、カテゴリ領域分割などの処理が有効でしょう。

カロリー推定に関して、日本では、健康増進法により、食品表示のカロリーの誤差が±20%まで許容されています。これは従来から(商品ごとのカロリー測定時の誤差、および、生産時の誤差として)技術的に達成可能な値の1つの指標となります。このような理由からか、この±20%の誤差を、定性的な差を生じさせ得る1つの基準として利用する研究も見られます [72]。

### Pittsburgh Fast-food Image Dataset

それでは、個別のデータセットについて紹介していきましょう。最初に紹介するのはカーネギーメロン大学の研究グループが2009年に公開した、Pittsburgh Fast-food Image Dataset(PFID)[73]*21です。米国の大手ファストフードチェーン11社の食品61種類、合計1,098枚の画像からなります。深層学習が生まれる3年前に公開されたこのデータセットは、当時の機械学習モデルにとっては十分な規模のデータセットでした。基本的には余計な背景を含まない画像で、各画像に食品は1つのみ写っている、という条件のもと撮影されており、種類の認識のみに特化したデータセットとなっています。

### UEC Food100, UEC Food256

UEC Food100[74]*22は、2012年に電通大の研究グループから公開されたデータセットです。PFIDが統制された環境で撮影された食事画像のデータセットであるのに対し、UEC Food100はWebで収集した画像であるという点が大きく異なります。また、Web収集であるため画像枚数もPFIDより多く、100種類、計12,740

---

*21  https://pfid.rit.albany.edu/

*22  http://foodcam.mobi/dataset100.html

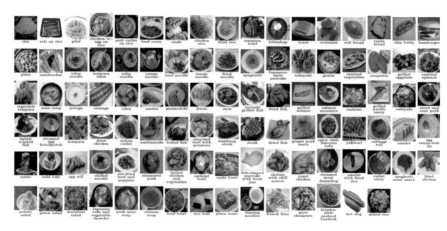

**図 3.25** UEC Food100 データセット（[74]より引用）。

枚の画像からなるデータセットです。図3.25は、データセットの一部を抜粋した
ものです。

　なお、写真によっては複数の料理皿を含む場合があり、それらには複数のカテ
ゴリラベルが重複して付けられています。より細かく見ると、2、3、4、5、6個の
ラベルが付けられている画像が、それぞれ617、306、108、12、4枚あり、7個以
上のラベルが付けられている画像はありません。なお、UEC Food100には料理の
皿の位置を示す矩形の座標データも付属しており、複数の料理皿が存在する場合
を含め、料理皿を検出するデータセットとしても利用可能です。

　2014年には、UEC Food100をさらに拡張したUEC Food256[75]*23も公開されて
います。これは名前のとおり、256種類の料理カテゴリを収めたデータセットで、
UEC Food100を部分集合として含む、計28,897枚の画像からなっています。UEC
Food100と同様に、2〜6個のラベルが付けられている画像が、それぞれ1,383、326、
122、18、5枚あり、また、すべての画像に対して料理皿の位置を示す矩形の座標
データが付属しています。

　また、これらとは別に、ラーメンの画像555枚に対して、背景、器、スープ、レン
ゲ、箸および各種の具の11種類の領域ラベルが付けられた、UEC Ramen555デー
タセット*24も公開されています。また、それぞれのラーメン画像には、5種類の

---

*23　http://foodcam.mobi/dataset256.html

*24　https://mm.cs.uec.ac.jp/UEC-Ramen555/index_jp.html

スープの違いからなるカテゴリラベルも付与されています。特定の料理のみからなるデータセットですので、用途はかぎられるものの、料理分野で領域ラベルが与えられている数少ない貴重なデータセットだといえます。

### 事前学習と追加学習

　深層学習では、ネットワークのなかに、学習対象となるパラメタが非常に多く存在します。このため、乱数で与えた初期値から精度の高い認識を実現するためには、多くの訓練データを必要とします。たとえば、深層学習がブレイクしたきっかけとなった ImageNet Large Scale Visual Recognition Challenge 2012（ILSVRC2012）における物体識別用の訓練データは、1,000 カテゴリ、計 120 万枚の正解付き画像群でした。認識対象が変わるたびに百万枚オーダーの正解付きデータを準備するのは、コストの面で現実的とはいえません。このような問題を解決するための基本的なアプローチとして知られるのが**事前学習**（pre-training）と**追加学習**（fine-tuning）です。

　143 ページの図 3.31 に示すようなネットワークでは、入力に近い層ほど、狭い画像領域内での局所的な構造の特徴を抽出し、逆に出力に近い層ほど、上流で抽出された局所的な構造の組み合わせによる、より抽象的な特徴を抽出するようになっています。事前学習では、「入力となるデータが可視光カメラで取られたものである」「カテゴリの集合は異なるものの似たような認識問題を解こうとしている」など、条件がある程度揃っている場合には、「上流の層から得られる特徴は問題によらず有効である」と仮定します。この仮定が正しければ、上流の層については ImageNet のような大規模データセットで学習し、下流のごくわずかな層のみを UEC Food100 のような小規模データセットで学習することで良い結果が得られるであろう、というのが事前学習と追加学習の基本的な発想です。

　このとき、ImageNet のような大規模データで学習を行う第一段階を事前学習と呼び、その後出力の数を目的に応じたカテゴリ数に合わせたうえで学習し直す第二段階を追加学習と呼びます。追加学習では、事前学習で得たモデルを大きく変更してしまわないように、上流の層のパラメタを保全しながら学習することが求められます。とくに、事前学習用のデータセットと追加学習用のデータセットの間でデータの性質や取り扱う課題が類似している場合には、ネットワーク上流のパラメタをすべて固定し、下流のごくわずかな層のみを更新対象とすることで、調整するパラ

メタ数を削減し、効率的に学習する方法が取られることもあります。

　追加学習の基本的な発想については、古典的な機械学習手法の 1 つであるサポートベクトルマシンをご存知の方は、「事前学習によって上流の層を学習することにより、高性能なカーネル関数を求めているのだ」と考えると腑に落ちるかもしれません。

## ETH-Food101

　UEC Food256 と同じ 2014 年に発表されたもう 1 つのデータセットが、ETH-Food101[76]*25 です。スイス連邦工科大学チューリッヒ校（ETH Zürich）の研究グループにより作成されました。101 種類の料理、計 101,000 枚の画像からなるデータセットです。各カテゴリで訓練用画像 750 枚、テスト用画像 250 枚からなります。これらの画像は、すべて料理画像投稿サービスである foodspotting.com*26 から、料理カテゴリを指定して検索し、収集を行ったものです。大きなサイズのデータセットではしばしばあることなのですが、料理カテゴリはユーザが付与しているため、訓練データには一定の誤り（ラベルノイズ）が含まれている点には注意が必要です。なお、テストデータの画像に対してはそのような誤りを手動で除去する作業が行われています。

## VIREO Food172

　上記のデータセットに続いて、2016 年には、完成写真に対してより詳細な情報が加えられた 2 つのデータセットが登場しています。その 1 つが、香港城市大学による VIREO Food172[77]*27 です。このデータセットは料理の完成写真から、カテゴリではなく使われている食材を推定する課題を前提としています。画像の枚数は 172 種類の料理合わせて 110,241 枚あり、これらの画像は「Go Cooking（下厨房）」*28 と「Meishijie（美食杰）」*29 という 2 つの香港のレシピサイトの家常菜（家庭料理）カテゴリから抽出されています。それぞれの画像に対して、353 種類の

---

*25　https://www.vision.ee.ethz.ch/datasets_extra/food-101/
*26　残念ながら 2018 年 5 月をもってサービスを終了しています
*27　http://vireo.cs.cityu.edu.hk/VireoFood172/
*28　http://www.xiachufang.com/category/40076/
*29　http://www.meishij.net/chufang/diy/jiangchangcaipu/

食材の使用の有無が、すべてレシピを見ながらの手作業でラベルが付けられている、貴重なデータセットです。なお、このように一枚の画像から「使われているすべての食材」を当てる、という課題は、料理よりもむしろ Flickr や Instagram などへの投稿画像に対するハッシュタグの自動推定などの分野で古くから研究されており、**LSTM** を使って可変個のタグを出力するなど、深層学習に基づく手法も活発に研究が行われています [78]。

## NU FOOD 360×10

　これまでに紹介したデータセットとは趣を異とするのが、料理写真の魅力度推定という課題を想定した、NU FOOD 360×10 [79]*30 という名古屋大学を中心としたグループが公開しているデータセットです。このデータセットでは、鰹のたたき、カレーライス、チーズバーガーなど10種類の料理のリアルな食品サンプルを回転トレイに載せ、3種類の仰角、12種類の回転角で撮影を行った計360枚の画像データセットとなっています。撮影角度によって、人が料理に感じる魅力度がどのように変化するのかを調べることを目的としています。人間に2枚の画像を提示させて、より魅力的と感じるほうを選ぶ**一対比較法**（pairwise comparison）に基づいて算出された魅力度が、各画像に付与されています。

---

### ☕ Coffee break

**絵画の審美性と料理写真における魅力度**

　たとえ美術館に行ったことがなくても、誰もが教科書やテレビなどで美術作品を目にしたことがあるでしょう。美術作品を鑑賞する際、その感じ方はさまざまで、どのような感じ方をするかは見るものの主観に委ねられています。暗い色のみで構成された絵画であっても、そのモチーフや表現に電撃を打たれたかのように人生を変えるほどの衝撃を受ける人が少数ながらいる一方で、色彩あふれる明るい印象を与える絵画を好ましく思う人も多いでしょう。芸術と主観評価の重要性は第2次世界大戦中にベルリン・フィルの指揮者を努めたフルトヴェングラーの名著「音と言葉」[80] を一読して欲しいところですが、このような主観による評価は非常に多様で、かつ、人々の幸福のために肯定されるべきものです。一方で、ビジネス的にはマーケティングという分野において「こういうタイプの人はこういう作品を好む」

---

*30　http://www.murase.is.i.nagoya-u.ac.jp/nufood/

という傾向を客観的に把握することが求められます。

　ここで、図3.26の画像がぼやけている状態の写真を見てみましょう。皆さんは左右どちらの画像が魅力的に見えますか？　色彩調和の観点からは、左を好ましいと思う人が多いのではないでしょうか？　では、1枚ページをめくって、図3.27のボケのない写真を見てください。やはり左が好ましいでしょうか？　右の写真から受ける印象は、画像がボケていたときと大きく異なりませんか？

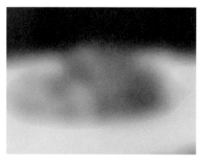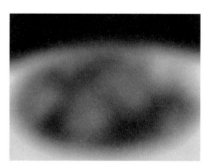

（a）　食材構成がわからない場合：左の写真のほうが魅力的

**図 3.26**　(a)食材構成の理解の有無による魅力度の違い①（[81] より引用）

　見た目から受ける主観的な印象の多様性は、料理についても同様ですが、面白いことに、料理では「色彩あふれる明るい印象を与える料理」と「主としては茶色で構成された料理」のどちらを好む人が多いか、一般の芸術作品とは傾向が異なりそうです。茶色は芸術作品においてはそれほど印象的な色ではありませんが、料理においては、お肉やソースなどと結びついた特殊な色です。料理の写真を見たとき、私たちはそれを食べる状態を少なからず想起し、そこから味や食感、無意識的に感じている満腹感などが過去の経験に基づいて連想していると思われます（187ページのコラムも参照）。また、それらの経験が写真に対する魅力に大きく影響を与えます。

　一般的な芸術作品がモチーフとするのは、通常、体外の世界や、あるいは心のありようといった心象世界でしょう。これに対して、食事における体験では、舌や消化器官の各所にある（我々が意識していない）感覚器、満腹感、その後の体調変化など、一般的な芸術作品とは少し違った体験と結びついており、それが絵画の好みと料理の好みとの違いに現れているのかもしれません（ちなみに、食事のあとに気分や体調が悪くなった場合に、そのときに食べた物を嫌いになることは、心理学においてガルシア効果として知られています）。

NU FOOD 360×10 は、料理を対象として、どのような角度の写真が最も魅力的に見えるかを評価するためのデータセットです。撮影角度は写真撮影における多様な要因のごく一部ですが、この研究は「人間にとって魅力的な料理写真とはなにか」「一般的な美術作品に対して感じる魅力となにが違うのか」という問いに答えようとする試みといえます。

## 3.6.2　動画のデータセット

調理は動作認識の対象として人気が高く、表 3.1 にまとめたように多数のデータセットが公開されています。大まかに全体的なデータセットの傾向を紹介すると、まず、深層学習が隆盛する以前は画像処理のみによる解決はそれほど有望視されていなかったのか、**モーションキャプチャ**（motion capture: Mocap）や加速度センサなどのウェアラブルなセンサ類や、IC タグを利用した物体との接触検知や磁力のセンシングによる扉・引き出しの開閉センサ、あるいは調理台天板での荷重センサなど、環境埋め込み型のセンサが併用されたデータセットが多数を占めています。また、データの量が今ほどは重要視されていなかったため、動画の本数もそれほど多くありません。

表 3.1 で示したそれぞれのデータセットの特徴を紹介していきます。まず、Multi-Modal Activity Database（CMU-MMAC）[31] は、知名度は高くありませんが、カーネギーメロン大学が 2009 年に公開した先駆的なデータセットです。このプロジェクトでは、姿勢計測用のモーションキャプチャや動作計測用の加速度／角速度センサをはじめとして、非常にたくさんのカメラやデバイスによる同時観測が行われています。このような多数のデバイスによる同時観測は、すべてを成功させるのが難しく、全デバイスが揃っていない調理記録もあります。しかしながら、公開後もデータは増えつづけ、2020 年現在では全 185 回の調理セッションからなる Main Dataset が公開されています。

なお、ここでのセッションとは、撮影対象となった 1 回の調理を指します。調理対象となるレシピが単純かどうか、あるいは 1 回の調理で作る品数が 1 つかどうかなどにもよるため、一概にこの数値だけでデータ量を評価することはできません。とはいえ、おおむね、セッション数によってデータセットの規模を類推することが

---

[31]　http://kitchen.cs.cmu.edu/

（ｂ）　食材構成がわかる場合：右の写真のほうが魅力的

**図3.27　食材構成の理解の有無による魅力度の違い②（[81] より引用）**

**表3.1　調理観測映像に関連するデータセットの一覧（表中の略称: MoCap：モーションキャプチャ、Acc.：加速度センサ、Gyro：角速度センサ、開閉：ドアと棚の開閉センサ、Depth：深度カメラ、Load：荷重センサ、Thermo：サーモカメラ）**

| | 調理者 | レシピ | キッチン | セッション | カメラ一人称 | 固定 | その他のセンサ | アノテーション | レシピ公開 | 公開年 |
|---|---|---|---|---|---|---|---|---|---|---|
| CMU-MMAC | 40 | 5 | 1 | 185 | ✓ | ✓ | 音声、MoCap、Acc、Gyro | 行為+対象、移動先 | 無 | 2009 |
| TUM Kitchen | 4 | - | 1 | 20 | | ✓ | MoCap、RFID、開閉 | 行為（右手・左手・胴体別） | 無 | 2009 |
| ACE | 7 | 5 | 1 | 35 | | ✓ | Depth | 行為 | 無 | 2011 |
| 50 salads | 25 | 1 | 1 | 50 | | ✓ | Depth、Acc. | 行為+対象 | 無 | 2013 |
| KUSK Object | 10 | 11 | 1 | 14 | | ✓ | Load、Thermo、他 | 机上の物体矩形 | 有 | 2014 |
| Breakfast | 52 | 10 | 18 | 433 | | ✓ | ステレオカメラ | 行為+対象ラベル | 無 | 2015 |
| MPII Cooking 2 | 30 | - | 1 | 273 | | ✓ | MoCap | 行為（詳細） | 無 | 2015 |
| EGTEA Gaze+ | 32 | 7 | 1 | 86 | ✓ | | 音声、視線 | 行為+対象、手領域 | 有 | 2018 |
| EPIC Kitchens | 32 | - | 32 | 432 | ✓ | | | 行為+対象 | 無 | 2018 |
| EPIC Kitchens 100 | 45 | - | 45 | 700 | ✓ | | | 行為+対象 | 無 | 2020 |

できます。この Main Dataset に加えて、サンドイッチを焦がす、強盗が乱入する（演技）などのイレギュラーな状況が含まれる3名の調理者による14回の調理からなる Anomalous Dataset も公開されています。なお、Main Dataset、Anomalous Dataset ともに、ラベルが付けられているのは一部のデータにかぎられています。

　TUMキッチンの特徴は、このデータセットの観測範囲が調理台上のみにかぎられるわけではなく、調理台、ダイニングテーブル、棚を含む室内全体を観測している点にあります。また、ICML2012という国際会議のアルゴリズムコンテストとして用意された Actions for Cooking Eggs（ACE）データセットは、日本国内の研究者が中心となって作成したデータセットで、卵のみを使う5種類の異なる料理を

対象とした、固定カメラと深度カメラのみからなるデータセットです。カメラの固定位置は調理台の天井で、これは KUSK Object データセットや MPII Cooking 2 と共通しています。一方、同じ固定カメラでも、50 salads データセットは、キッチンごとにカメラの設置位置や撮影方向が異なっており、横から調理を撮影したものなどが含まれます。

KUSK Object Dataset は、調理中の人と物体のインタラクションから調理行動を理解する、という着眼点による研究から派生したデータセットです。レシピと紐付いた Kyoto University Smart Kitchen（KUSK）データセットのサブデータセットで、KUSK データセット内の一部のデータに対して、調理台に置かれた物体矩形がラベルとして与えられています[*32]。

EGTEA Gaze+[82][*33]は、Georgia Tech Egocentric Activity Datasets（GTEA）データセットのシリーズのうち、2020 年現在最新のものです。一人称視点の動画、音声、視線データ、および動作名のラベルからなり、すべての調理がジョージア工科大学のもつ Aware Home という実験施設内のキッチンで行われています。視線データがセットになっており、手領域か否かの 2 値のカテゴリ領域分割である**手領域抽出**（hand segmentation）を学習するための正解データも提供されています。視線と手に関する情報が整備されている唯一の大規模データセットという点で、一人称カメラによる行動理解の研究開発を行ううえでは、唯一無二の貴重なデータセットです。

最後に、EPIC Kitchens は EGTEA Gaze+ と同じ ECCV2018[*34]という国際会議で発表された比較的新しいデータセットです。ほかの多くのデータセットと異なり、多数の異なるキッチン環境でデータが取得されています。これは深層学習の弱点である「学習環境に依存した特徴を抽出するように学習されてしまう」という**ドメインギャップ**（3.8.4 を参照）の問題を意識したものです。ECCV、ICCV、および CVPR[*35]という画像処理系の最難関国際会議の併催ワークショップで毎回コンペティションが開かれるなど、活発な開発競争が行われています。また、本書の執筆中であった 2020 年の夏にも、データが増強された EPIC Kitchens 100 と

---

[*32]　メインデータセットである KUSK データセットについては 4 章で紹介します。

[*33]　http://cbs.ic.gatech.edu/fpv/

[*34]　European Conference on Computer Vision 2018 の略。

[*35]　それぞれ、International Conference on Computer Vision、(Conference on) Computer Vision and Pattern Recognition の略。

いう新しいバージョンが公開されるなど、継続的にデータの拡張が行われています。また、コンペティションだけでなく、学術研究においても、料理にかぎらず、一人称視点の動画一般を対象とした動作認識手法を評価するための標準的なデータセットの1つとなっています。

　なお、このデータセットでも、動作予知の問題設定があります。この設定では、予知対象となる時刻は1秒程度となっており、一般的にそれ以上に先の未来をレシピ情報などを使わずに予測することは困難である、と考えられていることが伺い知れます。一方、動作予知の節で紹介した[60]は、前述したとおり、1分後の未来を予測するという課題を設定しています。CVPR2019のなかで発表されており、EPIC Kitchensのコンペティションで設定されているような1秒先という動作予知問題設定は、動作予知として十分に実用的とはいえないのではないか？　という問題提起がなされています。

# 🔍 3.7　画像処理の活用事例

　さて、ここまで、さまざまな画像処理技術やセンサ、インターフェイスを紹介してきました。これらの技術は、実社会でどのように使われているのでしょうか？ここからは、これらの技術を活用したサービスやプロダクトを紹介していきます。

## 3.7.1　FoodLog

　FoodLogは、東京大学の研究室から生まれた大学発ベンチャー企業であるfoo.log株式会社[*36]が提供している食事記録管理アプリです。以下のような流れで、簡単に食事記録を管理することができます。

1. （ユーザ）目の前に料理が運ばれてきたら**写真を取る**（通常の**カメラアプリ**でよい）
2. （ユーザ）ゆっくり食事や会話を楽しむ、
3. （ユーザ）後日、手が空いた時にアプリを起動する。
4. （アプリ）スマートフォン内の新規取得画像に対して**画像認識**を行い、**食事画像を見つけだす**。

---

[*36] https://www.foo-log.co.jp/

5.（アプリ）食事画像に対して料理検出を行う。

6.（ユーザ）検出された料理ごとに品目名が正しいかどうか確認していく（検出結果や品目名が正しくない場合、自分で修正できる）。

7.（ユーザ）その後、任意のタイミングでユーザは自分の食事記録を閲覧できる。

上述の7段階のうち3番目で行われる処理は、料理／非料理の2クラスの画像認識問題を解いているものと思われます。また、4番目の処理は物体検出を利用しています。いつ食べた料理の写真であるかは、画像のメタデータに入っている撮影時刻から自動的にわかるため、ユーザは食事の場で操作をする必要はありません。まとまった時間があるときに、複数回分の食事画像に対して、ゆっくりと6番目の操作をすることができます。

このようなアプリは、単に大衆向けのレコーディングダイエットなどの用途にとどまらず、食事を厳密に管理したいアスリートや生活習慣病患者などが管理栄養士とコミュニケーションをする際のカルテとしての利用や、食品メーカのマーケティングへの利用など、さまざまな用途への応用が期待されます。料理写真をSNSで共有する、いわゆる「飯テロ」のようなコミュニケーションがすでに存在することを考えれば、SNSへの展開なども可能性があるかもしれません。

実は、Google社も2015年頃に、こういったサービスを想定したようなIm2Caloriesという研究を発表しています[83]。このプロジェクトは、残念ながらその後なくなったようではありますが、大学レベルでは、ほかにもパデュー大学のTADA（Technology Assisted Dietary Assessment）プロジェクトや、ベルン大学Mougiakakou博士らによるインシュリン注射の量の自動調整を目的とした食事画像解析のプロジェクトなどが知られています。また、国内では近年、類似のサービスが複数の事業者からも展開されるなど、競争が激しくなりつつあるようです。

## 3.7.2 BakeryScan

BakeryScanは、2015年にグッドデザイン賞も受賞している、パン屋さんを対象とした自動値段読み取りシステムです（図3.28）。日本のパン屋の一般的なスタイルは、お客さんが焼き立てのパンをトレイに取り、レジに運ぶ、というものです。このとき、パンは個別には包装されていませんから、バーコードなどを付けられません。したがって、パンの種類や値段を判断するのはレジの店員のスキルに委

図3.28 パン屋のレジ入力を画像処理により支援するBakeryScan（株式会社ブレインより提供）

ねられていました。パンの見た目や種類はお店ごとに異なるため、ここに人材育成のコストが大きくかかっていたのですが、BakeryScanは画像認識を用いてバーコードがなくともトレイ上のパンを認識し、会計を自動化することに成功しています。

この技術は、BakeryScanを開発した株式会社ブレインと、兵庫県立大学の研究グループの共同研究により生まれました。2013年には商品化されており、深層学習技術なしで実現されています[84]。

また、図3.29は、同社が試作中の食事識別システムです。セルフサービス形式のレストラン向けのセルフレジシステムとなっています。画像処理を用いない従来型の類似システムでは、それぞれの皿にRFIDタグを取り付ける必要があったため、メニューごとに使う皿を細かく管理する必要がありました。そのため、導入にあたっての初期コストだけでなく、盛り付け時の皿の管理コストが発生していました。また、耐熱性の問題から、再加熱や食洗機の利用にも制約がありました。画像処理により食事を識別するこのシステムでは、そのような制約がなくセルフレジを導入できる点で優位性が得られています。

### 3.7.3 食卓へのプロジェクションマッピング

近年、おもに高級志向のレストランや豪華客船などでの食体験の差別化としてサービス化されているものに、食卓の**プロジェクションマッピング**（projection

**図 3.29**　セルフサービス形式のレストランの会計を支援する食事識別システム（株式会社ブレインより提供）。

mapping）があります。食卓へのプロジェクションマッピングのはしりは、お茶の水大学の研究グループが2007年頃に発表した「いろどりん」[85] というシステムです。食にまつわるさまざまな周辺情報を紹介しながら、料理が食卓に届くまでを物語化して伝えられる、といった新たな食体験が提案されました。

　実サービスとしては、国内ではチームラボ社が東京都内のレストランとコラボレートした食空間『MoonFlower Sagaya Ginza, Art by teamLab』[*37]を展開しています（図3.30左）。また、海外でも「Le Petit Chef」[*38]という、料理の提供と映像が一体化した作品が提供されています。このプログラムでは、料理を待っている間に小さなシェフが食卓上で料理を準備するようすが愛らしく表現され、その後、映像中で調理されていたものと同じ料理が提供されるという趣向を凝らした体験をすることができます（図3.30右）。

---

[*37]　https://moonflower-sagaya.com/

[*38]　https://lepetitchef.com/main/

月花 MoonFlower Sagaya Ginza [39]　　　　　　Le Petit Chef [40]

図 3.30　ダイニング × プロジェクションマッピングの例

　近年の健康志向の高まりとともに、レストランに求められる役割は伝統的であった「おいしくて栄養たっぷり」から「おいしくて楽しい、かつ、カロリーは控えめ」に変化しています。レストランの遊園地化ともいえるこのようなニーズに対して、プロジェクションマッピングは1つの選択肢となるかもしれません。

# 3.8　最新の研究動向を知ろう！

　前節までで、画像処理における基本的な課題や料理に関連した画像処理・動画処理のデータセット、関連技術を用いた実際のサービスを紹介しました。本章の最後に、近年の画像処理・映像処理分野における実践的な話題として、基礎から応用までをカバーした以下の4つのトピックを紹介します。

- **3.8.1項 視覚情報処理を目的とした深層学習ネットワークの構成部品**
- **3.8.2項 敵対的生成ネットワーク（GAN）**
- **3.8.3項 GAN の応用例1：画風変換**

---

[39]　https://www.youtube.com/watch?v=yRJTRcfGmAk

[40]　https://www.youtube.com/watch?v=yBJEP4lsRFY

● **3.8.4項 GAN の応用例 2：教師なしドメイン適応と公平学習**

　これらは、必ずしも料理という応用にとらわれず、今、このタイミングで画像処理に携わる技術者を志すのであれば知っておくべき内容ですので、ぜひ読んでみてください。

## 3.8.1　視覚情報処理を目的とした深層学習ネットワークの構成部品

　図3.31 に示されたニューラルネットワークは、何種類かの処理の組み合わせにより構成されています。これらは画像処理を行う深層学習手法でも、最も基本的なものとなります。畳み込み層を用いたニューラルネットワークは、とくに**畳み込みニューラルネットワーク**（convolutional neural network）、あるいは英語の頭

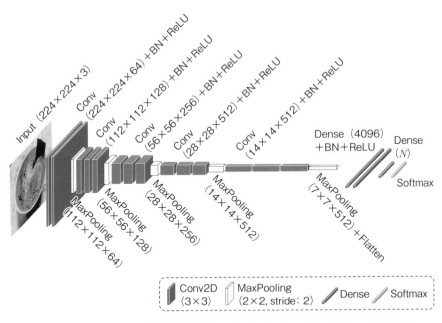

**図 3.31**　物体認識のための代表的なネットワークである VGG16[*41]を図として表記した例

---

[*41]　VGG16 が提案された当時は Batch Normalization（BN）が提案されていなかったため、もともとの VGG16 には BN は含まれていませんが、BN と共に使われることも多いです。なお、BN と ReLU の順序は実装によって入れ替わる場合もあります。深層学習のネットワーク構造は数式だけでなく、このような図で視覚的に示される場合が多くなっています。

文字を取って CNN と呼ばれます。

■**ConvLayer** は、画像に対する深層学習を行う際の非常に重要な部品である**畳み込み層**を示しています。畳み込み層が実際に行う演算を図3.32に示します。図のような、入力データとフィルタとの相関をフィルタの位置をずらしながら計算していく演算を、**畳み込み**（convolution）と呼びます。また、このフィルタの大きさのことを**カーネルサイズ**（kernel size）と呼びます。畳み込み層は、事前に設定された出力チャンネルの数だけ、このような演算を行います。この演算の重要な点として、画像のすべての領域に対して共通のフィルタを用いるため、学習対象のパラメタも位置によらず共通であるという点が挙げられます。これは以下の2つの効果を生みます。

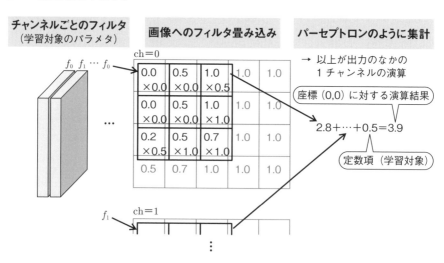

**図 3.32** カーネルサイズが 3 × 3 の畳み込み層が行う演算の例

　まず、画像全体を1次元の長いベクトル（画像の全画素数 × チャンネル数の長さをもつベクトル）として捉え、これを入力とする**多層パーセプトロン**を作ると、パラメタの数が膨大なものとなってしまいます。パラメタの数が多すぎると学習が非常に難しくなるため、このようなモデルが扱える画像のサイズには限界があります[*42]。

　畳み込み層は「その物体の特徴は、画像中のどこに写っているかに依存しな

[*42] たとえば0から9までの数字についての手書き文字データセットである MNIST は、28×28 の画像で、このくらいのサイズであれば多層パーセプトロンでも扱えます。

い」、つまり位置不変性という画像がもつ性質に基づいてパラメタ数を削減します。多層パーセプトロンを構成する全結合層では、画像中の位置に応じて異なるパラメタが用いられます。これに対して、畳み込み層では、場所ごとに違うパラメタを学習するのは冗長であると考え、小領域ごとに共通のパラメタを用いています。このことによって、大幅にパラメタ数を抑えることに成功しているのです。

さらに、全結合層の場合は、場所ごとに異なる内容で学習が行われます。このため、訓練データのなかに含まれる物体であっても、その物体が見たこともない位置に現れてしまった場合、識別ができない可能性が高くなります。これに対して、畳み込み層は出力チャンネルごとに多様なフィルタを学習することで、局所領域ごとに複雑な特徴を抽出します。その結果、見たことのない位置に物体が現れたとしても、問題なく全結合層を利用した場合と同様の複雑な推論処理を実現することができます。

一方で、たとえ畳み込み層を使ったとしても、回転や拡大・縮小の影響は強く受ける点には注意しましょう。学習データのなかで、あるカテゴリの物体が常に同じ向きで写っていれば、CNN はその向きに写っているときしか、そのカテゴリの物体を認識できません。これらへの対処には、151 ページのコラムで紹介するデータ拡張がよく使われます。

なお、図3.31のネットワークでは、処理の最後に**全結合層**（fully connected layer）が存在します[43]。このため、完全に物体の観測位置に対する認識結果の不変性が得られるわけではありません。では、完全な位置不変性を獲得することは不可能なのでしょうか？　実は、処理の最後で単一の全結合層を用いる代わりに、画素ごとに予測を行い、その結果の平均を取ることで実現することができます。

具体的な実装としては、画素ごとの予測をカーネルサイズが1×1の畳み込み層で行い[44]、その結果を**大域平均プーリング**（global average pooling）と呼ばれる層へ入力します。大域平均プーリングは画素ごとに識別した結果の平均を出力とするものです。カーネルサイズ1×1の畳み込み層の出力チャンネル数をカテゴリ数とを一致させておけば、画素ごとにカテゴリを識別することになるので、その出力に大域平均プーリングを適用することで、画素ごとのカテゴリの識別結果の

---

[43]　ほかに**線形層**（linear layer）などとも呼ばれます。

[44]　画素ごとの特徴量に対して、独立に全結合層を適用する処理は、実はカーネルサイズが 1 × 1 の畳み込み演算と等価です。

平均を得る処理が実装できます。このようにして、全結合層を用いずに画像を認識するモデルは、特別に**全層畳み込みネットワーク**（fully convolutional network: FCN）などと呼ばれます。

FCNには、位置不変性のほかにも、もう1つ利点があります。それは、推論可能な画像の大きさが自由になることです。全結合層を含むネットワークでは、その層に入力されるデータの形状が一意に決まってしまっています。このため、画像をネットワークに入力する際には、事前に画像の大きさを全結合層に起因して決定された特定のサイズに合わせる必要がありました。このため、たとえば非常に解像度の高い画像に対しては、処理する際に解像度を下げたり、画像を分割する必要が生じてしまいます。FCNでは、このような制約なく処理ができるという利点があります[45]。

さて、畳み込み層について、**フーリエ変換**などの信号処理に慣れている人向けに、さらに少し踏み込んだ説明をしましょう。畳み込み層の演算は、学習を通じて得たフィルタ（またはカーネルなどとも呼ばれる）を用いて画像を周波数領域に変換する、フーリエ変換の亜種だとみなすこともできます。図3.31のように、単 "Conv" とだけ書かれる場合、そのカーネルサイズは3×3であることがほとんどです。また、層の出力のサイズと共に表記されることも多いです。ちなみに、1×1の畳み込み層は、各画素に対して独立に全結合層を適用するのと等価です。物体検出モデルの実装などにこのテクニックが使われることがあるほか、**ネットワーク・イン・ネットワーク**（network-in-network: NiN）という3×3、1×1、3×3の3層の畳み込み層からなる、ブロックモジュールもよく知られています。畳み込み層には、ほかにもさまざまな変形が存在します。それらを詳しく知りたい方は、脚注[46]のURLにある図が非常にわかりやすく、おすすめです。

なお、動画のように時間軸を含む場合には、3次元畳み込み層などが使われることがあります。畳み込み層の入力の次元数を明示するために、「Conv2D」「Conv3D」などと表記される場合もあります。ただし、3次元以上の畳み込みは学習パラメタの数が多く、うまく学習するために必要なデータ数が非常に大きくなることが

---

[45]　もちろん、実際には、GPUのメモリに展開できるサイズの画像しか処理できません。推論時にはほぼ問題になりませんが、学習時に高解像度の画像はメモリサイズ上の問題を生じさせる危険があることに注意しましょう。

[46]　https://github.com/vdumoulin/conv_arithmetic

知られています。このため、多くの場合に**事前学習**が必須となりますが、主要な動作認識モデルについては産業総合研究所のグループ[86]が事前学習済みのモデルを公開しています[*47]。

また、「Conv1D」も存在します。これは**センサ**の時系列信号を処理する場合に使われる1次元の畳み込み演算に由来します。

■ **MaxPooling**　（**最大プーリング**）は、**プーリング層**（pooling layer）と呼ばれる、領域内の値をまとめ上げて近傍の特徴を集約する層の一種で、指定されたサイズの矩形ごとに値が最大のものを選択するものです（図3.33）。図3.31では出力の幅と高さが半分になっていますが、これは2×2の領域ごとに最大値のみを残し、ほかの値を捨てた結果です。さきほど、FCNの説明に出てきた大域平均値プーリングは、このような局所領域ごとではなく入力全体の値を対象とし、かつ最大値ではなく平均値を残すという特殊なプーリング層となります。また、このようなプーリング層を配置する代わりに、畳み込み層の計算を行うときに、数画素ずつ飛ばして畳み込みを行うことによっても、同種のサイズ縮小効果を得ることができます。

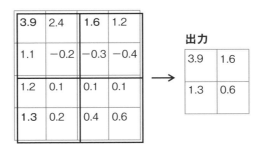

**図3.33　2×2の最大プーリング層が行う演算の例**

■ **Batch Normalization**　（**バッチ正規化**）はBNなどと略されることもあり、畳み込み層や全結合層の後ろに付けられる処理の1つです。パラメタとしては、特徴量の平均と分散の2つのみをもちます。

深層学習のように大きなネットワークにおいて、誤差逆伝播法によってパラメタを更新する際、出力側から入力側に向かって誤差を伝播させるほど、パラメタ

[*47]　https://github.com/kenshohara/3D-ResNets-PyTorch

を更新すべき方向（正か負か）についての情報が伝わりにくくなってしまう問題
があります。また、処理の上流（入力側）の層の出力分布（絶対値やスケール）が
変わってしまうことも問題になります。上流の層の出力分布が変わることは、そ
の下流にある層にとっての入力値の範囲が変化することになります。入力値の範
囲がずれてしまうことによって、下流の層で過去に学習したパラメタが役に立た
なくなってしまうのです。

　バッチ正規化は、各層における出力ベクトルが一定の大きさをもつことを強制
することにより、いわば信号増幅器のように逆伝播される誤差の信号強度を高く
します。また、その出力分布を一定の範囲に収めることで、過去の学習結果を無
駄にせずに学習を促進する方法です。

　バッチ正規化は広く一般的に使われる手法ではありますが、Google 社により特
許が取得されていることでも有名です。防衛特許であるとの見方が一般的である
ものの、亜種として**グループ正規化**（group normalization）[87]*48 などの派生手法
も存在しており、事実上の独占状態になる恐れを防ぐという観点から発表時に話
題になりました。

■ **ReLU**　は、整流化線形（Rectified Linear Unit）*49 の略で、ニューラルネット
ワークにおける活性化関数の一種です。活性化関数とは、深層学習のモデルを非
線形足らしめる関数で、それ自身が非線形でさえあれば活性化関数としての最低
条件を満たします。これまで説明してきた**全結合層**や畳み込み層は、行列の掛け
算で表すことができる線形関数です。入力 $X$ に対して、行列 $A$ と $B$ で表される
2 つの線形変換を適用してみましょう。$A(BX) = ABX = (AB)X$ となり、行列
$(AB)$ を重みとする単独の層と $A$、$B$ を重みとする 2 つの層による演算が等価と
なってしまうことから、これは非線形にはなりえません。一方、ある非線形な活
性化関数 $\alpha(\cdot)$ が間に挟まれば、$A\alpha(BX)$ は非線形関数となります。活性化関数は
線形演算からなる学習対象の層と層の間に配置され、ネットワーク全体を 1 つの

---

*48　この論文は ECCV2018 の Honorable Mention Award（ベストペーパーに準じる賞）を取得して
　　　います。

*49　正規化線形とも訳されます。Rectify という単語の意味はダイオードなどにも使われる整流（逆向きの
　　　電流を流さない、つまり負の値を 0 にする）であるという点、および一般的に正規化＝normalization
　　　であり混乱のもととなることから、やや一般的ではないですが、こちらの訳語を採用します。

関数として見た場合の非線形性をもたらす役割を担っています[*50]。

　ReLU は、入力が負の値であれば 0 を出力し、非負であれば入力をそのまま出力する関数となっており、これは非常に単純な非線形関数といえます。また、これはダイオードが逆方向に電流が流れるのを遮断する性質に対応した関数になっています。1980 年代に起こった第二次 AI ブームの頃には、活性化関数としては**シグモイド**（sigmoid）関数（図 3.34）が使われるのが一般的でしたが、シグモイド関数は入力の絶対値が大きくなると勾配がほとんど 0 になってしまう**勾配消失問題**（vanishing gradient problem）という深刻な欠点を抱えていました。ネットワーク中のどこかで勾配が消失してしまうと、誤差逆伝播において上流のパラメタが更新できなくなるため、たくさんの層を重ねた学習が非常に難しかったのです。ReLU は非常にシンプルながら勾配消失が起きにくい非線形関数で、深層学習成功の影の立役者ともいえるかもしれません。なお、ReLU は入力値が 0 の点の周辺で微分が不可能になるなどの細かい点を改善した Swish などの活性化関数も提案されています。よい活性化関数とはなにか、という問いも深層学習における 1 つの研究テーマとなっています。

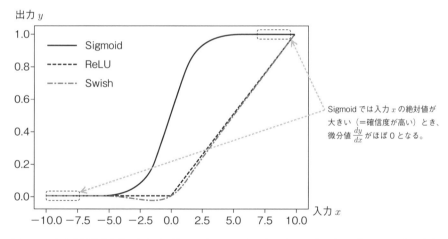

**図 3.34**　おもな活性化関数、および 2 値のロジスティック回帰であるシグモイド関数における勾配消失。勾配消失は多値ロジスティック回帰であるソフトマックス関数においても生じる。

　派生として、入力された負の値を 0 とする代わりに、係数を乗じて傾きを小さ

---

[*50]　逆に、もし活性化関数を配置しなかった場合は、ネットワークは 1 層の線形演算でも表現できてしまうため、関数の複雑さは著しく落ちてしまうでしょう。

くする**漏れあり整流化線形**（leaky ReLU）[88] などがあります。漏れあり整流化線形は負の値に対する勾配が 0 にはならず、したがって誤差の逆伝播を行う際に出力から入力まで勾配が必ず伝播されるなどの理由から、後述する敵対的生成ネットワーク（GAN）の学習などでよく使われます。

■**ソフトマックス関数とロジスティック回帰**　は、多値の**ロジスティック回帰**関数（logistic regression function）です。ロジスティック回帰と言われると非常に難しい専門用語のように聞こえるかもしれませんが、要するに 0 または 1 のいずれかを出力する論理演算を [0,1] の範囲での回帰問題にうまく置き換えることができる関数です。深層学習の大前提として、ネットワークを構成する関数はすべて勾配が計算できる、つまり微分ができることが条件となっています。ソフトマックス関数は「$N$ 個のカテゴリから尤度が最大のものを 1 つ選ぶ」という論理演算（max 演算）を微分可能にするもので、3 個以上のカテゴリが存在する識別問題のためのロジスティック回帰関数です。なお、カテゴリが 2 個の場合は、2 値のロジスティック回帰関数であるシグモイド関数が使われます（前述のとおり、中間層では使われなくなったシグモイド関数ですが、最終層で利用する分には問題があります）[51]。

　なお、カテゴリ数が 2 個のときに出力を 2 次元ベクトルとしてソフトマックス関数を用いるのと、出力を 1 次元のスカラ値としてシグモイド関数を用いるのは等価となります。気になる人は 2 つの数式を式変形して、等価であることを確かめてみましょう。ただし、実際の GPU 上の演算においては直前の層の出力が 1 つでよいシグモイド関数を用いた場合のほうが、出力が 2 つ必要なソフトマックス関数を用いるよりもパラメタ数が少なくて済むので、学習効率がよいという違いがあります。

　なお、ロジスティック回帰において、推定値と正解とのズレは、**交差エントロピー**（cross entropy）と呼ばれる関数により測られます。このように、推定値と正解とのズレを測る関数を**損失関数**（loss function）と呼び、実際に測られたズレの量を損

---

[51]　シグモイド関数の微分値が勾配 0 となるのは、入力の絶対値が非常に大きい場合です。最終層において、これは非常に尤度が高いとモデルが判定している（モデルにとって確信度が高い）サンプルにおいて、勾配 0 となりやすいということです。通常、学習が必要なのはモデルが判断できないサンプルであり、（偶然を除けば）モデルにとって確信度が低いサンプルであるといえます。したがって、最終層でシグモイド関数によって勾配が消失したとしても、それは基本的に学習が十分に行われたサンプルに対してのみであり、勾配消失の心配はありません。

失（loss）と呼びます。一般的な回帰では**平均二乗誤差**（mean square error: MSE）が利用されるなど、課題に応じてさまざまな損失関数が提案されています。

---

### Tech column 🛠

**データ拡張**

　**データ拡張**（data augmentation）とは、モデルに意図的に改変した訓練データを与えて学習させることで、学習に用いる訓練データの多様性を広げ、それによって多様なテストデータに対するモデルの対応力を上げるためのテクニックの総称です。一般的に、改変の方法は、観測条件の違いにより起きる変化を模倣するものが選ばれます。これにより、もともとの訓練データとは多少異なる状況でも対応できる、モデルパラメタを獲得することができます。

　画像にかぎらない信号全般に対しては「ランダムノイズを加える」、「オフセットやスケールを変化させる」などの方法があります。また、画像のように空間的な拡がりがあるデータに対しては、図3.35に示すように画像の一部のみをランダムな位置で切り出す**乱択切り出し**（random cropping）、1/2の確率で画像を反転させる**左右反転**（horizontal flip）、およびランダムな角度で画像を傾ける**回転**（rotation）などの方法があります。また、2017年には、ほぼ同時期に2つのデータの重み付き和を利用する**混合**（mixup）[89]と**クラス間学習**（between-class learning）[90]という手法が提案されています。

　原則として、下記の2点を抑えたデータ拡張はよいデータ拡張であると考えられます。

**(1)** 　実際にアプリケーションの運用時に遭遇する変化を良くシミュレートしている
**(2)** 　学習データに新しい情報をもたらす

　(1)については、運用時に遭遇しない場面の性能をいくら向上したところで、アプリケーションのユーザがその恩恵に預かれないことは明らかです。(2)は、たとえば、位置不変ではない全結合層のために乱択切り出しを行うことで、全結合層から見れば異なるデータが増えることになります。また、畳み込み層は回転不変性をもたないため、入力に回転を加えることが有効に働く場合もあります（ただし、(1)の条件より、回転の結果、実際の観測データには現れないような角度にしても意味はありません）。このように、観測データに対する人の知見やモデルに用いた演算の特性に基づいた拡張方法によって、モデルのみでは獲得できない不変性を与える

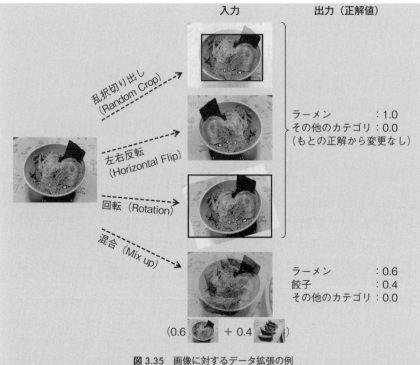

入力　　　　　　　　　出力（正解値）

乱択切り出し
(Random Crop)

ラーメン　　　　：1.0
その他のカテゴリ：0.0
（もとの正解から変更なし）

左右反転
(Horizontal Flip)

回転（Rotation）

混合（Mix up）

ラーメン　　　　：0.6
餃子　　　　　　：0.4
その他のカテゴリ：0.0

(0.6 　　　 ＋ 0.4 　　　 )

図 3.35　画像に対するデータ拡張の例

のがデータ拡張です。

　すでに述べた上述のデータ拡張方法は、画像や一般的な信号がもつ不変性や、畳み込み層や全結合層といったニューラルネットワークの構成要素がもつ性質が、よく考慮されています。実際には、むしろ回転してしまっては意味が変わる場合などもあり、応用ごとに技術者が適切にデータ拡張方法を選定する必要があります。

　また、上記はすでに取得されたデータに対するデータ拡張方法ですが、データ取得時に同じ被写体に対して工夫を行うことも可能です。たとえば、撮影対象を異なる角度から撮影する、照明条件を変える、など物理的に観測条件を変化させて、データの量を水増しする方法も、(1) の条件を満たしているかぎりにおいては1つのよいデータ拡張方法と考えられます。

　(2) に関連して、たとえば3.8.2項で説明する**敵対的生成ネットワーク**（GAN）を使うと、画像を自動生成できることが知られています。このようなデータ生成技術を用いたデータ拡張は、一見するととても素晴らしいアイディアのように思われます。しかし、実際には GAN の学習の難しさやネットワークの大きさに対して期待

されるほどの効果が得られないという報告が上がっています [91]。これは、本質的にGANのネットワークがもつ情報は、GANの学習に用いられた情報、つまり手持ちの訓練データ集合と同じであるため、単純にGANを使うだけでは新しい情報を含むような画像を生成できないためではないかと考えられています。

　このことは、GANによるデータ拡張が不可能であると言っているわけではありません。うまく工夫して人のもつ事前知識などをデータ生成プロセスに組み込むことによって、「新たな情報」を付与することができれば、よいデータ拡張になる可能性があります。また、適切なデータ拡張方法自体を、学習中に探索させる**自動データ拡張**（auto data augmentation）の研究も行われています。GANの利用を含め、問題の性質や技術者の手腕を問わない全自動のデータ拡張方法については、現時点ではまだまだ研究段階といえます。

## 3.8.2　敵対的生成ネットワーク（GAN）

　本章では、カメラにより観測された視覚情報を対象とした、さまざまな処理技術を紹介してきました。このような観測結果を生じさせる過程を、数学的に再現することはできないのでしょうか？　このようなデータ生成過程を機械学習により模倣することを目的とした手法が、2014年にIan Goodfellowらによって提案された**敵対的生成ネットワーク**（generative adversarial network: GAN）です [92]。よく知られているGANの例は顔写真を生成するものですが、訓練データ次第でさまざまなデータを生成できるようになります。たとえば、2018年に「GANで生成された肖像画が43万2500ドルで落札された」というニュースがありました[*52]が、これは14世紀以降の肖像画を訓練データとしたため、肖像画風の絵を生成するように学習されています。高額で落札されたのは、書かれた絵そのものだけでなく、このような美術史と最新技術を絡めた作品制作のコンセプトに対する価値が評価されたからでしょう。

　GANは、図3.36に示すように、**生成器**（generator）と**鑑別器**（discriminator）という2つのニューラルネットワークを交互に学習して最適化することで、この問題を解いています。生成器を学習するフェイズでは鑑別器のパラメタは固定し、逆に鑑別器の訓練フェイズでは生成器のパラメタを固定します。2つのフェイズ

---

*52　https://www.itmedia.co.jp/news/articles/1810/26/news077.html

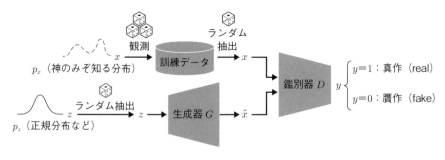

**図 3.36**　GAN のネットワーク

を交互に学習することで、（うまくいけば）$x$ の分布と $\hat{x}$ の分布が一致するように
なります。この交互学習のなかで、生成器は（パラメタが固定された）鑑別器を
うまく騙す、つまり、通常の識別問題における損失が大きくなるように学習を行
います。このことから、この鑑別器の識別に関する損失のことを、とくに**敵対的
損失**（adversarial loss）と呼びます。

　GAN はおもに画像の生成で有名ですが、生成対象となるデータは、原理的には
画像にかぎりません。より一般的に、訓練データを生成する分布 $p_x$ にしたがって
乱数 $x$（たとえば画像データ）を擬似的に生成できるようになります。言い換え
れば、分布 $p_x$ というのは $x$ を生成することができる、ある種のサイコロです。サ
イコロを振って出た目が乱数 $x$ で、数式では $x \sim p_x$ などと記述されます[*53]。生
成器は、正規分布（図 3.36 中の $p_z$）などからサイコロを振って抽出された変数 $z$
を入力として受け取り、ネットワークを介して演算し、$\hat{x}$ を出力します。

　GAN がうまく学習できれば、あたかも訓練データと同じ分布 $p_x$ からサイコロ
を振ってデータを抽出したかのように、$z$ から贋作のデータ $\hat{x}$ を生成することが
できるようになります（図 3.37）[*54]。

　GAN は、**ミニマックス最適化**（min-max optimization）と呼ばれる非常に難し
い最適化をニューラルネットワークによって解くことで、学習データと同じ分布
に従うデータを乱数から生成できるようにするものです。ミニマックス最適化は、

---

[*53]　$x$ は分布 $p_x$ に従う乱数である、などとも言います。

[*54]　GAN の訓練では正解データを作成する必要がありません。このため、通常は訓練データは十分な数
があり、分布 $p_x$ に従う訓練データは、十分な数を観測可能であることが暗に想定されています。し
かし、異常検知などの特殊な用途においては、$p_x$ のごく一部を疎らにしか観測できない場合があり
ます。このような場合には、GAN の訓練がうまくいって訓練データをよく模倣できたとしても、そ
れが真の分布 $p_x$ と一致するとはかぎりません。

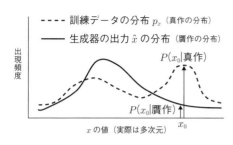

・鑑別器は点 $x_0$ において、$P(x_0|真作)$ と $P(x_0|贋作)$ の頻度の違いを学習する

・生成器は点 $x_0$ において、$P(x_0|真作) = P(x_0|贋作)$ となるように学習する

**図 3.37** 　鑑別器と生成器の交互学習による作用。鑑別器は任意の点 $x_0$ において、真贋 2 つの分布の違いを見出そうとします。逆に生成器は鑑別器が違いを見出せないよう、($P(x|真作) + P(x|贋作) > 0$ である）任意の点 $x_0$ における頻度を一致させます。結果、2 つの分布が一致するように学習されます。

図 3.38 に示すような馬の鞍の形をした関数において、ある切り口からは最小となり、また別の切り口からは最大となる点を見つける問題で、**鞍点探索**（saddle point search）とも呼ばれます[*55]。図 3.38 の縦軸は最適化における目的変数（損失）を、それ以外の 2 軸はそれぞれ鑑別器のパラメタと生成器のパラメタを表しています。なお、便宜上、鑑別器のパラメタ、生成器のパラメタそれぞれ 1 軸で表現していますが、実際はそれぞれのネットワークのパラメタの数だけ軸があります。

　GAN の原著論文 [92] は、理論的には、鑑別器が「うまく」学習でき、かつ、生成器が十分な表現力をもつならば、最適解に収束することが証明されています。しかし実際には、ニューラルネットワークは局所解にしか収束しません。かつ、微分計算により正解の方向が正しく判断できなければ学習ができないなど、鑑別器が「うまく」学習できる理論的な保障が与えられているわけではありません。実際問題として、GAN をうまく学習するのは非常に難しく、発表された 2014 年以降さまざまな研究が行われています。

　第一に、ネットワークのパラメタと損失の関係は、図 3.38 のように滑らかではなく、図 3.39 のように乱雑であると考えられています。このような状況では、局所解しか探索できないニューラルネットワークでは、うまくよい鞍点にたどり着くことが難しいと考えられています。そのため、**勾配罰則**（gradient penalty）[93] や**スペクトル正規化**（spectral normalization）[94] など、パラメタに対する損失の応答が滑らかとなるようにする工夫が提案されています。

---

[*55] 　鞍点探索は数値最適化分野での重要な問題の 1 つであり、GAN が唯一の探索法というわけではありません。

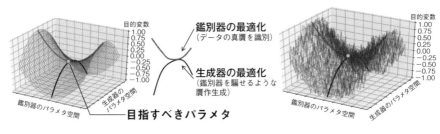

**図 3.38** 鑑別器と生成器の交互学習による鞍点探索　　**図 3.39** 平滑ではない場合

　また、第二に、鑑別器の最終層にシグモイド関数やソフトマックス関数を使っている場合には、**勾配消失問題**が生じ、生成器の学習が進まなくなります[*56]。つまり、生成器の出力があまりにも訓練データとかけ離れている場合には、鑑別器が非常に高い確信をもって真贋を判定できてしまいます。高い確信をもつということは、シグモイド関数への入力の絶対値が大きくなるということなので、鑑別器の最終層において勾配が消失してしまいます。通常の識別問題では、高い確信度をもつデータについてはそれ以上学習する必要がないので問題ありませんが、GAN においては、そのようなデータに対してこそ、うまく騙せるように生成器の学習が必要になります。GAN の鑑別器に対してシグモイド関数を適用した場合には、このような理由による学習失敗の危険があります。

　これを避けるために、GAN が提案された直後は鑑別器の学習を「よい塩梅に妨げる」ための、さまざまなバッドノウハウ的なテクニックが知られていました。現在では、そのようなバッドノウハウではない方法として、鑑別機に勾配消失しやすいロジスティック回帰ではなく**ワッサースタイン距離**（Wasserstein distance）を利用する WGAN[95] などの手法が知られています。

　また、鑑別器が高い確信をもって間違えてしまうような特定のサンプルを生成器が見つけてしまい、生成器がどのような入力に対しても、その特定のサンプルに似たものしか出力しなくなってしまう場合もあります。これは**モード崩壊**（mode

---

[*56] 3.8.1 項では、識別器の最終層にシグモイド関数があっても問題にはならないことを述べました。通常の識別問題では、最終層で勾配消失が起きる、つまり、確信度が高くなるときは正しい識別ができていると考えられ、目的が達成できているために問題にはなりません。一方で、GAN において最終的に達成すべきなのは鑑別器が正しく判定できることではなく、（十分に学習された鑑別器に対して）それを騙せるようなデータを生成器が出力できるようになることです。このような目的の違いに起因して、最終層で起きる勾配消失が通常の認識課題では問題とならないにも関わらず、GAN の学習においては大きな問題となってしまいます。

collapse）と呼ばれており、勾配消失と合わせて、GAN の学習における代表的な失敗パターンの1つです。これらの問題をそれぞれうまく解決する Lightweight GAN という手法 [96] が 2020 年末に登場しました。このように GAN については今後のさらなる応用展開が期待されます。

### 3.8.3 GAN の応用例1：画風変換

　画像に彩色を施したり、線画にしたり、絵画調にしたり、といったように画風を変換する処理を**画風変換**（style transfer）と呼びます。図 3.40 には教師なしで画風変換を行った最初の論文に載せられた画風変換例を、図 3.41 は料理のカテゴリ変換に画風変換を応用した例を、それぞれ示しています。画素単位で値を出力するエンコーダ・デコーダモデルであることから、そのネットワーク構造は画素分類（領域分割）と多くの類似点をもちます。実際、CVPR2017 で発表された初期の画風変換の手法（pix2pix [97]）では、入力となる画像に対応する画風変換後の画像を正解とし画素ごとに画素値を回帰する形式の学習を行っており、これは画素分類ならぬ画素回帰となっています。この際、単純に誤差を最小化するとぼやけた画像になってしまうため、正解との誤差を回帰するのに加えて、GAN で提案された**敵対的損失**を併用しています。

　なぜ、敵対的損失が必要なのでしょうか？　一般に、回帰の誤差には周囲の推定結果とは独立に計算される**平均二乗誤差**などが用いられます。$x$ を入力、$\hat{y}$ を推

**図 3.40**　CycleGAN による画風変換の例（[98] より引用）

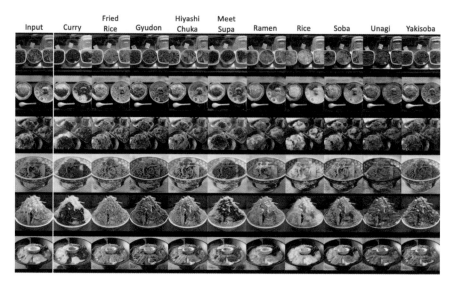

**図 3.41** 料理のカテゴリ変換への適用例（[99] より引用）

定値とするとき、このような推定問題では、$\Pr(\hat{y}|x)$、つまり入力 $x$ に対応しそうな $y$ が取りうる範囲や頻度を示す分布は一定の幅をもちます。誤差を最小化するような解は、常にこのような分布の中心の値（平均値）となってしまいます。この結果、単純な回帰のみでは $\hat{y}$ は細かいテクスチャのないボケた画像となりやすいのです。敵対的損失は、このようなボケた画像出力を回避するのに用いられています。つまり、通常の回帰のための損失に加えて敵対的損失を併用することで、周囲との相対的な関係、すなわち細かい本物らしいテクスチャをもつ出力のほうが総合的には低い損失となるようにできます。回帰のための損失のみを最小化する場合に比べて、回帰としての精度は悪くなってしまいますが、回帰そのものよりもむしろ人に提示する画像を生成することが主目的であるような課題では、通常の回帰の損失に加えて敵対的損失を用いる方法が有効です。

さて、上述の pix2pix では、画風変換を学習するにあたって、回帰の誤差を計算するために画風のみが異なり、内容が同一である画像の対が必要でした。このような対を不要とし、ある画風の画像群 A と変換先の画風の画像群 B のみから、画風変換を行う手法が**CycleGAN**（サイクルガン）[98] です。CycleGAN の訓練データでは、画像群 A と画像群 B の間で pix2pix における $x$ と $y$ のような対が存在しない

ことを前提としています。これは単にどれが対になっているかわからないというだけではなく、そもそも2つの画像群の間に対となるようなデータも存在していない、ということです。このような前提での学習を**対なし学習**（unpaired learning）と呼びます。

　図3.42は、CycleGANのアーキテクチャを示しています。このアーキテクチャは、画像群 A の画像を画像群 B に変換する変換器 $G_{A \to B}$ と、その反対向きの変換器 $G_{B \to A}$ の組からなります。画風を変換するため、$G_{A \to B}$ の出力に対しては、それが画像群 B に属するか否かを判定する鑑別器 $D_B$ が（反対に $G_{B \to A}$ の出力には $D_A$ が）つながっています。これらはGANと同様の交互学習により訓練されます。pix2pixと異なり、対はありませんので、これだけでは変換によって内容の同一性は担保されません。このため、CycleGANでは**循環一貫性損失**（cycle consistency loss）と**恒等性損失**（identity loss）の2つを利用します（図3.43）。循環一貫性損失は、入力を2つの変換器にかけてもとの画風に戻したときに、入力とまったく同じ画像に戻るようにするための損失です。また、恒等性損失は変換器 $G_{B \to A}$ に対して画像群 A を入力したときと、変換器 $G_{A \to B}$ に画像群 B を入力したときに、それぞれもとの入力と同じ出力が得られるようにする損失です。画風を変換する敵対的損失と、変換による内容の同一性を担保するための2つの損失（図3.43に示した循環一貫性損失および恒等性損失）を利用することで、対なしでpix2pixと同等の変換を行うネットワークを学習することができます。

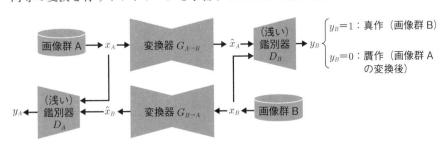

**図3.42**　CycleGANのネットワーク構造および2つの鑑別器

　なお、このように、入力した画像に対してさまざまな計算を行い、再度もとに戻すようなモデルを**自己符号化器**（auto encoder）と呼びます。最終的にもとの入力を復元できるように学習することで、自己符号化器では、計算途中で情報損失が起きないように学習されるという特性があります。CycleGANでは、このよう

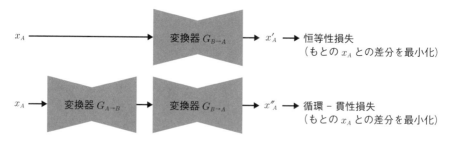

**図 3.43** CycleGAN において変換前後の内容の同一性を保つための2つの損失の計算方法

な特性をもつ関数として各モジュールに制約を課すことにより、画風変換の過程で入力された画像が破壊的に変換されることを防ぐように工夫がされています。

　CycleGAN は非常に複雑なモデルで、学習を成功させることは容易ではありません。CycleGAN をうまく学習するためのハイパーパラメータの調整においては、分布を一致させる敵対的損失と内容の同一性を担保する2つの損失の**対立**（competition）について理解しておく必要があります。まず、A→B によって得られる画像は内容は画像群 A で、画風は画像群 B のものです。これと同じものが画像群 B に含まれていないかぎり、鑑別器による真贋判定では贋作と判定されてもおかしくありません。つまり、鑑別器が強すぎると、画風だけでなく内容まで変換しないかぎり鑑別器をうまく騙すように敵対的損失を最小化できないはずなのです。

　CycleGAN では、このような対立の深刻化を避けるために、敵対的損失の計算に用いられる**鑑別器**は2〜3の**畳み込み層**からなる浅いネットワークを用いることが一般的です。もし畳み込み層のカーネルサイズを大きくしたり、層の数を増やして深いネットワークをもつ鑑別器を利用すると、最終層における各ノードの演算に入力画像のなかの広い範囲が巻き込まれます。このようにある畳み込み層の演算に関連する入力画像の領域のことを、**受容野**（receptive field）などと言います。たとえば、図3.44は3×3の畳み込みを2回繰り返した場合で、受容野は5×5の領域となります。これは間にプーリング層が入ると、さらに倍ほどになります。たとえば、画像認識を目的とした一般的なネットワークは、ほぼ画像全体を覆うような受容野をもっていると考えてよいでしょう。真贋判定を目的とした鑑別器においても、広い受容野をもつネットワークを使ってしまうと、画像中の物体の種類など、画像の内容も真贋を判定に利用されてしまうということです。

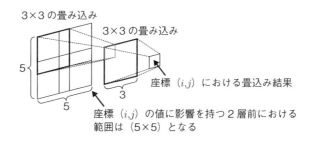

**図 3.44** 3×3の畳み込み層を2つ重ねた場合の受容野の例

したがって鑑別器の受容野が狭ければ、画像の内容ではなく、局所的なテクスチャ（すなわち画風）のみによって真贋判定を行うこととなり、目的の画風変換を達成しやすくなります。反対に、受容野の広い鑑別器を用いると、内容の同一性を担保するための2つの損失と、鑑別器を用いて計算される敵対的損失の間の対立が深刻化してしまう恐れがあります。内容を改変せず、画風のみで真贋判定をするよい塩梅の鑑別器を構成することは、CycleGAN の学習を成功させるうえで重要な条件です。

また、最近では別の方法として、解像度の高い画像を生成できる StyleGAN[100] と呼ばれるモデルを用いた画風変換も現れています。

StyleGAN の入力は、「画像の幾何学的な構造に対応する特徴」と「画風に対応する特徴」に別れています。そこで、前者と後者に異なる画像に対応する特徴を入力することで**画風の混合**（style mix）を行うことができます。

## 3.8.4　GAN の応用例2：教師なしドメイン適応と公平学習

敵対的損失を用いた別の応用事例が、**教師なしドメイン適応**（unsupervised domain adaptation: UDA）と**公平性**（fairness）を伴う機械学習の2つです。これらは異なる文脈でそれぞれ活発に議論されてきた問題であり、細かくいえばさまざまな問題設定があり、多様な解決手段が研究・提案されています。その多様な手段の1つではありますが、近年、敵対的学習を利用する手法も提案されてきています。

ある特定のレシピ投稿サイトで収集した料理の完成写真で学習したモデルがあるとします。このモデルは、別のサイトで収集した料理の完成写真に対しても同じ性能を示すでしょうか？　あるいは、ボディカメラで撮影した料理の写真では？

実は機械学習モデルは画像の圧縮形式や撮影角度の違いなどによっても、精度が低下することがあります。このように、訓練データと実運用の環境で得られるデータになんらかの違いがある場合に、深層学習モデルがうまく動かないという状況に対応するための技術が、教師なしドメイン適応です。

ドメインは、直訳すると（関数の）定義域に相当します。ここで関数とは、学習対象のモデルのことと考えて差し支えないでしょう。つまり、訓練データが従う分布（＝定義域）と、実運用環境で得られるデータが従う分布になんらかの偏りがある場合に、機械学習のモデルが想定した精度を達成しない場合があり、これを教師なし、すなわち実運用環境の正解データを使わずに観測データのみで解消するのが教師なしドメイン適応です。訓練データの定義域をソースドメイン、実運用環境（テスト環境）の定義域を目標ドメインと呼びます。

たとえば、実験室のキッチン（ソースドメイン）で収集したデータを訓練データとして学習したモデルは、おそらく一般家庭のキッチン（目標ドメイン）ではうまく動かないでしょう。これは、実験室のキッチンの背景と一般家庭のキッチンの背景のズレやカメラの違い、窓の位置などに起因する照明環境の違い、データ圧縮形式の違い、調理台に登場する調理器具や食材の品種などの、わずかな違いに起因するものかもしれません。

このようなソースドメインと目標ドメインのズレのことを**ドメインギャップ**（domain gap）、あるいは**ドメイン偏り**（domain bias）と呼びます。ドメインギャップを教師なしで解消する手段として、GANがもつ「分布を一致させる」という機能を活用することができます。図3.45は、GANの敵対的学習を利用した教師なしドメイン適応を行うネットワークの例です[101]。つまり、目標ドメインに対してなにらかの関数（ドメイン変換器や特徴抽出器）を適用し、その関数によって実運用環境のデータをソースドメインのデータ（またはその中間特徴）と同じ分布に射影することで、特定条件下[*57]ではズレが解消できることが知られています。

深層学習時代に入っても、訓練データの取得環境と運用環境の違いがモデルの精度に致命的に影響することが問題となり、実応用に至らないケースは続出しています。この問題の解決策の1つは、愚直に運用環境に近いデータを収集し、学習データを増やすことです。一方、技術的・コスト的要因でそれが叶わない状況を打破す

---

[*57] ソースドメインと目標ドメインにおいて正解データの事前分布が一致している場合で、かつ、敵対学習がうまくいったとき。

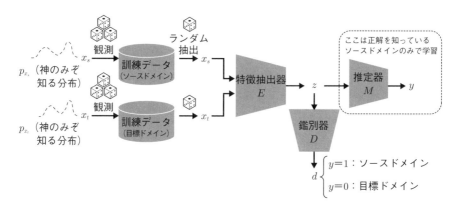

**図 3.45** 敵対的学習を用いた教師なしドメイン適応ネットワークの例

るために、教師なしドメイン適応をはじめとしてドメインギャップを解消するために、**ドメイン汎化**（domain generalization）や**半教師付きドメイン適応**（semi-supervised domain adaptation）、**少標本ドメイン適応**（few-shot domain adaptation）、**能動ドメイン適応**（active domain adaptation）など、多様な課題が想定されており、近年の機械学習の主要な研究対象となっています。

　また、公平性学習は、訓練データに含まれる各サンプルの特定の属性（**センシティブ属性**（sensitive parameter）や**撹乱母数**（nuisance parameter）と呼ばれる）の影響を取り除きつつ、回帰や識別を行う問題です。たとえば男女差や人種の違い、といった社会的要請により、それらの属性によって正解分布に違いを生じさせるべきではない要因が挙げられます。

　このような属性の違いに基づいた推定結果の偏りを生じさせないようにするためには、図 3.45 と同様に鑑別器を利用して、中間特徴の分布を一致させるなどの方法が考えられます。言い換えれば、モデルにとって男女差や人種の違いを見分けることが不可能な数値表現を経由してから推定を行うことで、偏見のない推定を実現しようとする手法になっています。

　公平性学習は料理とは関係しにくいのですが、その社会的な重要性の大きさから、教師なしドメイン適応と合わせて簡単に紹介します。公平性学習も教師なしドメイン適応と同じく、敵対的損失によって入力や中間特徴の分布を一致させるという点で解決が図られることがあります。では、これらの課題の本質的な違いはどこにあるのでしょうか？

　1つは達成すべき分布の一致度です。教師なしドメイン適応では、目標ドメインにおける識別精度が向上しさえすれば（つまり似たような特徴を出力しさえすれば）、分布が完全に一致していなくても問題ありません。しかし、公平性学習によって倫理的に完璧な識別器を達成するということは、センシティブ属性が一切判別不可能となるよう、未観測のデータを含めて分布を完全に一致させる必要があります。実際のところ、現状の敵対的学習技術では、このような完全な分布の一致は難しいというのが現状です。

　また、もう1つの違いとして、利用可能な教師データの違いが挙げられます。教師なしドメイン適応では図3.45の推定機 $M$ を学習するのにソースドメインの正解データしか利用できませんでしたが、公平性を伴う機械学習においては、ドメインの違いに相当する「センシティブ属性の違い」によらず、常に正解データが与えられるとするのが一般的です。ただし、公平性を伴う機械学習においては、分布を一致させるための敵対的損失と、推定精度を上げようとする損失が対立するため、この対立を避けるための工夫が別途必要です。言い換えれば、本質的に公平性を確保しようとすると訓練データが差別的であるだけ、訓練データにおける正解率は低下します。

　公平性学習とは、このような社会的な要請を数学的にモデル化し、訓練に導入することで、もともとの訓練データに潜む不公平を除去しようという試みです。訓練データは多くの場合、人間の過去の実践により与えられます。人間が無意識的に与えていた不公平性を除去するという意味で、人間よりもよい推定方法を学習する試みともいえます。実は、そもそも分布を一致させるという単純な公平性が本当に公平なのか、という大きな問題も孕んでいます。今後の機械学習の実応用を考えるうえで1つの重要なトピックとして活発に研究が進められています。

　さて、本章で扱った伝統的な画像処理における内容理解では、推定対象はカテゴリとして出力されてきました。カテゴリ表現では、記号と、その記号が指し示す内容は同一であることが前提とされていますが、近年の深層学習の発展により、このような前提は取り払われつつあります。つまり、画像や動画に含まれる信号と、自然言語によって表現される複雑な内容を記号を介さずに直接的に結びつけようという試みです。次章では、レシピに記述された作業内容を中心としながら、視覚 × 言語の組み合わせを中心としたクロスモーダル処理をテーマとして、最新の研究内容に踏み込んでいきます。

# 第4章

# 料理とクロスモーダル処理
## ——複合的なアプローチ

　人は言語を介して情報を伝達します。では、言語情報だけで人は正しく料理を作ることができるでしょうか？　古くから、人工知能の分野では、文字のような記号のやりとりのみでは真の理解は得られないのではないか、という「中国語の部屋」という哲学的問いが知られています。本章では、カメラやセンサによる物理世界の観測情報と、複雑な意味世界を記述する自然言語とを同じ特徴空間で表現するための機械学習技術である「クロスモーダル処理」を紹介します。

## 🥚 4.1　はじめに

「きつね色になるまで」や「十分に柔らかくなったら」、あるいは「メレンゲを八分立てにして」など、レシピはさまざまな言語表現によって、調理者に到達すべき状態を伝えようとします。皆さんはこのような表現をわかりやすいと思うでしょうか？　あるいはわかりにくいと思うでしょうか？

　もし、皆さんに「メイラード反応」と呼ばれる香ばしさの素となる化学反応の知識があれば、「きつね色になるまで」とは、食材表面が165度近くに達してメイラード反応が起こり、十分に香ばしい状態になったら、という意味であると解釈できるでしょう[*1]。また「十分に柔らかい」状態を確認する方法として、菜箸で食材を指してみたり、といった検査方法を知っていれば、十分に柔らかくなったことが判断できるでしょう。「メレンゲの八分立て」は、判定するのが非常に難しい状態です。泡を持ち上げて角が立ったら、などと説明されますが、泡の持ち上げる速度や角度次第で、角が立ったり立たなかったりします。

　これに対して、「砂糖大さじ一杯」や「小麦粉100ｇ」のなんとわかりやすいことでしょうか。計測可能なものは、文字によって曖昧性なく情報を伝達することが可能です。一方「メレンゲの八分立て」などの表現は、計測ができない情報を伝えるために編み出された専門的な用語です。このような言葉でも、泡の持ち上げる速度や角度について十分な知識や経験のある人にとっては、（ほぼ）曖昧性なく再現可能なのです。では、知識や経験をもたない人に、これらを伝えるにはどうしたらよいでしょう？　1つは匙や秤と同じように、一般家庭でも計測可能にするための計測装置を提供することです。計測ができれば、数値情報として曖昧性なく目標状態を伝えることができます。しかし、2020年現在、そのような計測機器は家庭には普及していません。また、使いどころが限定的になるほど、費用対効果の問題から普及は難しくなるでしょう。

---

[*1]　食材が加熱によりきつね色になるのは、食材表面が一定の温度に達した場合に、化学反応によってアミノ芳香化合物が多く発生するからです。このアミノ芳香化合物こそ、私たちがおいしいと感じる香ばしさの素であり、加熱をすることの目的となっているわけです。したがって、「きつね色になるまで」という指示には、（加熱による殺菌効果に加えて）十分なメイラード反応を引き起こすまで、と読み解くことができ、それはおいしそうな匂いが十分に漂ってきたら、と解釈できます。このようなエンジニア向けの料理知識を知りたい読者は、ぜひ「Cooking for Geeks」という本を読んでみてください。砂糖を使ったオーブンの温度キャリブレーション方法や、肉を固くしない加熱方法など、読むだけで調理がうまくなること間違いなしの知識やアイデアが詰まっています。

　では、専門用語を解さない人に、「きつね色になるまで」「十分に柔らかくなったら」「メレンゲを八分立てにして」などの状態を伝えるには、どうしたらよいでしょうか？　写真や動画は1つの方法です。ヒトは目で見た他人の動作を模倣することに秀でています。また、視ることによって、手で感じる手応えのような、別の感覚器で感じるであろう情報まで脳が推定し、再現しているかもしれません。経験を共有することで、文字情報のみでは表現できない検査方法を学ぶことができます。

　言語や視覚、触覚のように多様な情報表現や感覚器の違い（**モダリティ**（modality）の違い）を超えて、事物を捉えるための技術として、深層学習の登場以降に急速に発達したのが**クロスモーダル**（cross modal）処理です。また、そのなかでも、とくに注目度が高いのが、「メレンゲの八分立て」といった「言語情報」と、実際にそれを行ったときの「視覚情報」（あるいは視覚によって想起される経験を表す情報）を結びつける**視覚言語統合**（vision and language）[*2]技術です。この技術は、「実世界で観測された事象を言語化すること」と「言語により表現された事象を実世界で再現すること」の2つ、あるいはそれらの組み合わせを実現できるという意味で、これまでのコンピュータの在り方そのものを変える可能性があります。すなわち、ヒトとほかの動物とを決定的に区別させる「経験を言語化する能力」を計算によって再現し、言語を介してコンピュータやロボットが人と経験を共有できる社会を実現するための技術なのです。この章では、今、注目が高まっている視覚言語統合技術を中心としながら、さまざまなモダリティを利用した処理について、料理や調理作業を例としながら紹介していきます。

## 4.2　クロスモーダルな処理ってなんだろう？

　3.3節で紹介した画像の内容理解のための処理は、いずれも画像からカテゴリを推定する課題でした。また、カテゴリとは、記号とそれに対応する概念の対でした。これは、言い換えれば、推論される内容が常に排他的であり、かつ、有限の

---

[*2]　vision and language は比較的新しい分野であり、この5年の間に登場した課題も多いため定着した日本語訳がないものが多くあります。本章では、そのような用語でも、日本人にとって意味がわかりやすいような日本語表記を試みます。そのような本書独自の和訳語については、初回登場時に*マークを付けてあります。

集合となってしまうという制約があることにほかなりません。どれかのカテゴリにぴったりと当てはまるようなデータの取り扱いでは問題が生じませんが、そうではないデータに対しては、このように記号を媒介とした内容理解には限界があります。一方、自然言語処理では、word2vec のように単語が対応する概念を多次元空間中の点として表現することで、ほかの単語や文が表す概念と対応付けるなどの取り組みがなされています。しかしながら、このような概念表現は自然言語表現のなかだけで閉じたものであり、実世界で観測されるさまざまな事象に接地したものではありません。

　ちょっと難しいので、具体例で考えてみましょう。皆さん「ヒンメルウントエルデ」という料理をご存知でしょうか？　皆さんにとって馴染みのないであろう料理の名前を出しているので、知らなかったとしても安心してください。まず、この料理名を構成する単語について考えてみましょう。「ヒンメル（Himmel）」は天とか空という意味、「ウント（und）」は英語の and に対応し、「エルデ（Erde）」は地や地面を表します。さて、どんな料理かわかりますか？　ちょっと難しすぎますよね。

　画像処理を行うコンピュータは、ちょうど、今のあなたの状態です。図 4.1 は「ヒンメルウントエルデ」の写真です。あなたはこの料理がどんな料理かよくわかりませんが、とにかくたくさんの「ヒンメルウントエルデ」の写真を見たことがあり、ほかの料理と区別をすることができる状況です。どんな料理か、味も香りもわかりませんが、データベースを参照するなどして、値段や栄養価などを参照することができます。逆に言えば、データベースのように記号との対応関係が明示的に与えられた外部知識がなければ、コンピュータは、得られた記号についてなにもわからない状態である、というわけです。

　次に、自然言語処理的な観点から、この料理について考えてみましょう。この料理の説明が、以下のように与えられたとします。

　**「この料理はドイツのケルン周辺の伝統料理で、りんごを天（Himmel）、じゃがいもを地（Erde）に見立てた、マッシュポテトとアップルソースをあわせた肉料理だよ」**

　もう少し、この料理を知ることができたのではないでしょうか？　まず、ドイツの肉料理だということがわかります。材料も少しわかりましたね。材料や作り

**図 4.1**　Himmel und Erde という料理の写真

方については、レシピが与えられた方がよくわかるかもしれません。

　実は、この料理を理解するという課題において、コンピュータよりも皆さんの
ほうが有利な点があります。それは、皆さんがおそらく「マッシュポテト」や「り
んご」を食べたことがある、という点です。この料理がどんな味・香りがするの
か、といったことについて、この文はなにも説明していません。そもそも文のみで
このような情報を伝達するのは、非常に難しいところがあります。しかし「マッ
シュポテトとアップルソースを合わせた肉料理」という説明によって、あるいは
「ドイツの肉料理である」という情報によって、もしかすると食べたときの食感
や香りについて、いくばくかの曖昧な想像ができているかもしれません。または
「ひょっとするとりんご入りのポテトサラダは似た料理かしら？」くらいの、もっ
ともらしい推論をする人がいるかもしれません。あるいは、ジャーマンポテト[3]に
りんごを加えた味を想像する人もいるかもしれません。さきほどの画像処理に基

---

[3]　ドイツではジャーマンポテトとは呼ばず、Bratkartoffeln（焼きじゃがいも）と呼びます。

づくシステムの例では、データベースのようにドンピシャの正解が記録された外部知識の存在を前提としていましたが、ヒトは完全に一致する答えが存在しなくとも、過去の経験に基づいて、さまざまな想像を膨らませることができます。

　これらの想像は、私たちがラーメンなどのよく見知った料理について、どのような見た目・味・香りなのか、詳細に想起できる能力に基づいています。私たちの脳のなかでは、このようにさまざまな感覚器を通して得た体験が、ラーメンという料理名が示す内容と結びついています。また、そのような内容は「とんこつラーメン」、「しょうゆラーメン」といったように複数の単語の組み合わせによって、細かく変化します。言葉から想起される情報の豊かさは、過去の体験と密接な関係があります。味や匂いどころか、おいしかったお店や一緒に食べた人の記憶などまで思い出されるかもしれません。その人それぞれが過去の体験のなかで観測した多様な信号や言語表現が、脳内で1つの概念を形成しているのです。

　「ヒンメルウントエルデ」という料理の写真や説明文を読んで想像した味や香りもまた、このような過去の体験から構築された概念空間のなかで、この料理に対応する点を仮に決めてみることによって生成されていると考えられます（図4.2）。点の位置がりんご入りポテトサラダに近いか、ジャーマンポテトに近いかによって、想像される味や香りは変わるでしょう。いずれにせよ、その空間で近い料理を探し、その料理の味や香りを借用することで想像を補っているのです。

　重要なのは、みなさんに与えられた刺激はテキスト（あるいは写真）だけであって、味や香りはこの本では一切お届けしていないということです。言い換えれば、

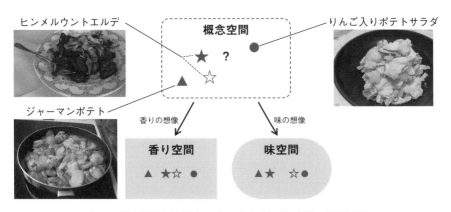

**図 4.2　概念空間での対応点のプロットと味や香り空間への写像の例**

入力がテキストや写真といった単一のモダリティのデータであっても、いったんこのような概念空間へ写像できれば、ほかのモダリティの情報を検索したり、想起（生成）したりすることが可能だということです。

---

## Coffee break ☕

### 中国語の部屋と視覚言語統合

「中国語の部屋」は、1980 年に提起された哲学的な問いです。しかし、哲学分野だけではなく、人工知能に関わる工学者にとって非常に有名な問いでもあります。

中国語の読み書きがまったくできない人が、中国語の辞書や文法書が山ほど積まれた部屋の中にいる状況を想像してください。日本人は漢字の意味を理解してしまうので、たとえば、一般的なヨーロッパ人などがよいでしょう。文字の同一性はなんとか判定できるが、文字や単語の意味はわからない、という状況です。部屋には手紙をやりとりするための穴があり、そこには中国語で書かれた質問が書かれています。部屋の中の住人は、その質問を見て、辞書や文法書をもとに適切な回答を生成して回答を作り、部屋の外に送ります。一見すれば、適切な対話が成り立っているように思われます。しかし、このとき、部屋の中の住人は、中国語を理解していると言えるでしょうか？

1980 年以前は、「知能とはなにか」という問いについて、ある意味で今よりももっと真剣に議論されていた時期であったと筆者は想像しています。電気式計算機が登場し、その画期的な機械がもたらす可能性について、当時の科学者は活発に想像を膨らませていました。有名なものとして、アラン・チューリングにより提案されたチューリングテストがあります。もし自分が端末に座ってテキストベースでチャットを行ったとき、対話相手が人間かコンピュータかを判断できなければ、相手には知性がある、という前提に立った人工知能の試験方法です。言い換えれば、テキストのような記号列を十分に扱うことができれば、それをもって知性とみなせる、と唱えたわけです。

実際、1966 年には **ELIZA**（イライザ）というチャットシステムが提案されており、これはチューリングテストをクリアしたとみなされています。この ELIZA をベースとしたチャットシステムは、現在では「人工無能」などという不名誉な呼称で呼ばれることがあります。実は ELIZA は、相手の話のなかの一部の単語を使って、話題を掘り下げたり広げたりする質問を生成するという戦略をとった対話システムです。つまり、実際に話をしているのは人間の側だけという、とても聞き上手なシステムなのです。

　これを知性として認めるかどうか、というのが、工学者的立場に立ったときの「中国語の部屋」の問いです。ELIZA や中国語の部屋の中の住人は、我々が書いた記号列の内容を理解しているのでしょうか？　筆者の理解は、中国語の部屋の外の住人は、中にいる住人が内容を理解している、と判断するが、実際には中と外の二者で、その理解は似ても似つかない可能性がある、というものです。

　もちろん、人間同士でも同じようなことが起こりえます。落語で言えば「勘定板」という話があります。これは「カンジョウ」という言葉を「（トイレ）で用を足す」という意味で使うとある田舎の村から出てきた旅人と、「ここで勘定しろ」と言う番頭さんが繰り広げる滑稽噺です。ここまで極端な勘違いはないにせよ、実際に行動に移して初めて、相手との間で理解に相違があったと気がつくことは誰もが経験したことがあるのではないでしょうか？

　視覚言語統合は、まさにこの「理解のズレ」を、人と機械の間でできるだけ小さくするための技術だと筆者は考えています。視覚は人が生きるのと同じ世界を観測した情報です。言語が世界の観測情報と紐付いた状態で語られていれば、人間同士ではあり得ない突拍子もない誤解が生じにくくなるだけでなく、ELIZA を超えた、自ら経験を語るシステムの開発も可能になるものと思われます。もちろん、このような理解の相違の少なさをもって「これが知能である」と言えるかは、また別の話ですけれども。

## 4.3　視覚言語統合とは？

　視覚言語統合は、さまざまなモダリティのなかでもとくに視覚情報と言語情報を対象とし、これらをまたいだ情報の変換を可能にする技術です。深層学習の発展により、近年盛んに研究が行われています。

　図4.3に、視覚言語統合の概要を示します。視覚言語統合の基本的な実装方針は、画像やテキストを共通表現となる特徴空間に、エンコード（符号化）することです。同一の内容を示す画像とテキストの対は、その特徴空間内で非常に近い位置に写像されるように学習を行います。また、そのような共通の特徴空間内の点が信号やテキストにデコード（復号化）されるように学習されていれば、たとえば信号を特徴空間にエンコードしてテキストにデコードする、といった操作により、相互変換が可能になるでしょう。このように、複数のモダリティで共通な特徴空間のことを、**共有潜在空間**（shared latent space）と呼びます。

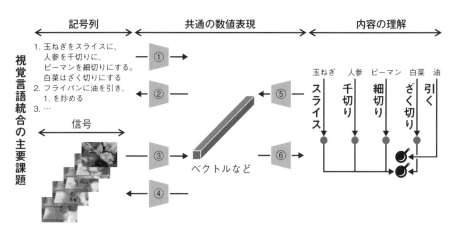

**図 4.3** 信号と記号を共通の数値ベクトルを介して相互変換する視覚言語統合の一般的な構造

　共有潜在空間は、ちょうど私たちが脳内で構築している概念空間を、特殊な特徴空間としてコンピュータのなかに再現したものにほかなりません。エンコーダやデコーダの組み合わせに応じて、視覚言語統合にはさまざまな課題があります。図中の矢印に付けられた①から⑥の数字は、入力されたあるモダリティのデータを共有潜在空間中の点へ写像するエンコーダ、あるいは共有潜在空間中の点から、それに対応する特定のモダリティのデータへ写像するデコーダを表しています。次節以降で紹介する各課題では、この数字を参照しながら、1つずつ課題の概要を説明していきます。

　さて、視覚言語統合は、入出力として画像（列）と言語の2つの**モダリティ**（modality）にかぎった技術を指した言葉ですが、その基本的な発想である共有潜在空間は、画像と言語以外の信号やテキストの組み合わせに対しても考えられます。実際、料理を食べるときには、料理の見た目と名前以外にも、匂いや味、舌触り、歯ざわり、咀嚼音、満腹感など、実にさまざまな信号が脳に送られます、これらのすべての信号やテキストの組み合わせに対する共有潜在空間が、脳内では形作られていると考えるのが妥当でしょう。このように、視覚と言語という組み合わせにかぎらず、広く一般に、異なる方法で観測した信号やテキストなどの記号列、あるいはもっと構造化されたデータなどを対象とする処理のことを、**マルチモーダル**（multi modal）処理やクロスモーダル処理と呼びます。

　この2つの語について明確な定義がなされているわけではありませんが、本書

ではマルチモーダル処理という言葉を、クロスモーダル処理を含む、より広範な処理を表す語と考えます（図4.4）。たとえば、複数のモダリティの信号を入力としてカテゴリを推定するような処理はマルチモーダルではありますが、複数のモダリティ間で相互に情報を変換するわけではないので、クロスモーダル処理ではないと考えます。クロスモーダル処理は入力・出力が異なるモダリティである、つまり、モダリティを跨ぐ（クロスする）もののみを指す用語とします。モダリティを跨がないような、初期のマルチモーダル処理は2000年代に多く研究がなされました。その頃は、深層学習のようにモダリティを超えて利用できる汎用的な手法がなかったため、クロスモーダル処理と呼べそうなものはテキストによる画像検索のような、ごく一部の課題にかぎられていました。クロスモーダル処理は、深層学習の登場以降に急速に活発になった研究分野なのです。

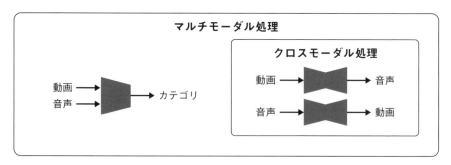

**図 4.4**　動画と音声を例としたマルチモーダル処理とクロスモーダル処理の例

では、言語と画像のほかには、どのようなクロスモーダル処理があるでしょうか？　視覚言語統合以外のクロスモーダル処理で、近年活発に研究されているのは動画と音声です。これらは多くの場合にセットで観測されており、その観測時刻も同期していることが期待されます。この時間の同期性によって、同一時刻のデータは同一の対象を観測しているという強い仮定が成り立ちます。この仮定を利用して、手動での正解データ作成なしに、大量データに基づいた相互変換や相互検索による学習を行えることから注目が高まっています。また、当然3つ以上のモダリティによる処理も考えられます。それだけではなく、それぞれのモダリティは、人間には観測不可能な不可視光や超音波センサなどの信号かもしれません。さらには、ロボットに取り付けられたセンサやロボットの制御用信号、あるいは制御プログラムなども、クロスモーダル処理の対象となりえるでしょう。

　常に精度面の問題はつきまとうものの、基本的には、入出力となるデータ形式に応じた定番のエンコーダとデコーダを組み合わせることで、このようなクロスモーダル処理が実現可能です。このため、誤解を恐れずに言えば、よい入出力モダリティの組み合わせと訓練データを見つけさえすれば、最低限の数学的知識のみでも、ブロック遊びのような感覚で新しい応用のプロトタイピングができるのは、クロスモーダル処理の1つの魅力かもしれません。視覚言語統合に代表されるクロスモーダル処理は、IoTやロボティクス、その他すべての電子情報を扱うモノづくりにおいて、今後重要な技術になると筆者は予測しています。

　本節では、このようなクロスモーダル処理として、以下の7つの代表的な課題を紹介します。

- **4.3.1 項 自然言語による画像検索、画像からの文書検索**
- **4.3.2 項 自然言語の記述に基づく動画の自動要約**
- **4.3.3 項 キャプション生成と視覚的叙述生成**
- **4.3.4 項 自然言語からの画像・動画生成と自動編集**
- **4.3.5 項 視覚的質問応答**
- **4.3.6 項 身体的質問応答**
- **4.3.7 項 視覚的照応解析**

## 4.3.1　自然言語による画像検索、画像からの文書検索

　異なる形式のデータを検索する問題は、深層学習以前からある典型的な視覚言語統合の問題の1つです。正解となる画像と文書のペアが与えられているのであれば、それらを符号化して得られる特徴は近く、無関係なものは遠くなるようにすることで、近い特徴をもつものを見つける形で検索を実行できるようになります（図4.3のエンコーダ①と③を利用）。なお、このように特定のペアに対して特徴が近くなるような特徴空間を得る方法として、**距離学習**（metric learning）や**ランキング学習**（learning to rank）があります。これらは、p.176のコラムでもう少し詳しく説明します。

　料理に関連するところでは、完成した料理の写真1枚から、その料理に対応するレシピを検索する技術が提案されています[102]。このような技術は、前章で紹介した栄養素推定への助けになるだけでなく、食事に健康上・宗教上の制限がある

場合の支援などになりえるかもしれません。たとえば、ピーナッツにアレルギーがある人は、ピーナッツオイルが使われた料理を避けないと呼吸に問題が生じるかもしれません。また、ムスリムは調理過程で酒が使われてる料理を食べることができないので、可能な範囲でそのような料理を避けるよう努力することが求められています。もちろん、サービスが求める検索精度は、誤りによって生じる問題の深刻度に応じて異なりますが、高い精度を実現するためには、検索対象となるレシピをうまく絞るなどの工夫が必要となるでしょう。たとえば、外食ならばGPS を使い、地図サービスで滞在先レストランを推定することで、特定のレストランのレシピのみを候補とする検索が実現できるかもしれません。

## Tech column ✕

### 距離学習とランキング学習

　機械学習において、目標となる数値を推定する場合のほかに、複数のデータ間の関係性を求めることが目的となる場合があります。たとえば、$x_1$、$x_2$、$x_3$ という 3 つのデータがあって、より $x_1$ に近いのは $x_2$ か $x_3$ か、といった距離に基づいた判定を行うような場合です。データを検索したり、データの同一性を判定する際にはこのような**距離学習**が必要とされます。このコラムでは、このような判定を行うための損失関数の中でも、代表的なものをいくつか紹介します。

　まず、**対照性損失**\*（contrastive loss）は、データの同一性を判定するために用いられます。学習を行うためにはすべてのデータについて、それらのデータが同一であるか、そうでないか、を知っている必要があります。学習時に、同一のデータ間では距離ができるだけ小さくなるように、逆に異なるデータ間では距離が一定以上離れるように学習を行います。なお、このとき、同一となるデータを正例、異なるデータを負例、一定の距離のことをマージンと呼びます。

　**三重項損失**\*（triplet loss）は、対照性損失の改良版です [103]。通常、同一のデータ対の数に対して、負例の数は膨大になります。このため、ある程度学習が進むと、負例をランダムに選ぶ対照性損失では、負例として決められたマージン以上離れたものしか選ばれなくなっていき、徐々に学習が進みにくくなっていきます。この問題に対して、三重項損失では、ある程度距離が近い、いわば間違いやすいデータ対を探索するという手間をかけます。

　データ間の距離を測る関数を $d$ として、具体的な実装は次のようになります。あ

るデータ $x_a$（アンカー）に対して同一の対象を観測した別データ $x_p$（正例）と別の対象を観測したデータ $x_n$（負例）からなる３つ組 $(x_a, x_p, x_n)$ を用いて、$d(x_a, x_p)$ よりも $d(x_a, x_n)$ のほうが一定のマージン以上大きくなるように学習します。このとき、とくに負例 $x_n$ として、アンカー $x_a$ とよく似たデータを積極的に探します。これにより対照性損失のもつ、徐々に学習が進まなくなる問題を積極的に回避することができますが、あまりにも似すぎた負例ばかりを利用すると、今度は逆に学習が進まなくなってしまいます。このため、負例の多様性を確保するためにランダムに選ばれた少数のサンプル集合（バッチ）のなかで最も紛らわしいものを選ぶ、などの工夫が必要となります。なお、この工夫に関してはさまざまな方法が提案されています。利用にあたっては、学習のしやすさや選出にかかる計算時間の問題などを考慮して適切な実装を選ぶ必要があります。なお、三重項損失の利用には正例・負例の区別をするためのラベルが必要となります。このようなラベル情報が利用できない場合は対照性損失が利用されます。

　最後に、情報検索で研究されてきた**ランキング損失**（ranking loss）ついて紹介します。ランキング損失は、その名のとおり、入力されたクエリに対して、複数のデータ $(x_1, \ldots x_K)$ との一致度の順位、すなわちランクを出力する関数を学習するための損失関数全般を指す言葉です。また、このようなランク付けを行う学習のことは**ランキング学習**（learning to rank）などと呼ばれます。

　ランキングを出す方法として、point-wise、pair-wise、list-wise と呼ばれる分類がなされています [104]。このうち、point-wise なランキング損失とは、１つのクエリ $q$ に対して単一のデータ $x$ のみを計算に用いる損失関数のグループを指します。実は、すでに紹介した対照性損失はランキングという問題における point-wise なランキング損失の特殊な事例として考えることができます。つまり、同一性判定を「あるデータ（クエリ）と同一であるものはランク１、それ以外はランク２」と考えた場合、ランク１に属するデータは距離がマージンより小さく、ランク２に属するデータは距離がマージンよりも大きくなるように学習をしている、と考えることができます。

　一方、pair-wise なランキング損失はランクを付けたい２つのデータのうち、順位の高いものが正しくクエリに近いと判定されているかどうかに従って学習を行う損失関数のグループです。三重項損失は pair-wise なランキング損失の特殊な場合となるでしょう。すなわち、アンカー $x^a$ をクエリだと考えたとき、正例 $x^p$ のほうが負例 $x^n$ よりもクエリに近くなるような学習が行われています。このランクの高さに応じて正例と負例を定義すれば、三重項損失はランキング損失となります。

　最後に、list-wise なランキング損失は、あるクエリに対して、3 つ以上のデータの順位リストをもとにランキングのための学習を行う損失関数のグループです。同一性判定の問題に置いては、ランクが 1 （同一である）か 2 （同一ではない）の 2 通りしかないため、list-wise なランキング損失に該当する損失関数は同一性判定には存在しないないと考えてよいでしょう。言い換えると、list-wise なランキング損失こそ、ランキング学習に特有な問題設定を生かした手法と言えるのかもしれません。なお、ランキング学習においては、一般的に list-wise なランキング損失のほうがpoint-wise、あるいは pair-wise な手法よりも精度がよいと言われています [104]。

　距離学習とランキング学習は歴史的には異なる研究コミュニティによって研究・提案されてきたために、あまり比較されながら整理されることはありませんが、密接な関係があります。いずれもデータ間の距離関係を学習しますが、とくに list-wiseなランキング学習はクエリを中心とした 3 つ以上の点までの距離の順序関係がラベルとして与えられているという点で、訓練時に利用可能な情報がより多い特殊な距離学習であるとみなすこともできるでしょう。

## 4.3.2　自然言語の記述に基づく動画の自動要約

　動画中の各シーンについて記述した、テキストが与えられている場合を考えてみましょう。テキスト中の各文に対応するシーンを動画から抜き出してくることができれば、テキストに応じた動画の**自動要約**（automatic summarization）が実現できます（エンコーダ①と③を利用）。食に関するところでは、「未編集の調理動画からレシピに従って重要シーンを抜き出す」という自動要約の先駆的研究が、3.4.5 で紹介した名古屋大学の研究グループによって、深層学習の登場以前から行われています [105, 106]。また、このようなテキストに紐付いた自動要約では、各シーンと対応づいたテキストを字幕として付与することで、レシピ動画が生成可能です。

　上記の研究が発表された当時は、まだ深層学習が提案されていなかったため、レシピテキストと動画の共通表現は「行為」、あるいは「{ 行為、対象 } の対」が用いられています。動画からは動作検出で、テキストからは形態素解析によって、それぞれで { 行為、対象 } の組を推定し、これらの組み合わせが一致するシーンを選出するなどの処理を基本としています。処理の途中でこのような「複数のなかから 1 つだけを選ぶ」といった離散的な表現への変換が挟まる場合、単純には微

分することができなくなってしまいます。このため、微分によって学習を行う深層学習では、途中にこのような離散表現が挟まるのを避けることが望ましいと言えます。これを実現するのが、共有潜在空間です。離散表現の代わりに、同じカテゴリに属すべきデータ間での距離が近くなるように学習を行うことで、「カテゴリを特定するのに十分な情報を含んだ共通の特徴量」という連続的な表現を利用することができます[*4]。

### 4.3.3　キャプション生成と視覚的叙述生成

　画像などを入力として、その内容を説明する文章を生成する課題を、**キャプション生成**（caption generation）、あるいはキャプショニングと呼びます。また、入力が画像であるか動画であるかを明示する場合は**画像キャプション生成**（image captioning）、**動画キャプション生成**（video captioning）と呼びます（図4.3のエンコーダ③とデコーダ②を利用）。また、連続する動画の代わりに、時間的には離れた重要なシーンからなる画像列を入力として、各画像ごとに文脈を考慮したキャプションを生成する課題は、とくに**視覚的叙述生成**（visual storytelling）[107] と呼ばれます。2019 年度には、レシピに添えられたステップごとの写真を入力とし、対応する手順を正解とする形で視覚的叙述生成を行う研究が、複数のグループから発表されています [44, 108]。

　自然言語処理の観点からみると、これらの課題は、「視覚情報から特定の言語への機械翻訳になっている」と言えます。ただし、画像中のなにに言及するべきかが曖昧である、言い換えれば、画像中のすべての情報を余すところなく言語化するわけではない、という点では、複数言語間での機械翻訳と相違があります。

　一方、画像処理の観点からみると、これは動作認識の 1 つの発展とみなすこともできます。このことを考えるために、動作というものを人工言語、すなわちプログラムに例えながら考えてみましょう。深層学習以前の動作認識で有名な KTH データセット [109] では、認識対象は「歩く」「走る」「手を振る」といった「動作者の行為」のみでした。歩く、走る、といった動作は、それ自身では位置や速度といった動作者の状態以外には影響を与えません。筆者はこれを自己完結型の行

---

[*4]　必ずしも、離散表現を微分可能な形式にもっていけないわけではありません。ロジスティック回帰をしたあとに値が最大となるものを 1、それ以外を 0 とする操作は**ガンベルソフトマックス再標本化**（Gumbel softmax resampling）[110] によって、微分可能な形でよい解を探索することができます。

為と呼んでいます。これは、引数も返り値もない関数として表現することができます。下記は「歩く」「走る」を Python 風の関数 walk と run として表現したものです。

```python
class Person:
    ...
    def walk(self):
        ...
        return

    def run(self):
        ...
        return
```

　これらの関数では、Person クラスの内部状態（たとえば、位置や速度）を変更することはあっても、外部の環境になにか変化を与えることはありません。物体認識と同じで、観測された動き方そのものの類似性に基づいて、認識することが可能な対象となっています。

　これに対して、3.4.1 項では、認識対象を「動作」と「動作の対象物体」の対で定義することが多いと紹介しました。この場合、関数は「対象」という引数をとり、かつ、関数を実行した結果は、「対象」になんらかの変化が加わったものとなります。

```python
class Person:
    ...
    def cut(self, food):
        ...
        return cut_food

    def stir_fry(self, food):
        ...
        return stir_fried_food
```

　これらを組み合わせると「玉ねぎを切って炒める」という作業は、以下のように記述できそうです。

```
chef = Person()
if __name__ == '__main__':
  step1 = chef.cut('onion')
  dish = chef.stir_fry(step1)
  print(dish)
```

　このとき動作の同一性は、人の体の動きよりも、むしろ「その動きによってなにが変わったか」という結果がもつ意味との結びつきが強くなります。玉ねぎのみじん切りを考えてみてください。手慣れた人とそうでない人の動きは大きく異なりそうですよね？　こうなってくると、物体認識のように、表層的な信号の類似性だけで動作の同一性を判断するのが難しいことがわかってきます。しかし、動作の結果として起きる変化は類似しています。動作の同一性は、表層的な動きの類似性よりも、「その結果なにが起きるか」によって規定されているのです。

　とはいえ、上記の「玉ねぎを切って炒める」という記述だけでは、一体どんな料理ができるのか、まだまだ曖昧ですよね。動作の記述粒度が不十分であるので、さらに細かい動作の表現を考えてみましょう。切り方はどうか、切ったあとのサイズはどうか、焼くときに油は敷いたほうがよいのか、塩コショウは？　これらを踏まえると、上述のcut()関数とstir_fry()関数は、少し物足りません。そこで、さらに引数を追加してみましょう。

```
class Person:
  ...
  def cut(self, food, shape='slice', size_in_mm=10):
    ...
    return cut_food

  def stir_fry(self, food, seasonings=['pepper'], with_oil=True):
    ...
    return stir_fried_food

chef = Person()
if __name__ == '__main__':
  step1 = chef.cut('onion', size_in_mm=2)
  dish = chef.stir_fry(step1, with_oil=False)
  print(dish)
```

このように、より詳細に、調理者の作業を指示することが可能になりました。

プログラムの関数と対比させながら突き詰めて考えていくと、動作認識とは、「関数名のみならず、動作の結果を制御するさまざまな引数を特定する処理である」ことが見えてきます。また、レシピは、このように「関数によって規定される、動作指示のプログラムのようなものである」ことも見えてきます。実際、これは 2.5.2 項で紹介したレシピを記述するための人工言語 MILK にそっくりです。

しかし、人間同士でレシピによる指示を伝達する場合、書き手と読み手の間で事前に関数 cut や stir_fry の定義を合わせておくような、事前の取り決めは行われていません。そこで使われるのが自然言語です。画像キャプショニングや動画キャプショニングは、関数定義に相当する事前の取り決めをせずに、しかし同等の情報を動画から抜き出す、という意味で「行為と対象の組を認識する動作認識の自然な拡張になっている」と捉えることもできます。また、レシピをプログラムのソースコード、調理者を処理の実行系と捉えれば、動画キャプショニングによってレシピを生成する問題は、いわゆる逆アセンブル[5]に相当する処理になっている、と捉えることもできます。

---

### ☕ Coffee break

**言語指示と常識とライブラリとロボットの外見**

　自分の代わりに面倒な作業をやってくれるロボットがあったらいいな、と思うことがあるかもしれませんね。実際にこのようなことを実現する際には、さまざまなハードルがあります。図 4.5 は、YouTube で公開されている「Exact Instruction Challenge」と名付けられた動画です。子どもたちが一生懸命、料理を作る手順を言葉で書き下すのですが、お父さんが指示どおり（？）に作業をしてもなかなか思った料理が完成せず……という内容です。このコラムで説明したいことは、この動画を見るとすべて理解できるでしょう。手元にスマートフォンがある方は、ぜひ図の横の QR コードや脚注[6]からリンクを辿って動画を見てみてください。

　私たちは普段、何気なく言語による指示を出します。そのとき、私たちは、言わなくてもわかる事柄を「常識」として省略しがちです。たとえば、チャーハンを作っているときに、ロボットに「玉ねぎを切っておいて」とお願いします。私たちがロ

---

[5]　プログラムの実行ファイルからソースコードを復元する処理のこと。

[6]　https://www.youtube.com/watch?v=cDA3_5982h8

**図 4.5** 子どもが書いた指示どおりに「ピーナッツバター&ジャムサンドイッチ」を作る父親の動画（Josh Darnit 氏の YouTube チャンネルより引用）

ボットに期待するのは、チャーハンを作っていることは知っているのだから、それに合わせて「いい感じに」玉ねぎを切っておく、という作業です。もっとはっきり言えば、みじん切りにしておいてほしいと思っています。このような思いをもって「玉ねぎを切っておいて」と指示をしていることを、ロボットはどのようにして知ることができるでしょうか？

　実際、ロボットには次のような行動が期待されています（大変にややこしい、ということを言いたいだけなので、読むのが面倒なら次の段落までスキップしてください）。玉ねぎを切るためには、玉ねぎがどこにあるのかを知っていて、そこへアクセスする方法（冷蔵庫のドアを開けるなど）を知っていて、玉ねぎの皮の剥き方を知っていて、包丁がどこにあるかを知っていて、包丁が汚れているなら洗う必要があるかもしれないと判断し、鈍っているのであれば研ぐことすら考慮に入れる必要があるかもしれません。また、玉ねぎを無事にみじん切りにできたとしても、剥いた皮を捨て（どこに捨てるか、ゴミ箱が満杯だったら、といったことを考える必要もあります）、みじん切りにした玉ねぎをまな板から移動し、次の作業に応じて、包丁を片付けたり、あるいはすぐに手にとれるところにおいておき、玉ねぎに余った部分があればラップをかけて冷蔵庫へ戻す必要があるでしょう。

　私たちは贅沢にも、「玉ねぎを切っておいて」という指示に対して、これだけのことを期待します。このような言語表現と、それに応じて行われる実際の行動の関係を取得することは、私たちの期待どおりに動く賢いロボットの実現にとって非常に重要です。視覚言語統合技術は、最終的には、このような常識を獲得するために不可欠な技術となっていくことでしょう。

　なお、少し視点を変えて、ロボットのデザインと言語による指示の関係についても考えてみましょう。言語は実世界で行われる作業の複雑さに対して、非常に簡潔です。私たちは、人になにかをお願いするとき、その人のなかに非常に優秀なライ

ブラリや関数群が存在することを期待しがちです。その人がこれまでの観測を通じて現在の文脈を自分と同じか、それ以上に細かくクラスの内部変数として記録できており、言語による簡単な関数呼び出しだけで作業を完璧にこなすことができると信じています。仮に、言語により期待どおりに動く万能なロボットを用意しようとするならば、このような期待に応えるライブラリを実現しなければなりません。

　残念ながら現在の技術では、愚直にすべての文脈を完璧に内部変数で表現し、すべての指示に対して適切な関数呼び出しを行うシステムを構築するのは、現実的とは言えません。このため、期待値のほうを下げる必要があるでしょう。作業できることを非常にかぎられた文脈に絞り、私はこれしかできません、という見た目にするのは1つの方法です。重要なのは、人がロボットを見たときの期待値と、実際にできることを一致させることなのです。できることの幅ではなく、質（作業の完璧さ）についても、見た目を子どもにするなどの工夫により、下げられることが知られています。言語のような自然なユーザインターフェイスを採用することは、ユーザに説明書を読むことを期待しないことと同義です。説明書なしにロボットとの対話を始めるユーザに、このロボットはなにができそうかを伝えるうえで、外見のデザインは非常に重要です。

　キャプショニングとやや類似の課題として、画像に加えて他言語のテキストを入力として文を生成する画像あり機械翻訳という課題も存在します。この課題では、画像に期待される役割は補助的なものでしかありません。基本的には、入力されたテキストの情報を別言語で正確に再現することが求められているという点で、課題の難しさや画像の果たす役割は、画像キャプショニングと異なります。とくに調理においては、文化が違えば、食材や調味料、調理器具、調理方法のなかに、まったく見知らぬものが現れることが珍しくありません。このため、もし視覚情報を共有したとしても、それぞれの言語を母語とする話者間で（171ページのコラムで述べたような）共通の理解を構築することはそもそも難しいことが多く、画像が補助的な役割すら果たせない場合もありえます。このように、共通の経験がない事象を対象とした翻訳は、非常に難しい課題を内包しています。また、そもそも翻訳という作業が、単に言語の表層のみを扱えばよいわけではない、ということが如実に現れるという意味で、料理レシピ翻訳は学術的にも非常に挑戦的な課題と言えるでしょう。

### 4.3.4 自然言語からの画像・動画生成と自動編集

キャプション生成とちょうど逆問題となる課題が、自然言語から画像や動画を生成する課題です（図4.3のエンコーダ①とデコーダ④を利用）。一般的に、自然言語は、画像中の特徴的ないくつかの要素を説明するものの、注目対象ではないもの（背景）についてを逐一指示するとはかぎりません。したがって、自然言語からの画像・動画生成課題は、基本的にはGAN（**敵対的生成ネットワーク**）のような乱数により画像・動画を生成する課題に対して、自然言語による条件付けを行う**条件付き画像生成**（conditional image generation）の特殊な場合と位置づけることができます。

ほかにも自然言語と画像の両方を入力とし、画像の自動編集を行うような課題も考えられます（エンコーダ①と③、デコーダ④を利用）。たとえば、写真に写っている料理の種類を変更する、食材を変更する、などの課題が考えられるでしょう。これは、同じくGANを利用した**画風変換**（style transfer）の条件を、自然言語処理によって与えるという課題となります。また、画像に対してテキストによる指示によって、画風変換よりもさらに大きな編集を施そうという試みが**対話的画像編集**\*（interactive image editing）です。この課題は、たとえば「お皿の右上に付け合わせのサラダを追加する」といったテキストの指示により、画像中のなにもない部分に「サラダ」を追加するような編集を実現するものです。現状では、この課題を解くようなモデルを学習するためには「指示テキスト」と「編集前後の画像」からなる大規模なデータセットが必要となるため、さまざまなシーンで応用できるような状況には至っていません。しかし、このような課題を解くことができれば、単に画像を編集するだけではなく、将来的にはロボットによって編集後の画像と同じ状態を実世界で実現するための動作を生成することも可能なのではないかと期待しています。

### 4.3.5 視覚的質問応答

TOEICのテストなどで、イラストを参照しながら音声で質問を聞き、正しい回答を選ぶ問題を解いたことがある読者も多いのではないでしょうか？　**視覚的質問応答**（visual question answering: VQA）は、まさにそのような問題を解く課題です。たとえば、入力として文脈情報（視覚情報など）と質問文（例：「玉ねぎは

何個ありますか？」）の組が与えられます（図 4.3 内のエンコーダ①と③の出力を
なんらかの方法で統合するモデルが使われます）。回答方法はさまざまですが、コ
ンペティションなどが行われる場合は、評価をしやすい出力として「選択肢のな
かから正解を選ぶ（エンコーダ①で特徴に変換したあと、最も近いものを選択)」
といった方法がとられます。

　実用上は、回答文を生成する（デコーダ②を利用する）ことを考えてもよいで
しょう。また、そのような回答文生成課題としてみれば、視覚的質問応答は、画
像キャプショニングにおける「なにに注目して文を生成すべきか」という未確定
要素を「自然言語による質問文」によって決定する、という条件付き画像キャプ
ショニングのような課題として理解することもできるでしょう。

　この課題に関連して、調理を対象とした RecipeQA[111] というデータセットが
知られています。このデータセットでは、画像付きのレシピが与えられたうえで、
質問文が与えられ、それに対して正しい回答を行う Textual Cloze という課題が提
案されています（図 4.6)。RecipeQA では、このほかにも以下の 3 つの課題が提案
されています。

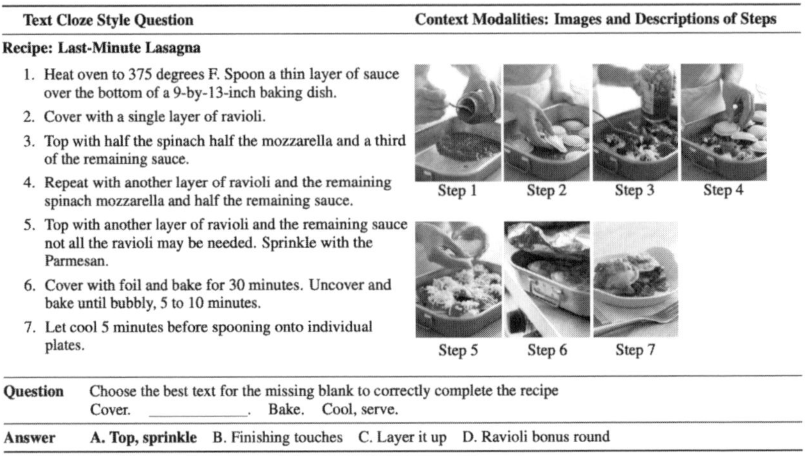

| Text Cloze Style Question | Context Modalities: Images and Descriptions of Steps |
| --- | --- |

**Recipe: Last-Minute Lasagna**

1. Heat oven to 375 degrees F. Spoon a thin layer of sauce over the bottom of a 9-by-13-inch baking dish.
2. Cover with a single layer of ravioli.
3. Top with half the spinach half the mozzarella and a third of the remaining sauce.
4. Repeat with another layer of ravioli and the remaining spinach mozzarella and half the remaining sauce.
5. Top with another layer of ravioli and the remaining sauce not all the ravioli may be needed. Sprinkle with the Parmesan.
6. Cover with foil and bake for 30 minutes. Uncover and bake until bubbly, 5 to 10 minutes.
7. Let cool 5 minutes before spooning onto individual plates.

Step 1　Step 2　Step 3　Step 4

Step 5　Step 6　Step 7

| Question | Choose the best text for the missing blank to correctly complete the recipe<br>Cover. ＿＿＿＿＿. Bake. Cool, serve. |
| --- | --- |
| Answer | **A. Top, sprinkle**　B. Finishing touches　C. Layer it up　D. Ravioli bonus round |

図 4.6　RecipeQA の課題例（[111] より引用）

**Visual Cloze**　与えられた画像付きレシピのうち、画像が 1 枚だけ隠されており、
　　　　選択肢のなかから、隠された画像がどれかを選ぶ課題。
**Visual Coherence**　与えられたレシピの画像のうち、1 つだけが無関係なものと

差し替えられており、どの画像が無関係であるかを選ぶ課題。

**Visual Ordering**　レシピテキストと、順番がシャッフルされた画像列が与えられ、画像列を正しい順序に戻す課題。

これらの課題を解くモデルを学習するための、データセットの統計的な情報は、4.4 節で紹介します。

---

### Tech column 🔧

#### 自己教示学習

ところで、RecipeQA の 4 つの課題は、画像付きのレシピデータさえあれば、いずれも機械的に正解データ付きの問題を生成することが可能です。このように整ったデータをわざと乱し、それをもとに戻すような学習を利用した**自己教示学習**（self-supervised learning）が、近年、注目を集めています。

自己教示学習は、深層学習モデルがもつ正解データ作成のコストの高さという問題の解決策の 1 つとして注目を集めている課題で、131 ページのコラムで紹介した**事前学習**（pre-training）を、人間による手作業のラベル付与をせずに行う手法全般を指します。基本的には、学習後に**追加学習**としてラベルありの訓練データを行うことを前提としており、非常に大規模なラベルなしデータと、ある程度のサイズのラベルあり訓練データがある場合に、非常に有効な方法として活発に研究が進められています。実は、深層学習以前からも、self-taught learning という同様の研究課題が提案されており [112]、こちらにも自己教示学習という訳語が当てられています [113]。

self-taught learning は事前学習データと追加学習データとの間に**ドメインギャップ**があることをより強く意識しているという点で、深層学習における自己教示学習よりもやや複雑な状況を想定しています。これに対して、本コラムで紹介する深層学習における自己教示学習では、2 つのデータ間のドメインギャップについては明示的に議論されていませんが、その課題設定には共通点も非常に多く存在しています。このため、筆者はこれら 2 つが本質的には同一の課題であると考えて、同じ自己教示学習という訳語を採用します[*7]。

では、深層学習における自己教示学習にはどのようなものがあるでしょうか？たとえば、画像認識においては、**ジグソー**（zigsaw）という手法 [114] は単純なが

---

[*7]　なお、深層学習における self-supervised learning の訳語としては、ほかに「自己教師付き学習」なども存在します。

ら効果的であるとして知られています。この手法は、画像を3×3のブロックに分割し、これをシャッフルしたものを入力として、正しい並び順を答えられるように深層学習モデルを事前学習します（図4.7）。当然、シャッフル前の状態を知っているので、それを正解にすることで、いわばマッチポンプ的に課題と正解を作成しています。根底には、「人間は、部品の組み合わせや位置関係によって物体を認識しているはずである」という仮定があります。たとえば、顔であれば「目」「耳」「鼻」、車であれば「タイヤ」「ボディ」といった形です。正しくジグソーをもとの順番に戻すことができるとき、このような部品の特定と、それらがあるべき位置関係の両方が学習されているはずであるというのが、この手法のアイデアです。このほか、画像を90度単位で回転させて正しい向きを当てるタスクや、画像の一部をマスクして見えなくして復元する方法、あるいは、白黒写真にしたものを入力として正しい彩色を行えるように学習する方法などがあります。

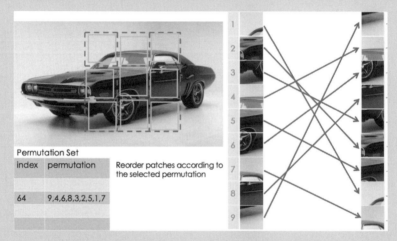

**Permutation Set**

| index | permutation | Reorder patches according to the selected permutation |
|---|---|---|
| 64 | 9,4,6,8,3,2,5,1,7 | |

**図 4.7** Zigsaw が作成する自己教示課題（[114] より引用）

また、動作認識についても、動画のフレーム順序を入れ替えて正しい順序を答えさせる手法 [115] や、入力された短い動画クリップの前後を予測する手法 [116] が提案されています。とくに後者の「前後の動きを予測する」という発想は、自然言語処理分野における skip-thought[117] と類似しています。また、近年の自然言語処理において最も高性能なモデルとして知られる BERT[5] の学習においても、次の文を予測できるように訓練することで、精度向上を行う工夫が利用されています。また、2.3.6項で紹介した word2vec[4] も、自然言語処理における自己教示学習の

一種とみなせるかもしれません。

　自然言語処理では、入力として与えられた記号列を深層学習モデルで処理するに当たって、まず最初に word2vec のような方法によってベクトル表現に変換するという需要がありました。このため、画像処理分野よりも早い段階から、実質的に自己教示学習とみなせるような手法群が研究されてきました。これに対して画像処理分野では、深層学習の登場によって事前学習と追加学習という二段構えが一般化した、2015 年以降に研究が活発化してきました。

　このように、自己教示学習に関しては、さまざまなモダリティにおいて発見的（ヒューリスティック）な手法が別々に乱立しているというのが実情です。これに対して、最近ではより理論的なアプローチをしようという動きも見られるようになっています。たとえば、Deep InfoMax[118] は、符号化後の特徴と符号化前の観測値との間の相互情報量を最大化するように学習を行うという、情報理論的な観点に立った手法です。モダリティやデータセットの性質によらない手法が成熟すれば、より安心して利用可能な定番の手法が根付く日も近いかもしれません。

　なお、実はクロスモーダル処理においても、自己教示学習は非常に重要なアイデアです。たとえば、動画は音声と画像が時間同期して観測されています。普通は同じ時刻の観測であれば、音声であるか画像であるかに関わらず、同じ事象を観測していると考えられます。したがって、一般的に時間同期されたクロスモーダルなデータに対しては、同一性のラベルに相当する情報が常に与えられている状態となります。つまり、モダリティごとに特徴量に変換するエンコーダを用意し、得られる特徴量に対して**対照性損失**や**三重項損失**などによる距離学習をすることで、異なるモダリティでの観測をある種の正解データとして用いた自己教示学習をすることが可能です。たとえば、画像の最難関国際会議である CVPR のなかでも、2019 年から Learning from Unlabeled Videos（LUV）というワークショップが開かれるようになり、多くの著名な研究者らが登壇するなど、活発に議論が交わされています。各年のワークショップの Web サイト[*8]の開催プログラムを覗けば、このような研究の具体例を多く見つけることができるでしょう。

　実際、人間も時間同期性に対しては非常に敏感であることが知られており、認知心理学の分野でも、音や光といった異なる感覚器への刺激が同一のイベントと感じられるか、異なるイベント感じられるかを分ける時間のズレ幅などの研究がなされています。また、たとえば、大きな画面に Youtube の焚き火動画を流しながら、画

---

[*8] https://sites.google.com/view/luv2019、https://sites.google.com/view/luv2020

面に向かって手をかざしてみて下さい。かざした手のひらが暖かくなったように感じませんか？（焚き火動画のなかでも、とくにカメラと炎の距離が近く感じられるものを選んでみてください。）個人の過去の経験などに大きく左右されるため、上記の例で明確に熱を感じるかどうかの個人差は大きいです。キャンプなどで焚き火にあたった経験が多い人のほうが、手のひらを暖かく感じやすいでしょう。鯛を買うお金がないので絵に書いた鯛を見ながらご飯を食べるのも、これに通じるものがあります。鯛を食べたことのない人には、その絵はなんの効果も及ばさないですが、鯛の味をよく知っていれば、その味が想起される、というわけです。一般的に人間は、ある感覚器への刺激を認知する際に、ほかの感覚器で同時に起こるであろう刺激も、脳内で再現してしまうと考えられています。このことは、機械学習が人間と同じように世界を認識するうえで、さまざまなモダリティを統合した豊かな表現を獲得する必要があることを示唆しているのではないでしょうか？

なお、視覚的質問応答の逆問題として、**視覚的質問生成**（visual question generation: VQG）という課題も存在します。画像を入力として質問文を生成するという点では、画像キャプショニングと同一の課題です。しかし、画像中の注目領域を特定しながら、画像からそのような回答内容が引き出せるような条件をテキストとして生成することを目指しているため、回答内容や目的に違いがあります。すなわち、生成されるテキストがより目的志向な内容となること、また、画像中の注目領域の特定方法や注目領域の違いによる生成テキストの多様性の向上といった目標がある点で、画像キャプショニングの発展型と言えるでしょう。

## 4.3.6 身体的質問応答

また、視覚的質問応答の別の発展として、2018年に発表された**身体的質問応答**（embodied question answering: EQA）[119] も、近年急速に注目が集まっている課題の1つです。図4.8は、この課題を説明するイラストです。ロボットが言語による質問を受け取ったあと、「前へ進む」「左へ曲がる」などの（あらかじめ決められた）行動カテゴリを選択し、質問の回答を見つける課題です。質問に応えるために行動（図の例では移動）を繰り返し、そのたびに変わる状況（図の例では視覚情報）から、効率的に回答を特定することが求められます。

身体的質問応答における視覚的質問応答の本質的な相違は、回答に至るまでに、行動カテゴリの系列を生成する必要がある点にあります。本書でこれまでに紹介し

**図 4.8** 身体的質問応答（[119] より引用）

てきた機械学習の問題と異なり、この問題では、行動カテゴリの選択後すぐに「それがよい選択であったか、間違えた選択であったか」の損失を得ることができません。課題の成否に基づいた損失が得られるのは、行動を繰り返し、目的の状況に到達できたあととなります。このように、行動選択を繰り返したあとに課題の成否が判明するという条件で、よい行動選択の戦略を得る課題は**強化学習**（reinforcement learning）と呼ばれます。

　強化学習は、古い歴史のある機械学習の課題です。囲碁を打つ AI である AlphaGo をご存知でしょうか？　AlphaGo は、囲碁を題材とした強化学習のデモンストレーションです。その産業応用としては、機械学習に基づいて、ロボットによい行動戦略を獲得させるための技術としての側面があります。身体的質問応答は、まさにこのような応用を意識し、ロボットの行動戦略を言語情報により制御するための簡易的課題として設定されています。データセットはシミュレーションにより作成されており、行動も「隣の部屋に移動する」などの単純なものです。しかしこの技術が、たとえば対話的画像編集と組み合わされ、指示によって生成された画像と同じ状況を作り出すための行動系列を生成するようになればどうでしょうか？　「その玉ねぎをみじん切りにしておいて」という簡単な言語指示だけで、包丁を見つけたり玉ねぎを冷蔵庫から出したりといったことを逐一事前にプログラムせずとも、今の状況に合わせた常識的な行動をするロボットが実現できるかもしれません！

## 4.3.7 視覚的照応解析

　4.3.2項で紹介した動画の自動要約のような問題を解決するには、文章中の名詞句と、動画中の物体領域の同一性を、正しく判定するための情報が与えられていることが前提となっています。しかし、実際には、そのような対応関係をあらゆる名詞句や物体に対して手作業で与えることは、非常にコストがかかります。このため、教師なしで同一性判定を行う手法が重要となります。

　文章中の名詞句と画像中の領域との同一性を判定する課題は**視覚的照応解析**（visual reference resolution）[*9]（または**視覚的接地**（visual grounding））と呼ばれます。図4.9は4.4節でも紹介するr-FG-BBデータセットで提供されている視覚的照応解析の例です。テキスト中の食材や調理器具が、画像中の対応する物体領域と結び付けられています。視覚的照応解析は、このように言語表現が視覚情報のどれに対応するのか、その同一性を推定する課題です。図の例はかなり単純な例で、同一性を推定するために、名詞の前後の文脈を考慮する必要がそれほどありません。しかし、一般的には「右の卵」「左の卵」といった風に、文脈を考慮した対応付けが主要な課題となります。

　調理における視覚的照応解析の難しさは、104ページのコラムで、作用因による同一性の定義として紹介したように、過去に施された加工の種類に応じた区別が重要となる点にあります。図4.9の「Ac（調理者動作）」列の下段の例を見てみましょう。"Cut" という動詞が、画像中の切られたほうれん草と同一であるとされています。これは、"Cut" から始まる文によって指示された作業の結果が「切られたほうれん草」に対応することを示す正解データとなっています。r-FG-BBデータセットでは、このようなテキスト—画像間の対応付けを行うことで、作用因に基づく同一性に従った正解データの記述を行っています。

　このように、作業指示（を代表する動詞）と視覚特徴を対応付ける方法は、とくに混ぜられたものの同一性を記述する際に有用です。そもそも混ぜられた食材は名前が付けられておらず、文中に名詞句として明示的に記載されることは稀で

---

[*9]　基本的には、reference resolution と anaphora resolution は、同じ意味で用いられる用語です。しかし、自然言語処理に出てくる照応解析は英語で anaphora resolution と呼ばれることが多いのに対して、視覚言語統合の文脈では reference resolution と呼ばれることが多いため、ここでは同じ「照応解析」という日本語に対して、reference resolution という英語を対応させています。

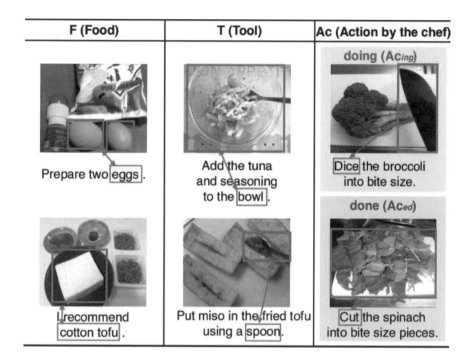

Figure 2: Annotation examples.

**図 4.9** 視覚的照応解析の正解データの例。（文脈を考慮しながら）文中の語が指す画像中の領域への照応関係を解析する（[120] より引用）。

す。対応する名詞が文中に現れない場合、そもそも視覚情報となにを接地させたらよいのかという問題の 1 つの解決策になっているのです。

　動詞を「対応する動作の結果として現れる物体」として扱うという考え方は、2.6.2 項で紹介したアクショングラフや、4.3.3 項で紹介した関数の出力を中間食材とする考え方と同じです。実際にこのような考え方に基づいて、調理動画とレシピを対象とし、視覚的照応解析とアクショングラフの推定を教師なしで同時に解こうとした研究があります [121]。この手法では、「すべての視覚的照応関係が正しく推定されること」と「アクショングラフが正しく推定されること」が鶏と卵の関係にあることを利用し、両方の推定課題をうまく説明できるような照応関係を探索しています。これは、図 4.3 でいえば、①と③から⑥によって文脈情報を

推定しつつ、個別の名詞句や物体領域について、共通の特徴表現を求めることに相当します。ただし、教師なしでこの問題を解くのはやはり非常に難しいようで、論文内で報告されている精度はそれほど高くありません。

また、調理ではありませんが、生化学実験を対象として、視覚的照応解析を行う手法も提案されています [122]。この手法では「すべての名詞句と物体の照応関係を正しく推定できること」と、「指示文と動画中の各シーンを正しく対応付けられること」が、鶏と卵の関係にあることを利用した最適化手法によって、視覚的照応解析を実現しています。

実は、[121] も、それ以前に提案された [122] も、基本的な発想は共通しています。それは、系列全体を通した最適性と、個別の対応付けに関する最適性を同時に満たす解を求める、というものです。また、いずれの手法も、そのような解を満たすために**EM アルゴリズム**（EM algorithm）という古典的なアルゴリズムを利用しています。EM アルゴリズムの詳細は他の専門書に譲りますが、照応関係を潜在変数とし、アクショングラフのような文脈の推定尤度を最大化するという枠組みは、文脈情報をモデル化しやすい調理や生化学実験といった作業ならではの、視覚的照応解析に対するアプローチといえるでしょう。

なお、視覚的照応解析と共参照解析を同時に解く**視覚的共参照解析**（visual coreference resolution）という課題も提案されています [123]（図 4.10）。

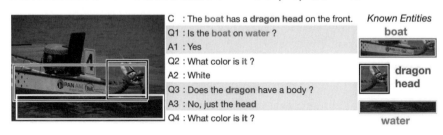

**図** 4.10　視覚的共参照解析（[123] より引用）

# 🧠 4.4　どんなデータセットがある？

視覚言語統合において、料理は中心的な課題の 1 つとなりつつあり、多くのデータセットが公開されています。なぜ料理が取り上げられているのでしょう？　考えられる理由はいくつかあります。

　第一に、料理には常に対応するレシピが（それがアクセス可能な情報かどうかは別として）存在しています。第二に、これらの情報は Web 上で大量に公開されています。そして第三に、作業の自由度という観点からみた場合、調理は非常によい題材です。調理作業は、ワークフローによって表現されます。ワークフローが一本道であれば、作業手順が完全に一意に定められており、自由度が低い作業となります。反対に公園デビューしたばかりの小さな子どもの砂遊びはほとんどランダムです。これに対して、レシピには子どもでも作れるごく簡単なものから、プロにしか作れないような高度なものまで、さまざまなものがあります。それらが一本道の手順と完全にランダムな手順の中間的な自由度を、連続的に埋めているのです。

　これに対して、生化学実験などは再現性の観点から、常に手順が厳密な一本道のプロトコルによって定められています。レシピと違い、生化学実験では、たとえば手順と動画の対応付け問題は（作業者が手順を間違える場合を考慮しなければ）常に**時系列整合**に帰着されます。この点で、調理は、生化学実験よりも自由度の高い作業であると言えます。

　もちろん「レシピ」は調理にかぎりません。もう少し広く、手順書という意味でみれば、DIY から工場の組立作業まで、幅広い How To を伝えるコンテンツは「レシピ」と言えるでしょう。実際、近年では料理以外の作業動画および手順書のデータセットも登場しはじめています。表 4.1 に、視覚言語統合に使えるさまざまなデータセットをまとめてみました。このなかで、CrossTask と HowTo100M データセットは、料理以外にも DIY などさまざまな作業を含むデータセットです。

　視覚言語統合に関連した既存のデータセットは、「完成写真とレシピ」「動画とレシピ」「手順画像列とレシピ」の 3 種類に大別されます。この節では、これらについて、どのようなデータセットが利用可能かを順番に紹介していきます。

## 4.4.1　「完成写真とレシピ」のデータセット

　UPMC Food-101 は、101 種類の料理の写真とレシピからなるデータセットです。この 101 種は、3.6 節で紹介した、ETH-Food101 データセットと共通しています。したがって、UPMC Food-101 で提供される画像だけでなく、ETH-Food101 の画像も併せて利用することが可能となっています。なお、ETH-Food101 が **foodspotting.com** という画像投稿サイトからデータを収集したのに対して、UPMC Food-101 は Google

**表 4.1　レシピと視覚情報が対応づいたデータセット**

| データセット | レシピ数 | 材料表 | 手順の構造情報 | 視覚情報 | ソース | 発表年 |
|---|---|---|---|---|---|---|
| UPMC Food-101 [124] | 93,533 | | | 完成写真 | 画像検索 | 2015 |
| Yummly-66k [125] | 66,615 | | | 完成写真 | Yummly | 2016 |
| VIREO Food-172 [77] | 65,284 | あり | | 完成写真 | レシピサイト(*1) | 2016 |
| Recipe1M+ [102] | 1,029,720 | あり | | 完成写真 | レシピサイト+検索(*2) | 2017 |
| KUSK [126] | 20 | あり | フローグラフ | 作業動画 | 研究室 | 2014 |
| YouCook2 [127] | 89 | | | 作業動画 | YouTube | 2018 |
| CrossTask [128] | 83 | | | 作業動画 | YouTube(*3) | 2019 |
| HowTo100M [127] | 23,611 | | | 作業動画 | YouTube(*3) | 2019 |
| Cookpad Image [16] | 1,715,595 | | | 手順画像列 | クックパッド | 2017 |
| RecipeQA [111] | 19,779 | | | 手順画像列 | instractables | 2018 |
| Storyboarding [45] | 16,405 | | | 手順画像列 | レシピサイト(*4) | 2019 |
| r-FG-BB [120] | 272 | あり | フローグラフ | 手順画像列 | クックパッド | 2020 |
| vSIMMR | 2,103 | あり | SIMMR | 手順画像列 | クックパッド | 2020 |

*1) 下厨房、美食杰、*2) 24個の有名レシピサイトとされているが詳細な記述なし、検索には
グーグルの画像検索を利用 *3) 調理以外の作業を含む *4) Instractables、Snapguide

社の画像検索を利用して収集が行われています*10。データの収集方法の違いは、
画像の傾向に差を生じさせます。たとえば、ETH-Food101 はユーザ投稿型のサ
イトで収集した画像であったため、自撮りが多く含まれています。一方、UPMC
Food-101 では "recipes" という語を検索クエリに追加したことにより、食材をフォー
カスした画像が多くなる、などの違いがあります。

　Yummly-66k は、2016 年に発表された論文[125]のなかで最初に登場した Yummly-
28k から、さらにデータ収集を進めたものです。このデータセットの特徴は、レ
シピと完成写真の対のほかに、それぞれのレシピに対する属性データも付与され
ていることです。この属性データは、たとえば Cuisine（例：イタリア料理、日本
食、etc）や皿の種類（例：主菜、副菜、デザート、etc）などです。自然言語と画
像の両方を利用することによる、属性推定のための手法とともに発表されました。
　同じ 2016 年に発表された VIREO Food-172 は、3.6 節でも紹介した、香港のレ
シピサイトで収集されたデータセットです。すでに述べたとおり、料理に使われ
ている食材のラベルが付けられています。また、レシピサイトから収集したデー
タであるため、そのレシピ情報も利用可能です。

---

*10　UPMC Food-101 の論文によれば、2006 年頃の Google 社の画像検索精度は 30%ほどであったと
　　いうレポートがあるものの、当該データセットを作成した 2015 年頃はほとんどノイズがなかった
　　という報告がなされています。なお、検索に当たって、料理名の他に "recipes" という言葉を追加す
　　るという Tips も紹介されています。

　Recipe1M+は、その名のとおり、1 メガ = 100 万個のレシピと、その料理の完成写真からなるデータセットです。4.3.1 項で紹介した、写真からレシピを検索する研究とともに発表されました。このデータセットの前身となった Recipe1M というデータセットは、複数のレシピサイトから約 100 万個のレシピと約 8 万枚の画像を収集することで作られています。Recipe1M+は、この Recipe1M に現れるレシピについて、検索によってさらに画像を収集し、重複を除去することで、1,300 万枚の画像を集めたものとなっています。これは、完成写真とレシピのデータセットとしては最大規模となります。

## 4.4.2　「動画とレシピ」のデータセット

　Kyoto University Smart Kitchen（KUSK）データセットは、筆者の研究グループによって作成されたデータセットです。動画とレシピの組み合わせとしてはパイオニア的なものですが、残念ながら規模が小さいために、深層学習に活用することは難しいデータセットとなっています。ほかのデータセットとの大きな違いとして、2.5.2 項で紹介したレシピに対応するフローグラフも利用可能である、という点が挙げられます。未編集の作業動画となっている点も特徴です。

　ほかの未編集作業動画データセットとしてEpicKitchensがあります。EpicKitchensは一人称視点のカメラであるのに対し、KUSK Dataset は固定カメラであるという違いがあります。また、いずれもテキスト情報が付与されていますが、KUSKデータセットはレシピが付与されているのに対し、EpicKitchens で付与されているのはナレーション（なにをしているのかを細かく説明した文）となっています。同じレシピを調理した動画が複数存在するかどうか、といった点でも違いがあります。KUSK データセットは、レシピと紐付いた動画のデータセットとしては唯一、未編集の動画からなるデータセットとなっています。

　これに対して、YouCook2 は、YouTube から収集した動画からなるデータセットです。YouTube にアップロードされた動画であるので、基本的には編集済みの動画となります。また、カメラは固定の場合がないわけではありませんが、多くの動画でカメラワークを伴います。このデータセットでは、それぞれの動画に対して手作業で作業工程を説明するナレーションと、その工程に対応する区間ラベルが付与されています。なお、YouCook2 が発表された論文のなかは、区間ラベルのみを用いて、動画を調理作業の工程ごとに分割するカテゴリ非依存の動作検出

が課題として用いられています。これは、3.4.2項で紹介した動作検出課題の亜種で、特定の動作に対応する区間検出ではなく、「調理の工程」という幅広い動作に対応する区間検出課題となっています。このほか、さらに区間に対応するナレーションも利用することで、動作検出課題における「動作」を「文」に置き換えた区間検出課題も、このデータセットを利用することで学習可能でしょう。

なお、YouCook2は、89種類の料理カテゴリに対応する2,000本の動画からなります。ただし、KUSKデータセットでは「同じ料理カテゴリの動画」が「まったく同一のレシピに従った動画」であるのに対して、YouCook2では、料理カテゴリが同じであってもレシピまでが一致しているわけではないことに注意が必要です。YouCook2における料理カテゴリは、あくまで「同種の料理をしている」というだけであり、その材料や手順は多様であることを前提とした処理が必要です。料理カテゴリのラベルは参考程度にしか利用できない、と思ったほうがよいでしょう。

CrossTaskは、調理を含むさまざまな作業のHowTo動画を収集したデータセットです。YouCook2との大きな違いは2つあります。まず第一に、裁縫やDIY、電化製品の使い方など、調理以外の作業も収集対象となっています。また、テキストに対応する動画区間は与えられず、動画に対して、工程ごとのテキスト、および工程の順序のみが与えられています。これは**弱教師あり学習**（weakly supervised learning）を前提としています。弱教師あり学習とは、「正解ラベルは与えられているものの、それが推定対象に関する情報を完全に保持していない」という条件下での機械学習を指します。CrossTaskデータセットにおける弱教師有り学習の推定対象は、各工程が行われていた区間の検出です。YouCook2データセットでは、区間の正解が与えられていたのに対して、CrossTaskでは「動画中でどのような工程が、どういう順番で行われたか」のみが与えられており、区間そのものは与えられていません[*11]。

最後に紹介するのは、HowTo100Mデータセットです。このデータセットも、

---

[*11] **弱教師あり学習**は、正解データの作成コストを下げつつも、精度を最大限に高めることを動機とした技術群のことを指します。典型的には、検出対象のカテゴリ名のみが与えられた状況下において、時空間中の領域を特定する問題が多く扱われます。時空間中の領域としては、画像中の矩形であったり、領域であったり、時間軸上の区間であったり、あるいはそれらの組み合わせであったりします。また、CrossTaskの論文で扱われた正解のうち、工程の順序も未知であるような、さらに弱い教師信号が仮定される場合や、逆に工程ごとに、その工程が行われているフレームが1つだけわかるような正解が与えられる場合もあります。

CrossTask と同じく、調理以外も含めたさまざまな作業の How To 動画を集めたデータセットです。作業の種類は WikiHow というサイト[*12]から、物理的な作業を伴うものを半自動で抽出した 23,611 通りが選ばれています。それぞれの作業を YouTube 上で検索し、122 万動画から、1 億 3660 万個（100M+）のビデオクリップを抽出しています。それぞれの動画の選定にあたっては、英語の字幕が付いているもの（手動付与か自動付与かを問わず）、かつ、検索結果の上位 200 で 100 回以上視聴されているものが用いられています。

なお、HowTo100M にかぎっては、対応する言語情報は完全に自動抽出で、手作業によるラベル付けは行われていません。このため、テキスト情報は、必ずしも作業内容を説明しているものとはかぎりません。たとえば、冒頭の挨拶や冗談を含め、かなりの雑談が含まれています。また、音声認識の誤りもそのまま含まれている点に注意が必要です。

なお、YouCook2 をはじめとして、こうした動画のデータセットの多くは、動画そのものではなく、動画の URL と正解データの組み合わせとして公開されています。このため、動画を取得するためには、URL に基づいて YouTube などの動画配信元からダウンロードを行う必要があります。この際、厳密には利用規約でこのようなダウンロードが禁止されていることがありますので、注意が必要です。

## 4.4.3 「手順画像列とレシピ」のデータセット

クックパッド画像データセット [16] は、レシピの各手順に添えられた画像として世界に先駆けて発表された、クックパッド発のデータセットです。画像は、2.5 節で紹介したクックパッドレシピデータセットのレシピに添えられたもの、および完成写真となっています。手順画像列が付けられたレシピは日本ではおなじみのものですし、中華圏でも一般的なようです。しかし欧米では、手順はテキストのみで、テキストとは独立に料理の完成写真などが添えられたフォーマットのほうが多いようです。また、クックパッドへのレシピ投稿数は海外を含めたレシピサイトに比べてかなり多く、2020 年現在、このデータセットは世界最大規模となっています。

一方、規模では劣るものの、英語のレシピが利用可能であるという点や、いくつ

---

[*12]　https://www.wikihow.com/（日本語のページは https://www.wikihow.jp）

かのわかりやすい課題でコンペティションを開催している RecipeQA のほうが、国際的には存在感が勝っているのが現状です。また、このほかに Storyboarding データセットも、手順画像列を含むデータセットなっています。なお、Storyboarding のうち、半分は RecipeQA と同じ instractables.com から収集されたデータです。これらのデータセットには材料表は付属していませんが、snapguide.com では明示的に材料を記載する欄があり、投稿者によって材料表が与えられている場合があります。一方、instractables.com では、明示的な材料表の欄がなく、多くのレシピで、最初の手順の欄が材料表の代わりに使われています。

レシピフローグラフ・バウンディングボックスデータセット（r-FG-BB）と visual SIMMR（vSIMMR）は、いずれも Cookpad Image データセットの一部に対してラベルを付与したデータセットです。r-FG-BB は 272 のレシピに対して、フローグラフが与えられています。そして、フローグラフ内で、食材（F）、道具（T）、および調理者動作（Ac）のタグが付けられた語に対応する画像中の領域が、矩形で与えられています（図 4.11）。これに対して、vSIMMR は 2,103 レシピに対して、材料表を葉ノード、各ステップをその他のノードとした木構造を与えたデータセットです。この木構造は、材料がどのように統合されていくかを表しているという点で、2.5 節で紹介した SIMMR データセットと類似の情報となっています。ただし、1 つのステップのなかに複数の作業指示が書かれている場合があり、このことに起因する若干の違いがあります。つまり、SIMMR は作業指示ごとに 1 つのノードをもつのに対して、vSIMMR はレシピのステップをノードとしています。1 つのステップのなかに複数の作業指示が含まれる場合には、SIMMR の一部の作業指示が縮約[*13]されたものになっています。

付与されている手順の構造情報の詳細さという観点では、r-FG-BB データセットが優れています。一方で、ラベル付けの対象とされたレシピの数という観点では、vSIMMR が優れています。なお、vSIMMR と類似のデータセットとして、Multi-modal Recipe Structure dataset（MM-ReS）も提案されています [129]。ただし、vSIMMR は本書執筆時点ではまだ公開準備中となっています。一方、MM-ReS は権利関係の問題で公開は難しいようです。

---

[*13]　縮約はグラフ理論の用語で、グラフの一部（$G_s$）を 1 つのノード $s$ に置き換えることです。置き換え後の頂点 $s$ は、もともとのグラフ上での部分グラフ $G_s$ から外部への枝と同じ枝を保持します。

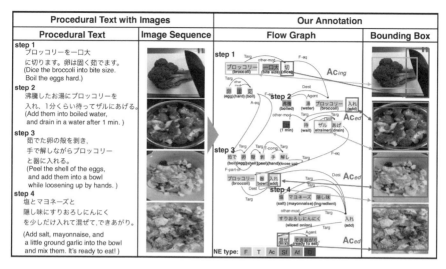

図 4.11 レシピフローグラフ・バウンディングボックスデータセットの概要（[120] より引用）。

# 4.5 言語と画像以外のモダリティ

ここまでで、クロスモーダル処理の代表例である、視覚言語融合を中心とした課題の説明を行いました。また、簡単にではありますが、動画と音声のように時刻が同期した複数のモダリティを用いたクロスモーダル処理も注目されていることを紹介しました。これら以外にも多様なセンサから得られる信号があり、それぞれを独立したモダリティと考えることが可能です。

ニューラルネットワークで使われる畳み込み層などは、本質的に周波数解析の一種でもあるため、データ量さえ確保できれば、種類によらずさまざまなセンサから得られる信号に使えます。この意味で、センサの違いに起因するモダリティの境界は、今後ますます低く、乗り越えやすくなっていくものと思われます。

とくに、料理や調理行動を理解するうえで、観測に用いるモダリティを「画像や動画」に限定して考える必要はまったくありません。温度や匂い、硬さや味覚、食感など、食は五感のすべてに関連します。さらに言えば、ナビゲーションなどのシステムにおけるデバイスの操作履歴や閲覧行動も、それが調理中のできごとを特定するための情報をもっているという観点から、調理行動を観測するモダリティの1つと考えることができます。この節では、料理や調理行動を理解するう

えで役に立ちそうな、さまざまなセンサやデバイスを紹介します。

## 4.5.1 モーションキャプチャ

　**モーションキャプチャ**は、人の動作などを解析する目的で、2000 年代にとくに多く研究されたセンサです。関節ごとにマーカーを取り付けることで、3 次元姿勢などを高精度に計測することができます。モーションキャプチャの計測方式には、光学式、磁気式、超音波式、機械式などがあります。光学式では、関節位置を画像から容易に特定できるようにデザインされたマーカーが用いられます。磁気式では、各関節に磁力を測定する受信機を取り付けます。遮蔽などに頑健である代わりに、周囲に金属などがあると計測がずれるなどの制限があります。超音波式では、装着したマーカが発する超音波を壁などに埋め込んだ多数のマイクで受信し、音源定位技術により 3 次元位置を測定します。磁気式と逆で、遮蔽による影響を受けますが、周囲に金属などがあっても問題なく動作します。最後に、機械式は、外骨格様の機械を装着し、その機械の関節の角度を直接測る方法です。

　このほか、必ずしもセンサの 3 次元位置を計測するものではありませんが、加速度センサは 3 次元位置の変位を計測する安価な手段です。加速度センサの計測精度は高く、とくに速度や加速度といった物理量を簡単に知ることができる点は、光学式や超音波式に比べて大きな利点です。一方で、もし加速度センサで位置推定まで行う場合には、過去の加速度から推定される移動量を積算する必要があり、これには計測が長くなるにつれて誤差が蓄積してしまうという大きな欠点があります。このため、加速度センサに光学式・超音波式計測装置を組み合わせることで、誤差蓄積の影響を少なくするなどの工夫がとられます。

　これらを利用するには、ユーザが関節の数だけマーカーを装着する手間があります。そのため、長年にわたり、姿勢推定技術の利用は実験室環境での利用に留まっていました。しかし最近では、深層学習の登場により、マーカーなしの姿勢推定技術が発展しています。具体的な手法としては、**OpenPose**[56] や **AlphaPose**[57] が有名です[*14]。学習ベースの姿勢推定では、関節ごとに**画素分類**を行い、関節がその画素に存在するかどうかの二値分類をすることで推定します。また、カメラ間の相対的な位置関係が既知であれば、三角測量の原理によって関節の 3 次元姿勢

---

[*14]　いずれも GitHub を介してコードやモデルが公開されていますが、商用利用にはライセンスの取得が必要です。

も推定できます。こうして推定された関節位置の情報は、モーションキャプチャと同じく、姿勢情報というモダリティとして考えることができます。

機械学習ベースの姿勢推定技術は、マーカーなしで手軽に利用できるため、BtoC の製品には多数組み込まれています。一方で、精密さという点では、計測対象にマーカーを取り付けるモーションキャプチャに軍配が上がります。マーカー装着の手間が許される環境で、かつ、精密な計測が必要な場合は、モーションキャプチャを利用するべきでしょう。また、学習ベースの姿勢推定には、現在のところ、以下のような課題が残されています。

- **特殊な衣服を来ている場合、推定に失敗しやすくなる。たとえば、長いコック帽や足元までの長いエプロンなどは、学習データにそれらが含まれていないかぎり、一般的な服装より精度が低くなる可能性がある。**
- **特殊な角度から撮影している場合も、推定に失敗しやすくなる。たとえば、真上から人を写している場合などは、そのような角度で撮影したデータが学習に十分含まれていないかぎり、期待した精度が出ない可能性がある。**

これらは、マーカー式のモーションキャプチャでは存在しない課題です。姿勢推定の学習データを生成するのは、多くの場合、コストのかかる作業です。すでに枯れた技術にも思えますが、データ取得環境に応じた姿勢推定を正解データなしで学習するための**教師なしドメイン適応**の研究 [130] など、学習コスト削減のための研究が続けられています。

また、ここまでで紹介したどの方式においても、計測機器と計測対象の間に厚い遮蔽物が存在する場合には、基本的に計測できません。このような**見通し外**（non-line-of-sight: NLoS）姿勢推定に関しては、マサチューセッツ工科大学の研究グループが、2018 年に、Wi-Fi の電波を利用して壁の向こうにいる人の姿勢を機械学習で推定する研究を発表しています [131]。もしこの技術が洗練されれば、死角に関係なく姿勢推定が可能になるかもしれません。しかし、学習データに含まれる遮蔽物の形状や推定対象の多様性など、学習環境と運用環境の違いに起因する機械学習固有の難しさは残りつづけるでしょう。

## 4.5.2　その他のセンサ

　ザクザク、トントン、コトコト、グツグツ、ジャージャー……調理台で行われる作業は、実に多様な信号を発生させます。また、料理を口の中に入れたあとも、サクサク、ホクホク、バリバリ、モチモチ、と多様な表現があります[*15]。このような多様な信号を捉えるうえでの選択肢は、当然、カメラだけには収まりません。

　たとえば、マイクは、調理中に発生するさまざまな音を観測可能です。調理における多くの作業は、調理台と人との間で、なんらかの力学的インタラクションを伴うことも多く、かつ、その際には音も発生します。単純に調理台の上方にマイクを取り付ける方法のほか、このような音をキッチンの環境音（話し声やテレビの音）と分けて観測するために、バイオリン用のコンタクトマイクを調理台やまな板の裏側に貼り付けて利用するなどの研究事例があります [132]。

　また、圧力分布センサや荷重センサを四隅に配置した特殊な調理台を利用することで、このような力学的インタラクションをより直接的に観測する方法もあります。ただし、調理中の力学的インタラクションの強さの範囲は非常に広く、たとえば「塩などの調味料を加える」といった作業では、$0.01\,\mathrm{gw}$（gw:グラム重）程度の精度が必要となる場合がある一方で、かぼちゃを 2 つに切る場合には、$40\,\mathrm{Kgw}$ 近い荷重がかかる場合もあります。荷重を測るセンサは、多くの場合に繊細な精密機器で、想定以上の荷重がかかると壊れてしまいます。また、$40\,\mathrm{Kgw}$ という大きな荷重に耐えられるセンサは、解像度が $1\sim10\,\mathrm{gw}$ 程度と粗くなってしまいます。現在のところ、これほど広い範囲を計測できるセンサは存在しないため、観測対象や目的に応じて適切な範囲を計測可能な機器を取捨選択する必要があります。例として、図 4.12 および表 4.2 に、筆者の研究グループが利用していたマルチセンシング環境と、そこに用いていたセンサを紹介します。

　先に述べた**サーモカメラ**は、高額であるため、普通は容易に導入できません。しかし温度を測るセンサは多様で、とくに 1 点のみ計測するだけなら、むしろ非常に安価なセンサです。また、食材の大きさや形状がわかれば、あとは食材表面の温度と加熱時間を測るだけで食材に起きる変化を精度よく推定できます。このため、調理において温度計測センサは非常に有用です。

---

[*15]　このような擬音・擬態表現を、オノマトペと言います。オノマトペが人に与える印象を分析し、レシピ検索などに活用した「オノマトペロリ」というシステム [133] も知られています。

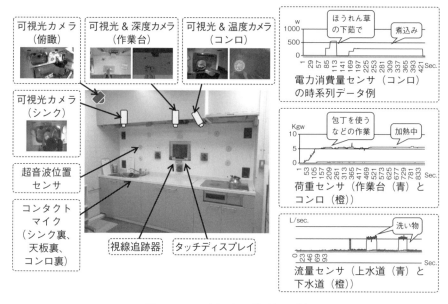

**図 4.12 マルチセンシング環境の一例**

**表 4.2 図 4.12 に用いられたセンサの詳細**

| | メーカー | 製品名 | 型番 | 備考 |
|---|---|---|---|---|
| 可視光カメラ（A, B, C）<br>可視光カメラ（D） | Point Grey<br>Research | USB 3.0 出力カメラ | FL3-U3-32S2C-CS | レンズ: Tamron M12VM412<br>レンズ: Tamron 13FM22IR |
| 深度カメラ | Microsoft | Kinect（初代、廃盤） | LPF00006 | |
| 消費電力センサ | ユビキタス | Navi Ene（サービス終了） | | |
| 流量センサ（上水道）<br>流量センサ（下水道）<br>荷重センサ(*1) | キーエンス<br>HBM | 電極非接液型 電磁式流量センサ<br>シングルポイントロードセル | FD-MZ5AT<br>FD-MZ10AY<br>PW6D | データロガー:<br>HBM QuantumX |
| サーモカメラ<br>視線追跡 | Artray<br>Tobii | 遠赤外線カメラ<br>スクリーンベースアイトラッカー | ARTCAM-320-THERMO-HYBRID<br>Tobii Pro X-2 30 Compact Edition | |

(*1) 荷重センサは作業領域を支える天板の四隅、および、コンロの四隅に設置

　とくに「炒める」を除くほとんどの加熱調理は、なんらかの（温度がほぼ均一な）熱媒体を通して加熱を行うため、1点のみの観測からでも熱力学系全体の状態を比較的精度よく推定することが可能です。たとえば、茹でる場合は水の温度を、揚げる場合は油の温度を、蒸す場合は蒸気の温度を測ることで、加熱の状態を予測することが可能です。一方で、熱媒体が一様ではない場合でも、加熱状況を精密に推定したい場合には、非接触式の温度センサを格子状に配置した**温度センサアレイ**（thermal sensor array）（あるいはより密度を高くするならばサーモカメラ）を利用して、観測点を増やすなどの工夫が必要です。

　ただし、温度計測のみでは、一流の料理人が求めるレベルには至らないことに注意が必要です。一流の料理人と呼ばれる人たちは、季節ごとの湿度変化、食材に含まれる水分量などの状態や、場合によっては客の体調などまで加味して、知識と経験の両方に基づいて、分量や火加減、加熱時間などを調整しているようです。

　このほか、料理ならではのセンサとして、塩見センサなどの特殊なセンサがあります。また、水道の流量センサや、家電の稼働状況などを類推可能な消費電力センサ、磁石などを利用した戸棚／冷蔵庫の開閉センサなども、調理活動を観測するうえで有用です。

　また、食べる行動の解析に関しては、九州大学五感応用デバイス研究開発センターのグループが開発している味覚センサや、咀嚼（そしゃく）および嚥下（えんげ）*16を感知するための筋電センサ、噛んだときに生じる食感を測るセンサなど、多数のセンサが開発・利用されています。このほかにも、企業では、食品に対する感応試験などで、脳波計測を利用した分析なども行われているようです。

## Coffee break ☕

### 食とユニバーサルデザイン

　**Liftware**（リフトウェア）*17は、スプーンやフォークなどの、いわゆる「カトラリー」の制振を行うことで、手の震えがある人でも、1人で普通に食事ができるようにしてくれる製品です。3次元加速度センサによる観測をもとに振動を制御することで、手の震えがカトラリーの先端に直に伝わるのを防ぎ、毎日3食の食事を介助なしで楽しめるようにしてくれます。

　このようなカトラリーのユニバーサルデザインは、非常に重要な応用です。図4.13は、大分県別府市にある太陽の家*18に展示されている、さまざまなハンディキャップをもつ人のために、日本パラリンピックの父としても知られる中村裕博士の手によって試行錯誤の末に作られ、実際に使われていたさまざまなカトラリーです。太陽の家には、この他に工場での組立作業などを補助する器具なども展示されています。我々は通常、視力が低いことをハンディキャップとして捉えません。それはメガネという素晴らしい発明により、視力が生活に及ぼす影響がほとんどないことに起因します。生活に影響がないというのは、経済的に自立し、家事や食事、

---

*16　ものを飲み込む動作

*17　https://www.liftware.com/

*18　http://www.taiyonoie.or.jp/

**図 4.13** 多様なハンディキャップをもつ人が自立して食事をするための、さまざまなカトラリー（大分県別府市「太陽の家」内の展示物を撮影したもの）

風呂といった日常生活においても自立している状態を指しています。食事や料理は日常生活において占める割合の高い活動です。Liftware のように食事や料理をサポートする製品を開発することは、いわば第2、第3のメガネを作ることにほかならない、重要な仕事です。

　このような考えは「障害の社会モデル」として議論されています。障害の原因を個人の身体などの個性に起因するものではなく、社会とのインタラクションのなかに生じるものであると捉え、社会側、つまり環境を変えることによって障害を障害ではなくすることができる、という考え方です。段差をなくすことで車椅子の人がどこにでも行けるようにするのと同じように、衣食住および職能という人の生活全般で「段差」をなくすために、センサ技術や機械学習技術にできることはまだまだたくさんありそうです。

## 4.5.3　情報入力デバイス

　クロスモダリティを考える場合、独立したモダリティを構成するのは、なにもセンサ情報のみとはかぎりません。ユーザの行動履歴という意味では、**ユーザイ**

ンターフェイス（user interface: UI）を介したやりとりも、モダリティの 1 つとなり得るでしょう。本節では、UI のうち、ユーザからシステムへの情報入力デバイスについて紹介します。

　調理中には、手が汚れていたり、調理作業を中断することが煩わしいなどの理由から、手での物理的接触を伴う UI を介したやりとりが適切ではない場合がありえます。このような場合、音声認識やジェスチャ認識は、自動で状況を把握してくれる便利なものです。しかし、**ベイズ誤り率**として知られるように、認識には不可避の誤りが存在します。認識誤りをユーザが訂正する手段として、さらになんらかの別の認識を介することを強要する UI は、**ユーザ体験**（user experience: UX）という観点からは非常に危険です。もし、そのようなシステムが誤り訂正の操作を正しく認識できなかったり、あるいは、誤り訂正のための音声／ジェスチャコマンドがユーザに伝わっていなかった場合、そのシステムは「思いどおりにならない」「制御不可能である」という印象を強く与えてしまい、容易に「二度と使いたくない」という結論と結びついてしまいます。

　このため、認識技術を利用したシステムを広く普及させようと考える時期では、簡単に誤り訂正できる UI のデザインは非常に重要です。このようなインタラクションを目的とした入力デバイスを、本書ではとくに「スイッチ」と呼びます。

　手が塞がっている、汚れている、といった状況では、従来の多くの入力デバイスが利用不可能になります。このような状況に対応する方法には、大きく分けて、手を使う非接触型スイッチの利用と、手以外を使う接触型スイッチの利用が考えられます。手を使う非接触型スイッチとしては、公共トイレなどにも用いられるような、手かざし検知センサなどが利用可能でしょう。あるいは、手首などに磁石などを装着してもらうことができるならば、水濡れや汚れに強く、かつ、より応答性の高いスイッチを作ることもできるでしょう。

　手以外を使う入力方法として、椎尾らは、キッチン下部の巾木部分[*19]に足で蹴ることにより押すことができるスイッチを提案しています [134]。また、調理以外

---

[*19]　調理台のような作り付けの家具と床との間にある、縁の部材のこと。

の例ですが、楽器演奏中に顔の動き（顔振りやウインク[20]）によって譜めくりができる楽譜閲覧アプリ、Piascore が存在しています [135]。手が使えない状況での操作という意味では、料理と音楽演奏には共通点があるようです。

　なお、上記の方法はいずれも、1つのスイッチあたり ON ／ OFF の1ビットの情報しか伝えることができません。スイッチをたくさん用意したり、それらのスイッチの組み合わせを利用することで伝達情報量を増やすことはできますが、それでは操作が複雑になってしまいます。クラシック音楽に詳しい人ならば、パイプオルガンの奏者を思い描いてください。オルガンの奏者は、演奏中、鍵盤を叩くだけでなく、スイッチの ON ／ OFF の組み合わせで音色を変更しなければならず、明らかに通常のピアニストとは別の知識やスキルが必要となります。調理作業は、ピアノ演奏と同じく、それ自体が非常に多くの認知的負荷を伴う作業です。ここに複雑なスイッチを導入することは、ピアニストにオルガンを演奏させる（しかも楽曲の途中で頻繁に音色の変更を求める）ことと同じです。調理中のユーザにさらに追加的な認知負荷を課すアプローチを導入する際には、受け入れ可能な負荷に収まっているかどうかについて多大な注意が必要です。

　以上をまとめると、適切な UI デザインを行うためには、下記を肝に命じておくべきです。

- **音声認識やジェスチャ認識を利用する場合で、1回のやり取りでの伝達情報量を多くしたい場合、認識対象のカテゴリ数は増加するため、誤認識の危険が増えることは本質的に避けられない。**
- **やり取りの方法が複雑、かつ非直感的になるほど、ユーザにある程度の専門性を要求する必要性が生まれてしまう。**

---

[20] 2012 年当初は、首振りによりページを操作していましたが、2018 年のアップデートで、ウインクや視線の利用に変わったようです。筆者の予想ですが、首振りは予備動作として逆向きに首を振ることがあるため誤認識のもとになったり、そもそも楽譜から目を離さずに首を振るということ自体が難しいなどの問題があったのかもしれません。なお、ホールなどでの演奏本番では、演奏者の横に「譜めくりさん」と呼ばれる譜めくり担当の人が座っていて、演奏者のうなづきなどの合図で楽譜をめくることがあります。うなづくことによりタイミングのみを1ビットで知らせ、ページを送るのか戻すのかは譜めくりさんが音楽記号などから判断する、という情報伝達がなされます。タイミングのみの1ビット情報ならうなづきのみで伝達できますが、ページを送るか戻るかなどを含む2ビット以上の情報は、うなづきのみで伝達することは困難です。これは筆者の推測ですが、2ビット以上の情報を伝えるために、首振りによる方法が採用されたと思われるのですが、上述の予備動作による誤判定や、そもそも首を振った時に楽譜から視線が外れてしまいやすいなどの難しさがあり、ウインクや視線が新たに採用されたのではないでしょうか？

● **一度にやりとりする情報量が少ない（1 ビット程度の）場合、より誤りが起きにくいスイッチなどの利用による情報伝達を選択するべき。また、誤り訂正はそのような手段でできるようにすることが望ましい。**

　もちろん、誤りが起きにくく伝達情報量が多い方法や、ユーザに専門性を要求せずに複雑なやりとりが可能な方法が実現できれば、それは優れた UI でしょう。

　「認識に依存した入力は使うべきではない」という出発点とは矛盾しますが、実のところ、このような UI の候補の 1 つは「対話」です。そもそも人間同士での情報伝達も、音声やジェスチャを介した対話により実現されるので、ユーザは特別な専門性やスキルなしに対話ができます。また、言葉の組み合わせによって、非常に複雑な事象も表現可能です。人間同士であれば、誤解が生じたときの訂正も、対話を通して行われます。しかし、対話によるよい UX の達成のためには、音声認識精度だけでなく、直前までの会話の内容理解や環境情報の理解といった、複数の技術的な成熟度の問題があります。人同士の対話と完全に同じように、人と機械を対話させてよい UX を達成することは、現在のところは困難です。

---

### ☕ Coffee break

**完全自動化は常に正しいか。デザイナーが避けるべきシステム設計上の罠**

　ナビゲーション技術やロボット技術の発達により、毎日おいしいものが一切の手間もかけずに食べられるようになったとき、私たちは幸せになれるのでしょうか？

　行動経済学の分野には、「卵理論」と呼ばれるものがあるそうです。この理論に筆者が出会ったのは、確か D.A. ノーマンによる「エモーショナル・デザイン–微笑を誘うモノたちのために」[136] を読んでいたときでした。日本でも馴染みの深いホットケーキミックスについて、米国での発売当初は「水で溶いて焼くだけの手軽な料理」として売り出されました。しかし売れ行きが悪く、メーカーがあえて牛乳と卵を粉の成分から抜き、それらを混ぜるという作業を調理者自身にやらせることでヒット商品になった、という成功例から、この名前がついています。

　さて、この売れ行きの違いはなぜ生じたのでしょうか？　調理が手軽でヒットした商品と言えば、「カップラーメン」もあります。「カップラーメン」は手軽さがウケたのに「ホットケーキミックス」は手軽ではだめだった理由はなんでしょうか？

　筆者の考えでは、これはサービスの提供者と消費者の関係性の違いにあると考えています。コミュニケーションの有無による違い、と考えてもよいかもしれません。

一般的に、カップラーメンは自分で用意して自分で食べるものであるのに対し、ホットケーキは家族に提供したりします。カップラーメンを「おいしい！」と感じたとき、お湯を入れた自分の腕前がよかった、自分のおかげでおいしくできた！ と思う人はあまりいないでしょう。おいしければ、それは食品メーカーの手柄です。一方、ホットケーキの場合はどうでしょうか？ もし、水に溶いて焼くだけの「全部入りホットケーキミックス」ならば、カップラーメンと同じことが起きるでしょう。調理者は買ってきて「水で溶いて焼く」という手間をかけています。しかし、それだけの手間ではなかなか評価はされづらい傾向があります。しかし、「卵を混ぜて焼く」ことで、受益者の感じ方になんらかの変化を生じさせるようです。このとき、卵を入れて混ぜる、というひと手間は「おいしい！」という結果に対する貢献を調理者に帰属させるための、1つの儀式となっています。

　私たち技術者がモノやコトのデザインを考えるとき、頭にあるのは、多くの場合「便利さ」や「全自動化」です。ノーマンは名著「誰のためのデザイン？」[137] で、当時、見た目の面白さや美しさが優先されていたデザインの風潮に対して「便利さ」を成立させるための要素を、深い洞察に基づいて整理しています。たとえば、この著書で述べられたアフォーダンスという概念をご存知の読者も多いのではないでしょうか？（もしアフォーダンスを知らずにモノづくりに関わっている人がいるならば、それは大変危険です。「誰のためのデザイン？」は発行から30年以上が経った今でも、モノづくりをするすべての人が読むべき必読書です!!）この本が執筆されてから10数年経つとデザイナーや技術者の多くが機能美や使いやすさを追求するようになり、アフォーダンスをはじめとするUIデザインのさまざまな概念が社会に浸透していきました。筆者が出会った「エモーショナルデザイン」[136] は、「誰のためのデザイン？」の反響が大きすぎて、逆に「便利さ」が優先されすぎてしまった状況へのアンチテーゼとして、ノーマン自身が2004年に執筆したものです。人がいかにしてモノに愛着をもつのかについて多角的な考察を行っています。

　「全自動なシステム」は、ともすれば「全部入りホットケーキミックス」のようなデザインになってしまっている危険があります。手軽さが逆にシステムデザインを損なってしまっていないかを考えることは、ビジネス上、きわめて重要です[*21]。

---

[*21] 本コラムは筆者が過去に書いた解説記事「機械学習技術が拓く食習慣の情報化」（システム制御情報学会）[138] から一部抜粋、または加筆修正をしたものです。

## 4.5.4　情報提示デバイス

　最後に紹介するのは、スイッチのデザインと対をなす情報提示デバイスです。情報提示デバイスは、UIにおいてシステムからユーザへメッセージを伝えるのに用いられます。調理は、同時並行で作業を進める、加熱などタイミングを逃すと失敗につながるなどの理由から、効率的な情報伝達が求められます。

　情報提示デバイスに求められる機能は「ユーザの求める情報を提供する」ことのほかに「システムの誤り（とその訂正方法）をユーザに理解しやすくする」ことも含まれます。スイッチと異なり、情報提示デバイスは、おもに音や光を発するのみとなるので、手が汚れているなどの調理特有の問題は生じにくい傾向にあります。したがって、多くの場合には、スマートフォンなどの従来デバイスを用いることができます。

　一方で、環境埋め込み型の情報提示手法として、プロジェクタを用いた**直接投影**（direct projection）なども提案されています [139, 140]。とくに、Panavi[141] は「焼き」に焦点を絞り、プロジェクタによりフライパンの上に温度情報を直接提示したり、音アイコンをうまく利用したりする、完成度の高い総合的な調理支援システムとなっています、また、調理中の食材の横に、カロリーなどの栄養価情報を提示することで、健康志向の調理を促そうという Calory-aware Cooking[142] なども提案されています。

　また、このほかに、ワイヤ駆動型の**力覚提示装置**（haptic device）と**ヘッドマウントディスプレイ**（head mount display: HMD）を組み合わせた、「焼き」の技能習得を目的としたシミュレータの研究 [143] などの独創的な研究があります。

# ● 4.6　クロスモーダル処理の応用研究を知ろう!

## 4.6.1　錯覚による食事の支援

　人間の感覚器を騙す、いわば「錯覚」によって実際の栄養摂取と食事体験にズレを生じさせる一連の研究が行われています。図4.14は**MetaCookie+**(メタクッキープラス)[64]というシステムです。このシステムでは視覚と臭覚への刺激を変化させることで自分自身の脳を騙し、さまざまな風味のクッキーを楽しめます。

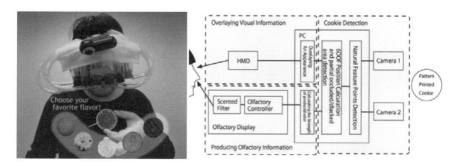

**Fig. 1.** MetaCookie+　　　　　**Fig. 2.** System configuration of "MetaCookie+"

**図 4.14**　MetaCookie+の外観と内部的仕組み([64]より引用)

　クッキーの表面には、ARマーカーがプリントされています。このシステムでは、ARマーカーによりクッキーの位置や姿勢を推定し、装着者にはさまざまなデコレーションがついたクッキーを重畳した動画を見せます。同時に、そのデコレーションの香りを鼻に提示します。見た目と香りを提示するだけで、プレーンクッキーを食べているにも関わらず、あたかもデコレーションクッキーを食べているかのように脳が錯覚を起こします。これにより、たとえば食事制限があったとしても、チョコレートクッキーなどの好きな味を楽しむことができます。

　この研究を端緒として、食べるという行為を騙す研究がいくつか派生しています。たとえば、聴覚への刺激を操作する研究[144]では、噛んだときの食感を変化させています。この研究では、噛む動作の検出にフォトリフレクター[*22]が使われ

---

[*22]　フォトリフレクターは、非可視光などを観測対象に向けて発する送信部と、送信部が送った波長の光の強さを計測する受光部からなるデバイスです。画素が1つだけの深度画像のようなものを想像するとよいでしょう。

ています。また、麺料理を自在に変換する DeepTaste[145] では、書き換えるべき麺料理の検出、および検出された麺料理の見た目を変換するために、**CycleGAN** の派生である StarGAN[*23][146] に基づく画風変換技術が用いられています。このほかにも、食品の大きさや皿の大きさを変更することで、少ない量で実際より多く食べたように錯覚させる、拡張満腹感の研究 [147, 148] などがあります。

このような錯覚は、脳が複数のモダリティから得た情報を統合することで世界を認知しているからこそ発生します。いわば、人間が生来もっている、クロスモーダル処理能力の高さを逆手にとった技術と言えます。

これらのシステムは、単に食事制限のある人のためだけのものではありません。食のエンターテインメント的な側面からも、新たな食事体験を提供するという意味で、多くの可能性を秘めています。**ヘッドマウントディスプレイ**が高画質のまま日常的な着用に耐えうるほど軽量化されるなど、ハードウェア的な制約がなくなれば、一気に実用化されるかもしれません。

## 4.6.2 調理者の意図を予測することによる調理ナビ

筆者の主要な研究テーマの 1 つが、経路のナビゲーションのように、調理者に案内を行う調理ナビゲーションです。経路ナビゲーションは「地図」と「現在地」を照らし合わせて、次の分岐点でどちらへ向かうべきかお知らせします。これに対して調理ナビゲーションでは、「レシピ」と「作業の進捗状況」を照らし合わせて、次の工程でなにをどうしたらよいかお知らせします。ユーザに知らせる手段としては、言語や画像、動画を用います。そのため、調理をさまざまなセンサにより観測し、観測結果からテキストや画像、映像を検索（場合によっては生成）し提示する、という非常に多様なモダリティが関わる応用例となっています。

図 4.15 は、経路ナビゲーションにおける地図情報の表現です。地図情報は、分岐点を節点、分岐点同士を結ぶ通行可能な道を枝としたグラフによって表現されます[*24]。このグラフでは、出発地から目的地に到達するための経由地が頂点で、経由地をつなぐ経路が枝により表現されています。

---

[*23] CycleGAN では予め決められた 2 種類の画風の相互変換しか実現できません。対応できる画風の種類を増やすために CycleGAN を拡張したものが StarGAN です。StarGAN では変換元の画像に加えて、変換先の画風を指す ID を指定することで任意個数の画風への変換を可能にしています。

[*24] ここでグラフというのは、高校までで習う円グラフや折れ線グラフのことではなく、頂点集合と枝集合の組によって定義される構造のことです。

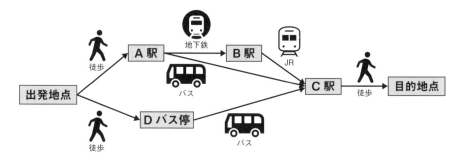

**図 4.15　移動経路探索に用いられる経路グラフ**

　この表現では、ナビゲーションを受けるユーザが今どこにいるのかという「**状態（state）**」が、グラフ上のどの頂点にいるかによって表現されます。また、次にどこに行こうとしているかという「**動作（action）**」は、どの枝を選択したのかに対応しています。このようなグラフ表現を**状態遷移モデル**（state transition model）と呼びます。状態遷移モデルは、かな漢字変換などにも使われる、情報学分野における古典的なモデルです。入力として各時刻の観測が各状態に対応する確率が与えられれば、状態遷移モデルのなかのどういう経路を辿ったのかや、今どの状態にいるのかを推定することができる**ビタビアルゴリズム**（Viterbi algorithm）などの、古典的な手法が利用できます。したがって、調理ナビゲーションも状態遷移モデルによって表現することさえできれば、経路ナビゲーションと同じように、さまざまなアルゴリズムによる高度なナビゲーションが実現できます（なお、状態遷移が一本道で、作業順序の入れ替えが一切起きない特殊な場合は、3.4.5項で紹介した**時系列整合**を行うことでナビゲーションを実現することが可能です）。

　さて、これまでにも、レシピをグラフにより表現する話題がありました。2.6.2項で紹介したような、ワークフローとしてのグラフ表現です。図4.16では、このようなワークフローの表現を、地図情報と同じような「出発地」と「目的地」の経路表現に変換したものです。

　各ノードのなかに書かれたワークフローに注目してください。出発地、すなわち調理開始時点では、どの工程も塗り潰されていません。わかめを水で戻したり、きゅうりを切ったりすることで対応する工程が塗り潰されていき、最終的に目的地、すなわち調理完了時点では、すべてが灰色で塗り潰されます。ワークフローのなかの工程を完了させることで、少しずつ目的地に近づいていくのです。この

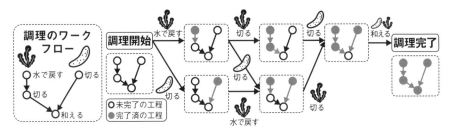

**図 4.16** 調理のワークフロー、およびフローの進捗状況を通過点と見立てた経路グラフ

とき、この状態遷移モデル上のノードは、作業の進捗状況を表しています。しかもそれは「ワークフローのなかですでに完了した工程の組み合わせ」として、一意に記述されます。また、枝に相当する「動作」は、「工程の実施」と対応します。作用因に基づいて各時点での食材の同一性判定をしたり、「工程の実施」という動作を認識・予測し、ビタビアルゴリズムを用いて過去の推論結果と統合することによって、「ユーザが今どの状態にいるのか」や「次の遷移先」が推定できます。これによって、ユーザの状況に応じた情報を提示することで、カーナビと同様に調理もナビゲーションすることができます。

　動作認識・予測の方法に応じて、さまざまな調理ナビゲーションが提案されています。まず、行った動作を手動で入力する方式の Happy Cooking [134] が、2003年度の未踏ソフトウェア創造事業の助成を受けて実装されているほか、調理容器に AR マーカーを付与し、使われる道具と動作を事前に対応付けておくことによる方法 [149]、AR マーカーの代わりに調理台への直接投影により物体の置き場を指示する**キッティング**（kitting）*25 を前提として、置き場にモノがないことをもって物体の使用を検出し、動作を推定する方法 [150] などがあります。また、筆者らは、マーカーやキッティングを用いずに、物体検出と手領域検出を用いた手法を提案しています [54]。

　なお、ビタビアルゴリズムに代表される状態遷移モデル上での最適経路探索や経路推薦、スケジューリングは、古典的な問題であり非常に多くの研究が行われています。上述の Happy Cooking のなかでも、調理特有の問題として、調理終了

---

*25　生産管理の方法の一種で、使う材料や道具を決められた場所に置いておき、作業者は順に材料や道具にアクセスすれば組み立てができるようにする方法、または、そのように配置する行為のことです。なお、ロボット分野における物体配置課題としてもよく知られています。

時点ですべての料理が温かい状態で食卓に並ぶようなスケジュールを自動で組む
アルゴリズムが提案されています。

---

### ☕ Coffee break

**調理のナビゲーションと作業者の意図の推定**

　GPS技術の民間利用が進んだ現代において、移動のためのナビゲーション、とく
に運転から手や目を離さずに進むべき道を教えてくれるカーナビは、なくてはなら
ないツールとなっています。このようなナビゲーションを実現するためには、まず、
ユーザの現在の状態を正しく把握することが必要です。しかし、「30m先を右折で
す。右折レーンを進んでください」という指示の例からわかるように、ナビゲート
すべき内容は、ユーザがすでに終わらせたことではなく、「その次になにをすべき
か」や「それをやる具体的な方法」です。つまり、ナビゲーションのような賢いイ
ンターフェイスを実現するためには、ユーザの現状を把握するだけでなく、その先
を予測し、先回りして情報を収集・提示する必要があります。

　人や車の移動に対しては、道などの環境の要素や運動の惰性など、予測の手がか
りが多様に存在しています。また、それらの情報のほとんどは、GPSと右折レー
ンの情報などが記載された詳細な地図を組み合わせることにより獲得可能です。で
は、調理をナビゲーションするためにはどうしたらよいでしょうか？　本項で述べ
たように、ユーザの現状は動作認識と状態遷移モデルを組み合わせることでモデル
化できそうです。「その次になにをすべきか」は状態遷移モデル上で、次の状態のな
かから1つを推薦することで提示可能です。また、「それをやる具体的な方法」も、
選んだ状態への遷移のために必要な作業を説明するテキストや、映像をあらかじめ
準備するような作り込みによって、なんとか提示することができそうです。

　では、これらをすべて備えれば、カーナビと同じような賢いナビゲーションが完
成するでしょうか？　私たちがカーナビを前にしたとき、とりがちな行動をよく思
い出してみましょう。

1. カーナビが「次の交差点を右折してください」と指示をする。
2. しかし、そのエリアの道は運転者もよく知っており、まっすぐ行く経路を
   好んでいる。
3. 運転者はカーナビを無視して直進する。
4. カーナビは、いったんは右折したものとしてナビゲーションを続けるが、どこ
   かのタイミングで違う経路に入ったことに気がつき、改めて経路を探索し直す。

　カーナビは、ユーザが指示に従わなかったときに、そのことをできるだけ早く検知し、新たに経路探索をやり直す「リルーティング」という機能をもっています。もしこの機能がなければ、ナビゲーションの恩恵を受けるために、ユーザは自分が好む・好まざるに関わらずルート選択の自由を完全に奪われることになります。ユーザにルート選択の主権を委ねながら、しかし、困ったときには間違いなくサポートする。これがナビゲーションに望まれる重要な機能の 1 つです。

　このためには、「次になにをすべきか」についてのナビゲーションからの推薦をユーザが無視したときに、「ではユーザは次になにをしたいのか？」をいち早く察知することが重要です。「ユーザが次にしたいこと」が、すなわち「意図」と呼ばれるものです。これに関連したものとして、ノーマンによる行為の 7 段階モデルが知られています（図 4.17）。これは、もともとはインターフェイスデザインにおいてユーザが目的を達成できずに躓く要因を、鋭い観察と思考によってモデル化したものです。

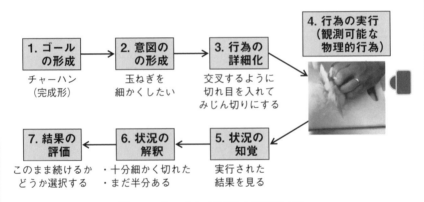

**図 4.17　ノーマンによる行為の 7 段階モデル**

　ドライブと料理を例にとり、このモデルにユーザの行為を当てはめてみたものが、表 4.3 です。一般的に、ナビゲーションが担当するのは、おもに「2. 意図の形成」と「3. 行為の詳細化」に関わる部分です。

　なお、行為実行を関数呼び出しのように考えれば、「7. 結果の評価」でNGとなった場合にエラーリカバリを開始することは、行為を再帰呼び出ししていることに相当します。呼び出しもとの行為（親行為）と、その失敗をリカバリするための子にあたる行為、というように、行為の 7 段階モデルは階層的な構造をもちます。ここでは、「エラーリカバリ」という目標が達成されれば、その呼び出しもとである親

**表** 4.3 　ドライブと料理における行為の 7 段階の例

| | ドライブの例 | 料理の例 |
|---|---|---|
| 1. ゴールの形成 | 行き先を決める | 献立を決める |
| 2. 意図の形成 | 次の交差点を右折しよう | 次は煮物に味付けをしよう |
| 3. 行為の詳細化 | 右折専用レーンに入る | 砂糖、醤油、酒を各大さじ1 |
| 4. 行為の実行 | 運転操作 | 調理動作 |
| 5. 状況の知覚 | 視覚や聴覚による情報収集 | 見た目や香りの確認、味見など |
| （成功例）　6. 状況の解釈 | 思っていた建物を目視できた | おいしい！ |
| 7. 結果の評価 | OK。ゴールは変わらないので 2 に戻る。 | |
| （失敗例）　6. 状況の解釈 | あるはずの建物が見当たらない | 食材がまだ固かった |
| 7. 結果の評価 | NG。リカバリをゴールとした新たな行為実行のため 1 へ。 | |

行為における「7. 結果の評価」を OK に変えることができるでしょう。もし、どうしてもリカバリに失敗してしまい、子行為が達成できないようであれば、親行為の目的も達成できないことになります。この場合、目的（行き先や献立）の変更がなされたり、あるいは行為全体をあきらめることになるでしょう。

　このような行為モデルにおいて、ナビゲーションが果たす役割を考えてみましょう。ナビゲーションは、入力としてゴール（行き先や献立）を受け取り、そこに到達するための意図の形成と、行為の詳細化までを情報提示により手助けします。前述のとおり、ナビに従わず、ユーザが意図をもってルートを外れようとしている場合、ナビゲーションシステムはそのことをいち早く察知するべきです。そして、ユーザが意図した次の行為を詳細化するための情報、すなわち火加減や調味料の分量などを先回りして提示できれば、それは非常に使い勝手のよいナビゲーションとなるでしょう。

　「3. 行為の詳細化」は、当然「4. 行為の実行」よりも前に行われます。そのため、ナビゲーションシステムは実際に行為が実行される前に、ユーザがシステムが推薦した手順を無視して意図を形成したことに気づく必要があります。これを実現するためには、作業者が注目している環境中の物体や設備をいち早く察知することが必要です。そのための現実的な手段[*26]としては、早く予測できる順から下記の 3 つくらいの観測情報が利用できるでしょう。

1. 視線の観測
2. 腕の動きの観測（筋電・画像処理など）
3. 物体との接触（画像処理など）

　いずれも、環境中のどの物体や設備とインタラクションをしようとしているかを、実際のインタラクションが開始されるよりも前、あるいは開始の瞬間に特定できる可能性があります。実際、調理のナビゲーションを実現する技術的要素は、現時点で十分に揃っていると言えます。不足しているのはデータです。すなわち、視線の先にある物体や設備がなんであるかを正しく認識するための訓練データ、とくに、調理中に現れる名前の付かないような食べ物の認識がネックになっています。たとえば、「人参と玉葱が千切りされて混ざっているもの」などように「食材 × 状態 × 他食材との組み合わせ」により、識別対象がとりうる見た目は千差万別です。状態遷移モデル上の各状態における作業対象の見た目を認識し、視線推定などの技術と組み合わせることができれば、今すぐにでも意図を推定し、先回りして分量を提示するような調理ナビゲーションを実現することが可能でしょう。

　一般的に、ナビゲーションは、行為の評価に関わる 5〜7 の段階にはあまり関与しません。そのため、この段階がどの程度うまくいくかは、行為の実行者の手腕に委ねられていることが多いように思われます。

　たとえば、プロのドライバーや料理人であれば「5. 状況の知覚」から「7. 結果の評価」までを高いレベルで実行し、かつ、その評価に従って次の意図を適切に形成する能力が求められるでしょう。一方で、家族でドライブをしたり家庭で料理を作る場面においては、事故になりかけたり、食べられない料理になってしまうような失敗以外は許容されるのが一般的でしょう。

　なお、もしこれをロボットに実行させようとした場合は、5〜7 の段階は非常に重大な問題になります。なぜなら、この段階がうまく処理されない場合、「ユーザが作って欲しいとお願いしたレシピに従ってロボットが料理を作る。途中の過程で生じた失敗を気にせず、ただひたすら手順を先に進める」といった状況が発生しうるからです。失敗率が 0% にかぎりなく近いのであれば問題はないでしょう。実際、工場で特定の料理を作るのに特化してデザインされたロボットは、十分に高い歩留まり率（少ない失敗率）を達成しています。しかし、Web サイトで選んだレシピをその場でロボットに作らせる場合に、仮に 5% 程度の確率で手順に失敗するとしたらどうでしょうか？　1 回の調理で何品作り、それぞれに何ステップあるか考えてみてください。毎日安心してロボットに調理を任せられる未来を望むのであれば、失敗に気づき、エラーリカバリを行う機能の実現は必要不可欠です。

# 第5章
# おわりに──料理と情報処理の これから

　第1章でも述べたように、本書の対象読者は自然言語処理や画像処理の研究や活用に興味がある人でした。本書が自分や学生の研究テーマを考えるきっかけや、自然言語処理や画像処理を自社に取り入れるきっかけになれば、これに勝る喜びはありません。最後に、未来のキッチンと筆者らの推薦図書について述べ、本書を締めくくりたいと思います。

# 5.1 未来のキッチン

「キッチン・インフォマティクス」と題して、本書では私たちの日々の料理を支える自然言語処理と画像処理についてお話ししてきました。その背景には、1.3節で述べたように、この10年で料理に関する自然言語処理や画像処理の研究や活用事例が増えてきたという世の中の変化がありました。キッチンをとりまく情報処理の現在を映したのが本書だとも言えるかもしれません。

では、未来はどうなるのでしょうか。自然言語処理と画像処理以外にも、キッチンをとりまく情報処理にはさまざまな発展がありそうです。たとえば、ロボットはその1つでしょう。図5.1は、2019年のKBIS（Kitchen & Bath Industry Show）という展示会で発表された料理ロボットSamsung Bot Chefです。ロボットアームがモノを切ったり、泡立てたり、注いだり、片付けたりと、さまざまな作業をこなしてくれます。未来では、このようなロボットが一般家庭のキッチンにいてもおかしくありません。

**図 5.1** Samsung Bot Chef（Samsung Electronics 社のサイトから引用）

3D プリンターで料理を作る、なんていう未来もあるかもしれません。図5.2は、Natural Machine 社の 3D フードプリンター FOODINI[*1]です。好きなメニューを

---

[*1]　https://www.naturalmachines.com/

選び、必要な材料を入れると、料理をプリントしてくれます。簡単なお菓子などであれば、すぐにできるそうです。FOODINIは2014年に発表されたものの、まだ一般家庭のキッチンで使われるまでには至っていません。しかし、3Dフードプリンターに対する業界の視線は熱く、市民権を得る日はそう遠くないでしょう。

**図 5.2** FOODINI（Natural Machine 社のサイトから引用）

画像処理の延長線上にあるものかもしれませんが、MR（Mixed Reality）やAR（Augmented Reality）の発展も楽しみです。Microsoft HoloLens[2]やGoogle Glass[3]などは、料理の未来を変えるかもしれません。これらのデバイスを使えば、たとえば、図5.3のようにレシピや料理動画を空中に映すことができます。未来のキッチンでは、もう狭い調理スペースにスマートフォンやタブレット、レシピ本を置く必要はありません。

さて、もちろん、未来のことはわかりません。上で挙げたようなプロダクトが未来のキッチンで使われているか否かは、神様にしかわかりません。一方で、筆者らがわかっていることが1つだけあります。それは、料理と情報処理のコラボレーションが今後も増えつづけるということです。

料理の歴史は数十万年にもなるそうです。料理は人類にとって普遍的な営みと言えます。今後もなくなることはないでしょう。一方、情報処理の歴史はせいぜい数十年といったところです。しかし、その進歩は留まるところを知りません。こちらもなくなることはないでしょう。

---

[2] https://www.microsoft.com/ja-jp/hololens

[3] https://www.google.com/glass/start/

**図 5.3**　HOLOCOOKING*⁴（同プロジェクトのビデオから引用）

　料理と情報処理は出会ったばかりです。驚くような研究や活用事例が今後も続々と生まれるでしょう。それらを生み出すのは、この本を読んでいるあなたかもしれません。わくわくする未来に思いを馳せつつ、本書を締めくくりたいと思います。ここまで読んでいただき、ありがとうございます。お疲れさまでした。

## 5.2　推薦図書

　本書の最後に筆者らの推薦図書を紹介します。本書では料理と自然言語処理、画像処理を扱いました。これらのテーマに関するさまざまな書籍のなかで、筆者らがおすすめのものをいくつか紹介します。

### 改訂版 自然言語処理 [151]

　2015年度から2018年度の放送大学の専門科目「自然言語処理」の印刷教材（を一部改定したもの）です。自然言語処理の基礎から応用まで、過去から現在までを幅広く解説しており、自然言語処理の世界を一通り知るのに最適の一冊です。自然言語処理を学びたいと思っている初級者の人はもちろん、学びなおしたいと

---

*⁴ https://roxanneluo.github.io/holocook/index.html

思っている中級者の人にも自信をもっておすすめできます。ぜひ読んでみてください。

### 基礎日本語文法・改訂版 [152]

こちらは日本語文法の教科書です。自然言語処理に深く関わるようになると、最低限の文法の知識が必要になってきます。この本は日本語文法全般を解説したもので、わからないことがあったときのリファレンスとして使うことができます。筆者も数え切れないくらいお世話になってきました。注意として、日本語文法にはさまざまな体系があり、さまざまな立場の人がいます。そのため、1冊の教科書でそのすべてがわかるというわけではありません。

### コンピュータビジョン —アルゴリズムと応用—[65]

3.5.2項でも紹介したこの本は、通称「シェリスキ本」などと呼ばれ、日本のコンピュータビジョンにおける中堅研究者らによって翻訳がなされました。画像処理のハンドブック的なこの本は、教科書的にすべてを読み解くことは時間的にかなり難しいものの、深層学習以前の内容はほぼすべて網羅されているといっても過言ではありません。このため、画像処理を扱う技術者、研究者であれば、グループごとに辞書として1冊は確保しておきたい書籍です。

### コンピュータビジョン —広がる要素技術と応用—[153]

この本は、日本のコンピュータビジョン分野における新進気鋭の若手研究者が、それぞれの専門知識に基づいて基礎から応用までを幅広く解説し、2018年に出版された比較的新しい本です。カメラ校正などの古典的技術も解説されていますが、物体検出、動作認識、画像キャプション生成といった最新の話題まで、数式や具体的な深層学習モデルなどを用いながら、本書よりも技術的に細かい解説がなされています。本書の読者がなにか画像処理に関して注目のトピックを見つけたのであれば、その内容について深堀りするうえでおすすめの書です。

### パターン認識と機械学習 上 [154] 下 [155]

こちらは機械学習の教科書で、「Pattern Recognition and Machine Learning」という書籍の日本語版です。原著のタイトルを略して、PRMLとよく呼ばれます。

機械学習の教科書としては定番中の定番です。注意として、かなり読み応えがあります。ページ数が多く、内容も難しいです。独学で読み進めるのは大変かもしれません。また、深層学習が現れる前の本なので、深層学習については触れられていません。

## おいしさを伝えるレシピの書き方 Handbook [32]

その名のとおり、レシピの書き方に焦点を当てた非常に珍しい本です。レシピを書くときに気をつけるべきポイントが、事細かに解説されています。また、調理用語の意味や食材・調味料の特徴なども丁寧に解説されているので、読むだけで料理の勉強になります。料理に携わる人（そのなかでも、とくに料理ブロガーや料理講師）向けの本ですが、料理と自然言語処理に携わる人にもおすすめです。読むだけで研究のアイデアがどんどん湧いてきます。

## Cooking for Geeks 第2版 –料理の科学と実践レシピ–[156]

この本は、その名が示すとおり、エンジニアにとって料理という作業のなかで起きているできごとを科学的に説明し、おいしい料理を作るために必要な知識・技術を教えてくれる一冊です。現在手に入るものは、大幅に加筆・修正がされた第2版です。初版本は、肉類に含まれる2種類のタンパク質が変性するそれぞれの温度や変性による食感の変化、加熱以外の変性方法についてや、香ばしさを感じるメイラード反応の温度などが詳しく解説されています。これを知るだけで家庭で調理する肉が一味かわること間違いなしの、知識やテクニックが満載です。そのほかにも、カラメル化が始まる温度を利用したオーブンのキャリブレーション方法などの、エンジニアが思わずニヤッとするような話題が紹介されています。

第2版では、これらに加えて、さまざまな専門家のインタビューが加えられています。調理器具から分子料理まで、それぞれの専門家が非常にディープな話題を紹介してくれます。また、日本人ならではの視点として、本書を読むとアメリカと日本で、いかにキッチンの環境や食習慣に違いがあるかもよくわかります。また、それらの違いがなにに起因するのかを考えることも、社会構造を変えるようなサービスを考えるうえでは非常によい頭のトレーニングになります。あらゆる点において、実際に調理に関するサービスを作成する技術者が知っておいて損はまったくない内容となっています。ただし、同居家族などにこの本の知識を披露

するのは鬱陶しいと思われかねないので、やめておいたほうが無難です。これらの知識を活用するのは、自分が調理をしているときとサービスをデザインするときだけに留めておきましょう。

## 5.3 謝辞

　本書の構想を練りはじめたのは2018年の1月でした。手元の記録によると、正確な日付は1月2日でした。はっきり覚えていませんが、たしか、「今年の目標」の1つに「本を書く」があった気がします。とはいえ、結局、この年は気が向いたときに少し書く程度でした。

　オーム社から執筆のお誘いをいただいたのは2019年の1月でした。すでに多少の原稿はあったものの、この頃は論文の投稿が控えていたこともあって、すぐに「書きます」とは言えませんでした。論文の投稿を終えて、「書きます」と言ったのは半年後の7月でした。なお、論文は不採録でした。

　それから1年半、ほぼ毎日書きつづけ、今は2021年の1月です。やっと出版の目処が立ちました。こうして振り返ると、構想を練りはじめてから出版に漕ぎつけるまでに3年を要していました。「今年の目標」にしてはだいぶ見積もりが甘いですね。

　さて、この3年は長く苦しい日々でした。これを乗り越えられたのは多くの方々のご支援のおかげです。この場を借りて、感謝を述べたいと思います。

　共著をお引き受けいただいたオムロンサイニックエックス株式会社の橋本敦史さんに感謝いたします。本書が単なる「料理と自然言語処理」でなく「キッチン・インフォマティクス」であるのは橋本さんのおかげです。橋本さんに書いていただいた第3章と第4章は私も非常に勉強になりました。

　本書の編集をご担当いただいた株式会社オーム社の原純子さんに感謝いたします。原さんは執筆に不慣れな私にいつも的確なアドバイスをくださいました。自然言語処理に関する本を書くというのは私の夢の1つでした。原さんのおかげで夢が叶いました。

　第2章の査読をお引き受けいただいた京都大学の森信介教授と西村太一さんに感謝いたします。自然言語処理に明るく、かつ、料理というドメインに興味をもっている人として最初に思い浮かんだのがお二人でした。お忙しいなか、快く査読

をお引き受けいただき、大変助かりました。

　技術コラムのチェックをお引き受けいただいたクックパッド株式会社の深澤祐援さんと平松淳さんに感謝いたします。お二人には「パーセプトロン」と「RNN」、「BERT」のコラムを読んでいただきました。これらに詳しくない私にとって、お二人が身近にいたのは大変幸運でした。

　カバーの作成をお引き受けいただいた株式会社エムディエヌコーポレーションの木村由紀さんと石垣由梨さん、クックパッド株式会社の田部信子さんに感謝いたします。デザインも撮影も門外漢の私にとって、皆さんは最強の助っ人でした。完成したカバーを見たときは感動で震えました。

　愛する妻をはじめとする家族に感謝いたします。この 3 年間、プライベートの時間の多くを本書の執筆に費やしました。執筆の終盤にはなんと娘も生まれました。これからは、これまで執筆に充てていた時間以上の時間を育児に充てることをここに誓います。

　最後に、本書を手にしてくださった読者の皆さまに感謝いたします。長く苦しい執筆の日々も、誰かが読んでくれることを思うと乗り越えられました。最後まで読んでいただき、ありがとうございました。本書が皆様のお役に立てば、これに勝る喜びはありません。

原島　純

　第 3 章の執筆にあたり、専門的な観点から的確な指摘をいただいた名古屋大学の川西康友先生に感謝申し上げます。川西くんとは研究室の博士課程の同期でありながら、今まで一度も一緒に執筆をする機会がなかったため、本書で専門家の意見を、となったときに真っ先に名前が浮かびました。非常に忙しいなか、依頼に応じてくれて本当にありがたく思います。

　また、第 4 章では、料理と視覚言語統合というテーマを研究している新進気鋭の学生という立場から、さまざまな意見をくれた京都大学博士課程の西村太一くんに、改めてお礼を述べたいと思います。実は本書の図や表の一部は彼が論文用に作成したもの本人の許可を得たうえで利用させてもらっており、その点でも非常に助けられました。修論と博士の院試が重なった非常に忙しい状況のなか、第 2、3、4 章にわたって、データセットなどの細かな内容まで把握している世界的に見ても希少な人材として本書に目を通してもらい、感謝の言葉もありません。ま

た、一般的な情報系の学生という立場から、第3、4章を通読し、理解が難しい箇所について忌憚のない意見をくれた、大阪府立大学の道端真也くんにも心から御礼申し上げます。

第5章に述べられているように、食に関するさまざまな技術が実用化されるのは、むしろこれからが始まりといっても過言ではありません。本書にまつわる私自身の研究活動は、大部分が前職である京都大学において行われたものです。しかしながら幸いにして、新しく在籍しているオムロンサイニックエックス株式会社においても、引き続きメインテーマの1つとして、レシピを対象としたクロスモーダル処理の研究を続けています。

クロスモーダル処理を含め、機械学習分野は、カンブリア紀における生命の発展にも例えられるような超短期間での爆発的な応用の広がりを終え、実用化を待っているような段階に入っています。それと同時に、研究としては、できることが探索しつくされたような感があり、分野全体で次のブレイクスルーを待っているような状態に入ってきています。本書を手にとった誰かが、素晴らしい実用例を作り出したり、驚くようなブレイクスルーを実現してくれれば、筆者としてはこのうえない幸せです。

最後になりますが、本書の執筆に誘ってくださった共著者の原島さん、編集の原さん、本書執筆を応援いただいたオムロンサイニックエックス株式会社代表取締役社長の諏訪さん、同社インタラクショングループ Principle Investigator の牛久さん、その他、本書の体裁を整えるためにお力添えいただいたすべてのスタッフの方、そしてなにより、本書を手にとり、このあとがきまで目を通してくれた優れた読者であるあなたへ最大の感謝を捧げたいと思います。

橋本敦史

# 参考文献

[1] 総務省. 令和元年通信利用動向調査. `https://www.soumu.go.jp/johotsusintokei/statistics/statistics05.html`, 2020.

[2] Jia Deng, Alex Berg, Sanjeev Satheesh, Hao Su, Aditya Khosla, and Fei-Fei Li. Large Scale Visual Recognition Challenge 2012. `http://image-net.org/challenges/LSVRC/2012/ilsvrc2012.pdf`, 2012.

[3] Alex Krizhevsky, Ilya Sutskever, and Geoffrey E. Hinton. ImageNet Classification with Deep Convolutional Neural Networks. In *Proc. of NeurIPS*, pp. 1097–1105, 2012.

[4] Tomas Mikolov, Ilya Sutskever, Kai Chen, Greg Corrado, and Jeff Dean. Distributed Representations of Words and Phrases and their Compositionality. In *Proc. of NeurIPS*, pp. 3111–3119, 2013.

[5] Jacob Devlin, Ming-Wei Chang, Kenton Lee, and Kristina Toutanova. BERT: Pre-training of Deep Bidirectional Transformers for Language Understanding. In *Proc. of NAACL-HLT*, pp. 4171–4186, 2019.

[6] 西尾実, 岩淵悦太郎, and 水谷静夫. 岩波国語辞典. 岩波書店, 2011.

[7] 文部科学省. 日本食品標準成分表 2020 年版 (八訂). `https://www.mext.go.jp/a_menu/syokuhinseibun/mext_01110.html`, 2020.

[8] Jun Harashima and Yoshiaki Yamada. Two-Step Validation in Character-based Ingredient Normalization. In *Proc. of CEA*, pp. 29–32, 2018.

[9] Jun Harashima, Makoto Hiramatsu, and Satoshi Sanjo. Calorie Estimation in a Real-World Recipe Service. In *Proc. of IAAI*, pp. 13306–13313, 2020.

[10] Shintaro Inuzuka, Takahiko Ito, and Jun Harashima. Step or Not: Discrim-

inator for The Real Instructions in User-generated Recipes. In *Proc. of W-NUT*, p. 214, 2018.

[11] Takahiko Ito, Shintaro Inuzuka, Yoshiaki Yamada, and Jun Harashima. Real World Voice Assistant System for Cooking. In *Proc. of INLG*, pp. 508–509, 2019.

[12] 深澤祐援, 原島純, and 西川荘介. マルチラベル分類による材料推薦モデル. In *言語処理学会 (NLP) 年次大会発表論文集*, 2021.

[13] 平手勇宇 and 関洋平. 重複レシピの自動検知によるユーザ投稿型レシピサービスのユーザビリティ向上. *人工知能学会誌*, vol. 34, no. 1, pp. 9–14, 2019.

[14] Masaki Oguni, Yohei Seki, Risako Shimada, and Yu Hirate. Method for Detecting Near-duplicate Recipe Creators Based on Cooking Instructions and Food Images. In *Proc. of CEA*, pp. 49–54, 2017.

[15] Jun Harashima, Michiaki Ariga, Kenta Murata, and Masayuki Ioki. A Large-scale Recipe and Meal Data Collection as Infrastructure for Food Research. In *Proc. of LREC*, pp. 2455–2459, 2016.

[16] Jun Harashima, Yuichiro Someya, and Yohei Kikuta. Cookpad Image Dataset: An Image Collection as Infrastructure for Food Research. In *Proc. of SIGIR*, pp. 1229–1232, 2017.

[17] Sadao Kurohashi and Makoto Nagao. Building a Japanese Parsed Corpus while Improving the Parsing System. In *Proc. of LREC*, pp. 719–724, 1998.

[18] Daisuke Kawahara, Sadao Kurohashi, and Kôiti Hashida. Construction of a Japanese Relevance-tagged Corpus. In *Proc. of LREC*, pp. 2008–2013, 2002.

[19] Ryu Iida, Mamoru Komachi, Kentaro Inui, and Yuji Matsumoto. Annotating a Japanese text corpus with predicate-argument and coreference relations. In *Proc. of LAW*, pp. 132–139, 2007.

[20] Shinsuke Mori, Hirokuni Maeta, Yoko Yamakata, and Tetsuro Sasada. Flow Graph Corpus from Recipe Texts. In *Proc. of LREC*, pp. 2370–2377, 2014.

[21] Yoko Yamakata, Shinsuke Mori, and John Carroll. English Recipe Flow Graph Corpus. In *Proc. of LREC*, pp. 5187–5194, 2020.

[22] Jun Harashima and Makoto Hiramatsu. Cookpad Parsed Corpus: Linguis-

tic Annotations of Japanese Recipes. In *Proc. of LAW*, pp. 87–92, 2020.

[23] Dan Tasse and Noah A. Smith. SOUR CREAM: Toward Semantic Processing of Recipes. Technical report, Carnegie Mellon University, pp. 821–826, 2008.

[24] Yiwei Jiang, Klim Zaporojets, Johannes Deleu, Thomas Demeester, and Chris Develder. Recipe Instruction Semantics Corpus (RISeC): Resolving Semantic Structure and Zero Anaphora in Recipes. In *Proc. of AACL-IJCNLP*, 2020.

[25] Jermsak Jermsurawong and Nizar Habash. Predicting the Structure of Cooking Recipes. In *Proc. of EMNLP*, pp. 781–786, 2015.

[26] 萩行正嗣, 河原大輔, and 黒橋禎夫. 多様な文書の書き始めに対する意味関係タグ付きコーパスの構築とその分析. *自然言語処理*, vol. 21, no. 2, pp. 213–248, 2014.

[27] Daisuke Kawahara, Yuichiro Machida, Tomohide Shibata, Sadao Kurohashi, Hayato Kobayashi, and Manabu Sassano. Development of a Corpus with Discourse Annotations using Two-stage Crowdsourcing. In *Proc. of COLING*, pp. 269–278, 2014.

[28] Michiko Yasukawa and Fernando Diaz. Overview of the NTCIR-11 Cooking Recipe Search Task. In *Proc. of NTCIR*, pp. 483–496, 2014.

[29] Hidetsugu Nanba, Yoko Doi, Miho Tsujita, Toshiyuki Takezawa, and Kazutoshi Sumiya. Construction of a Cooking Ontology from Cooking Recipes and Patents. In *Proc. of CEA*, pp. 507–516, 2014.

[30] 清丸寛一, 黒橋禎夫, 遠藤充, and 山上勝義. 料理レシピとクラウドソーシングに基づく基本料理知識ベースの構築. In *言語処理学会(NLP)年次大会発表論文集*, pp. 662–665, 2018.

[31] Young joo Chung. Finding Food Entity Relationships using User-generated Data in Recipe Service. In *Proc. of CIKM*, pp. 2611–2614, 2012.

[32] レシピ校閲者の会. おいしさを伝えるレシピの書き方Handbook. 辰巳出版, 2017.

[33] Akiyo Nadamoto, Shunsuke Hanai, and Hidetsugu Nanba. Clustering for Similar Recipes in User-generated Recipe Sites based on Main Ingredients and Main Seasoning. In *Proc. of NBiS*, pp. 336–341, 2016.

[34] Shinsuke Mori and Graham Neubig. A Comparative Study of Dictionaries and Corpora as Methods for Language Resource Addition. *Language Resources and Evaluation*, vol. 50, no. 2, pp. 245–261, 2016.

[35] Tetsuro Sasada, Shinsuke Mori, Tatsuya Kawahara, and Yoko Yamakata. Named Entity Recognizer Trainable from Partially Annotated Data. In *Proc. of PACLING*, pp. 148–160, 2015.

[36] 平松淳 and 原島純. レシピ解析の現状と課題: Cookpad Parsed Corpus を例として. In *言語処理学会(NLP)年次大会発表論文集*, 2021.

[37] Graham Neubig, Yosuke Nakata, and Shinsuke Mori. Pointwise Prediction for Robust, Adaptable Japanese Morphological Analysis. In *Proc. of ACL-HLT*, pp. 529–533, 2011.

[38] Kikuo Maekawa, Makoto Yamazaki, Toshinobu Ogiso, Takehiko Maruyama, Hideki Ogura, Wakako Kashino, Hanae Koiso, Masaya Yamaguchi, Makiro Tanaka, and Yasuharu Den. Balanced Corpus of Contemporary Written Japanese. *Language Resources and Evaluation*, vol. 48, no. 2, pp. 345–371, 2014.

[39] Guillaume Lample, Miguel Ballesteros, Sandeep Subramanian, Kazuya Kawakami, and Chris Dyer. Neural Architectures for Named Entity Recognition. In *Proc. of NAACL-HLT*, pp. 260–270, 2016.

[40] Ilya Sutskever, Oriol Vinyals, and Quoc V. Le. Sequence to Sequence Learning with Neural Networks. In *Proc. of NeurIPS*, pp. 3104–3112, 2014.

[41] Chloé Kiddon, Ganesa Thandavam Ponnuraj, Luke Zettlemoyer, and Yejin Choi. Mise en Place: Unsupervised Interpretation of Instructional Recipes. In *Proc. of EMNLP*, pp. 982–992, 2015.

[42] Hirokuni Maeta, Tetsuro Sasada, and Shinsuke Mori. A Framework for Procedural Text Understanding. In *Proc. of IWPT*, pp. 50–60, 2015.

[43] Amaia Salvador, Michal Drozdzal, Xavier Giro i Nieto, and Adriana Romero. Inverse Cooking: Recipe Generation from Food Images. In *Proc. of CVPR*, 2019.

[44] Taichi Nishimura, Atsushi Hashimoto, and Shinsuke Mori. Procedural Text Generation from a Photo Sequence. In *Proc. of INLG*, pp. 409–414, 2019.

[45] Khyathi Raghavi Chandu, Eric Nyberg, and Alan W Black. Storyboarding of Recipes: Grounded Contextual Generation. In *Proc. of ACL*, pp. 6040–6046, 2019.

[46] Atsushi Ushiku, Hayato Hashimoto, Atsushi Hashimoto, and Shinsuke Mori. Procedural Text Generation from an Execution Video. In *Proc. of IJCNLP*, pp. 326–335, 2017.

[47] Shinsuke Mori, Hirokuni Maeta, Tetsuro Sasada, Koichiro Yoshino, Atushi Hashimoto, Takuya Funatomi, and Yoko Yamakata. FlowGraph2Text: Automatic Sentence Skeleton Compilation for Procedural Text Generation. In *Proc. of INLG*, pp. 118–122, 2014.

[48] Chloé Kiddon, Luke Zettlemoyer, and Yejin Choi. Globally Coherent Text Generation with Neural Checklist Models. In *Proc. of EMNLP*, pp. 329–339, 2016.

[49] Takayuki Sato, Jun Harashima, and Mamoru Komachi. Japanese-English Machine Translation of Recipe Texts. In *Proc. of WAT*, pp. 58–67, 2016.

[50] Dzmitry Bahdanau, KyungHyun Cho, and Yoshua Bengio. Neural Machine Translation by Jointly Learning to Align and Translate. In *Proc. of ICLR*, 2015.

[51] Philipp Koehn, Franz Josef Och, and Daniel Marcu. Statistical Phrase-Based Translation. In *Proc. of NAACL-HLT*, pp. 127–133, 2003.

[52] Ashish Vaswani, Noam Shazeer, Niki Parmar, Jakob Uszkoreit, Llion Jones, Aidan N. Gomez, Lukasz Kaiser, and Illia Polosukhin. Attention Is All You Need. In *Proc. of NeurIPS*, pp. 5998–6008, 2017.

[53] Atsushi Hashimoto, Jin Inoue, Takuya Funatomi, and Michihiko Minoh. How does User's Access to Object Make HCI Smooth in Recipe Guidance? In *Proc. of International Conf. on Cross-Cultural Design, Held as Part of HCI International 2014*, pp. 150–161, 2014.

[54] 松村優樹, 橋本敦史, 飯山将晃, 森信介, and 美濃導彦. 被作用物体とその位置を手掛かりとした実施工程の追跡に基づく作業者の意図推定. *電子情報通信学会技術研究報告*, vol. 117, no. 484, pp. 41–46, 2018.

[55] Jamie Shotton, Ross Girshick, Andrew Fitzgibbon, Toby Sharp, Mat Cook,

Mark Finocchio, Richard Moore, Pushmeet Kohli, Antonio Criminisi, Alex Kipman, Andrew Blake. Efficient human pose estimation from single depth images. *IEEE Trans. on PAMI*, vol. 35, no. 12, pp. 2821–2840, 2012.

[56] Zhe Cao, Tomas Simon, Shih-En Wei, and Yaser Sheikh. Realtime multi-person 2d pose estimation using part affinity fields. In *Proc. of CVPR*, 2017.

[57] Hao-Shu Fang, Shuqin Xie, Yu-Wing Tai, and Cewu Lu. RMPE: Regional multi-person pose estimation. In *Proc. of ICCV*, 2017.

[58] Sebastian Stein and Stephen J McKenna. Combining embedded accelerometers with computer vision for recognizing food preparation activities. In *Proc. of UbiComp*, pp. 729–738, 2013.

[59] Atsushi Hashimoto, Jin Inoue, Takuya Funatomi, and Michihiko Minoh. Intention-sensing recipe guidance via user accessing to objects. *International Journal of Human–Computer Interaction*, vol. 32, no. 9, pp. 722–733, 2016.

[60] Qiuhong Ke, Mario Fritz, and Bernt Schiele. Time-conditioned action anticipation in one shot. In *Proc. of CVPR*, 2019.

[61] Yangyu Chen, Shuhui Wang, Weigang Zhang, and Qingming Huang. Less is more: Picking informative frames for video captioning. In *Proc. of ECCV*, 2018.

[62] 久原卓, 出口大輔, 高橋友和, 井手一郎, and 村瀬洋. CHLAC 特徴の周期性解析による料理映像中の繰り返し調理動作区間の抽出と識別. *電子情報通信学会技術研究報告*, vol. 110, no. 457, pp. 61–66, 2011.

[63] 宮脇健三郎, 佐野睦夫, 西口敏司, 池田克夫. 動作同期型調理ナビゲーションのためのユーザ適応型調理タスクモデル. *情報処理学会論文誌*, vol. 50, no. 4, pp. 1299–1310, 2009.

[64] Takuji Narumi, Shinya Nishizaka, Takashi Kajinami, Tomohiro Tanikawa, and Michitaka Hirose. Meta cookie+: an illusion-based gustatory display. In *Proc. of International Conf. on Virtual and Mixed Reality*, pp. 260–269, 2011.

[65] Richard Szeliski. コンピュータビジョン –アルゴリズムと応用–. 共立出版, 2013.

[66] Katsunori Ohnishi, Atsushi Kanehira, Asako Kanezaki, and Tatsuya Harada. Recognizing activities of daily living with a wrist-mounted camera. In *Proc. of CVPR*, 2016.

[67] 赤坂亮太, 大西正輝, 佐藤真一, 小林正啓, and 美濃導彦. カメラ映像を学術研究で利用するためのプライバシーを考慮したガイドラインについて. *電子情報通信学会誌*, vol. 102, no. 11, pp. 1039–1044, 2019.

[68] 櫻井俊, 青砥隆仁, 舩冨卓哉, 久保尋之, 向川康博. 特定用途のマルチスペクトルカメラ設計のための重要フィルタの選択. *研究報告コンピュータビジョンとイメージメディア(CVIM)*, vol. 2017, no. 16, pp. 1–8, 2017.

[69] 松岡孝尚, 宮内樹代史, and 孫徳明. 農産物の品質判定に関する基礎的研究―分光反射特性によるナス光沢の定量化―. *農業機械学会誌*, vol. 57, no. 1, pp. 33–40, 1995.

[70] Nele Bendel, Anna Kicherer, Andreas Backhaus, Janine Köckerling, Michael Maixner, Elvira Bleser, Hans-Christian Klück, Udo Seiffert, Ralf T Voegele, and Reinhard Töpfer. Detection of grapevine leafroll-associated virus 1 and 3 in white and red grapevine cultivars using hyperspectral imaging. *Remote Sensing*, vol. 12, no. 10, p. 1693, 2020.

[71] Kaiming He, Jian Sun, and Xiaoou Tang. Single image haze removal using dark channel prior. *IEEE Trans. on PAMI*, vol. 33, no. 12, pp. 2341–2353, 2010.

[72] 宮崎達也, デシルヴァ ガムヘワゲチャミンダ, 相澤清晴. 食事画像からのカロリー推定-複数の低次特徴に基づく辞書照合と重回帰分析によるアプローチ. *画像の認識・理解シンポジウム(MIRU)*, pp. 170–176, 2011.

[73] Mei Chen, Kapil Dhingra, Wen Wu, Lei Yang, Rahul Sukthankar, and Jie Yang. Pfid: Pittsburgh fast-food image dataset. In *Proc. of ICIP*, pp. 289–292, IEEE, 2009.

[74] Yuji Matsuda, Hajime Hoashi, and Keiji Yanai. Recognition of multiple-food images by detecting candidate regions. In *Proc. of IEEE International Conf. on Multimedia and Expo*, pp. 25–30, 2012.

[75] Yoshiyuki Kawano and Keiji Yanai. Automatic expansion of a food image dataset leveraging existing categories with domain adaptation. In *Proc. of*

*ECCV*, pp. 3–17, 2014.

[76] Lukas Bossard, Matthieu Guillaumin, and Luc Van Gool. Food-101–mining discriminative components with random forests. In *Proc. of ECCV*, pp. 446–461, 2014.

[77] Jingjing Chen and Chong-Wah Ngo. Deep-based ingredient recognition for cooking recipe retrieval. In *ACM MM*, pp. 32–41, 2016.

[78] Jiang Wang, Yi Yang, Junhua Mao, Zhiheng Huang, Chang Huang, and Wei Xu. Cnn-rnn: A unified framework for multi-label image classification. In *Proc. of CVPR*, 2016.

[79] Kazuma Takahashi, Keisuke Doman, Yasutomo Kawanishi, Takatsugu Hirayama, Ichiro Ide, Daisuke Deguchi, and Hiroshi Murase. Estimation of the attractiveness of food photography focusing on main ingredients. In *Proc. of CEA*, pp. 1–6, 2017.

[80] Wilhelm Furtwängler. 音と言葉. 新潮社, 1981.

[81] 服部竜実, 道満恵介, 井手一郎, and 目加田慶人. 料理写真の魅力度を推定する際の画像特徴に関する定量分析: 食材構成の理解が魅力度に及ぼす影響. *電子情報通信学会技術研究報告, メディアエクスペリエンス・バーチャル環境基礎(MVE)*, vol. 117, no. 217, pp. 43–48, 2017.

[82] Yin Li, Miao Liu, and James M. Rehg. In the eye of beholder: Joint learning of gaze and actions in first person video. In *ECCV*, 2018.

[83] Austin Meyers, Nick Johnston, Vivek Rathod, Anoop Korattikara, Alex Gorban, Nathan Silberman, Sergio Guadarrama, George Papandreou, Jonathan Huang, and Kevin P Murphy. Im2Calories: towards an automated mobile vision food diary. In *Proc. of ICCV*, pp. 1233–1241, 2015.

[84] 森本雅和, 三好卓也, and 藤井健作. マイナー成分分析を用いたパンの画像識別. *電子情報通信学会論文誌 A*, vol. 94, no. 7, pp. 548–551, 2011.

[85] 森麻紀, 栗原一貴, 塚田浩二, and 椎尾一郎. いろどりん: 食卓の彩り支援システム. *電子情報通信学会技術研究報告. マルチメディア・仮想環境基礎(MVE)*, vol. 107, no. 454, pp. 69–72, 2008.

[86] Kensho Hara, Hirokatsu Kataoka, and Yutaka Satoh. Can Spatiotemporal 3d CNNs Retrace the History of 2D CNNs and ImageNet? In *Proc. of*

*CVPR*, 2018.

[87] Yuxin Wu and Kaiming He. Group normalization. In *Proc. of ECCV*, 2018.

[88] Andrew L Maas, Awni Y Hannun, and Andrew Y Ng. Rectifier nonlinearities improve neural network acoustic models. In *Proc. of ICML*, vol. 30, 2013.

[89] Hongyi Zhang, Moustapha Cisse, Yann N. Dauphin, and David Lopez-Paz. Mixup: Beyond empirical risk minimization. In *ICLR*, 2018.

[90] Yuji Tokozume, Yoshitaka Ushiku, and Tatsuya Harada. Between-class learning for image classification. In *Proc. of CVPR*, 2018.

[91] Andrea Asperti and Claudio Mastronardo. The effectiveness of data augmentation for detection of gastrointestinal diseases from endoscopical images. *arXiv preprint arXiv:1712.03689*, 2017.

[92] Ian Goodfellow, Jean Pouget-Abadie, Mehdi Mirza, Bing Xu, David Warde-Farley, Sherjil Ozair, Aaron Courville, and Yoshua Bengio. Generative adversarial nets. In *Proc. of NeurIPS*, pp. 2672–2680, 2014.

[93] Ishaan Gulrajani, Faruk Ahmed, Martin Arjovsky, Vincent Dumoulin, and Aaron C Courville. Improved training of Wasserstein GANs. In *Proc. of NeurIPS*, pp. 5767–5777, 2017.

[94] Takeru Miyato, Toshiki Kataoka, Masanori Koyama, and Yuichi Yoshida. Spectral Normalization for Generative Adversarial Networks. In *Proc. of ICLR*, 2018.

[95] Martin Arjovsky, Soumith Chintala, and Léon Bottou. Wasserstein generative adversarial networks. In *International Conf. on Machine Learning*, pp. 214–223, 2017.

[96] Bingchen Liu, Yizhe Zhu, Kunpeng Song, Ahmed Elgammal. Towards Faster and Stabilized GAN Training for High-fidelity Few-shot Image Synthesis. In *Proc. of ICLR*, 2021.

[97] Phillip Isola, Jun-Yan Zhu, Tinghui Zhou, and Alexei A. Efros. Image-to-image translation with conditional adversarial networks. In *Proc. of CVPR*, 2017.

[98] Jun-Yan Zhu, Taesung Park, Phillip Isola, and Alexei A. Efros. Unpaired image-to-image translation using cycle-consistent adversarial networks.

In *Proc. of ICCV*, 2017.

[99] 成冨志優, 堀田大地, 丹野良介, 下田和, and 柳井啓司. Conditional GAN によ る食事写真の属性操作. In *データ工学と情報マネジメントに関するフォーラム (DEIM)*, 電子情報通信学会, 2018.

[100] Tero Karras, Samuli Laine, and Timo Aila. A style-based generator architecture for generative adversarial networks. In *Proc. of CVPR*, pp. 4401–4410, 2019.

[101] Eric Tzeng, Judy Hoffman, Kate Saenko, and Trevor Darrell. Adversarial discriminative domain adaptation. In *Proc. of CVPR*, 2017.

[102] Amaia Salvador, Nicholas Hynes, Yusuf Aytar, Javier Marin, Ferda Ofli, Ingmar Weber, and Antonio Torralba. Learning cross-modal embeddings for cooking recipes and food images. In *Proc. of CVPR*, pp. 3020–3028, 2017.

[103] Florian Schroff, Dmitry Kalenichenko, and James Philbin. FaceNet: A unified embedding for face recognition and clustering. In *Proc. of CVPR*, 2015.

[104] Wei Chen, Tie yan Liu, Yanyan Lan, Zhi ming Ma, and Hang Li. Ranking measures and loss functions in learning to rank. In *Proc. of NeurIPS*, pp. 315–323, 2009.

[105] 道満恵介, 高橋友和, 井手一郎, and 村瀬洋. マルチメディア料理レシピ作成のため の料理レシピテキストと料理番組映像との対応付け. *電子情報通信学会論文誌 A*, vol. 94, no. 7, pp. 540–543, 2011.

[106] 林泰宏, 道満恵介, 井手一郎, 出口大輔, and 村瀬洋. 料理レシピの記述に従った 家庭内調理映像の要約. *電子情報通信学会技術研究報告*, vol. 112, no. 474, pp. 121–126, 2013.

[107] Ting-Hao Kenneth Huang, Francis Ferraro, Nasrin Mostafazadeh, Ishan Misra, Aishwarya Agrawal, Jacob Devlin, Ross Girshick, Xiaodong He, Pushmeet Kohli, Dhruv Batra, C. Lawrence Zitnick, Devi Parikh, Lucy Vanderwende, Michel Galley, and Margaret Mitchell. Visual storytelling. In *Proc. of NAACL-HLC*, pp. 1233–1239, 2016.

[108] Khyathi Chandu, Eric Nyberg, and Alan W Black. Storyboarding of recipes:

Grounded contextual generation. In *Proc. of ACL*, pp. 6040–6046, 2019.

[109] Recognition of human actions. `http://www.nada.kth.se/cvap/actions/`.

[110] Eric Jang, Shixiang Gu, and Ben Poole. Categorical reparametrization with Gumbel-softmax. In *Proc. of ICLR*, 2017.

[111] Semih Yagcioglu, Aykut Erdem, Erkut Erdem, and Nazli Ikizler-Cinbis. RecipeQA: A challenge dataset for multimodal comprehension of cooking recipes. In *Proc. of EMNLP*, pp. 1358–1368, 2018.

[112] Rajat Raina, Alexis Battle, Honglak Lee, Benjamin Packer, and Andrew Y Ng. Self-taught learning: transfer learning from unlabeled data. In *Proc. of ICML*, pp. 759–766, 2007.

[113] 神嶌敏弘. 転移学習のサーベイ. データマイニングと統計数理研究会, 2009.

[114] Mehdi Noroozi and Paolo Favaro. Unsupervised learning of visual representations by solving jigsaw puzzles. In *Proc. of ECCV*, pp. 69–84, 2016.

[115] Ishan Misra, C Lawrence Zitnick, and Martial Hebert. Shuffle and learn: unsupervised learning using temporal order verification. In *Proc. of ECCV*, pp. 527–544, 2016.

[116] Zelun Luo, Boya Peng, De-An Huang, Alexandre Alahi, and Fei-Fei Li. Unsupervised learning of long-term motion dynamics for videos. In *Proc. of CVPR*, pp. 2203–2212, 2017.

[117] Ryan Kiros, Yukun Zhu, Russ R Salakhutdinov, Richard Zemel, Raquel Urtasun, Antonio Torralba, and Sanja Fidler. Skip-thought vectors. In *Proc. of NeurIPS*, pp. 3294–3302, 2015.

[118] R Devon Hjelm, Alex Fedorov, Samuel Lavoie-Marchildon, Karan Grewal, Phil Bachman, Adam Trischler, and Yoshua Bengio. Learning deep representations by mutual information estimation and maximization. In *Proc. of ICLR*, 2019.

[119] Abhishek Das, Samyak Datta, Georgia Gkioxari, Stefan Lee, Devi Parikh, and Dhruv Batra. Embodied Question Answering. In *Proc. of CVPR*, 2018.

[120] Taichi Nishimura, Suzushi Tomori, Hayato Hashimoto, Atsushi Hashimoto, Yoko Yamakata, Jun Harashima, Yoshitaka Ushiku, and Shinsuke Mori. Visual grounding annotation of recipe flow graph. In *Proc. of LREC*, pp.

4275–4284, 2020.

[121] De-An Huang, Joseph J Lim, Fei-Fei Li, and Juan Carlos Niebles. Unsupervised visual-linguistic reference resolution in instructional videos. In *Proc. of CVPR*, vol. 2, p. 4, 2017.

[122] Iftekhar Naim, Young Chol Song, Qiguang Liu, Henry Kautz, Jiebo Luo, and Daniel Gildea. Unsupervised alignment of natural language instructions with video segments. In *Proc. of AAAI*, pp. 1558–1564, 2014.

[123] Satwik Kottur, Jose M. F. Moura, Devi Parikh, Dhruv Batra, and Marcus Rohrbach. Visual coreference resolution in visual dialog using neural module networks. In *Proc. of ECCV*, 2018.

[124] Xin Wang, Devinder Kumar, Nicolas Thome, Matthieu Cord, and Frédéric Precioso. Recipe recognition with large multimodal food dataset. In *Proc. of CEA*, pp. 1–6, 2015.

[125] Weiqing Min, Shuqiang Jiang, Jitao Sang, Huayang Wang, Xinda Liu, and Luis Herranz. Being a supercook: Joint food attributes and multimodal content modeling for recipe retrieval and exploration. *IEEE Trans. on Multimedia*, vol. 19, no. 5, pp. 1100–1113, 2016.

[126] Atsushi Hashimoto, Sasada Tetsuro, Yoko Yamakata, Shinsuke Mori, and Michihiko Minoh. KUSK Dataset: Toward a direct understanding of recipe text and human cooking activity. In *Proc. of CEA*, pp. 583–588, 2014.

[127] Luowei Zhou, Chenliang Xu, and Jason J. Corso. Towards automatic learning of procedures from web instructional videos. In *Proc. of AAAI*, pp. 7590–7598, 2018.

[128] Dimitri Zhukov, Jean-Baptiste Alayrac, Ramazan Gokberk Cinbis, David Fouhey, Ivan Laptev, and Josef Sivic. Cross-task weakly supervised learning from instructional videos. In *Proc. of CVPR*, 2019.

[129] Liangming Pan, Jingjing Chen, Jianlong Wu, Shaoteng Liu, Chong-Wah Ngo, Min-Yen Kan, Yugang Jiang, and Tat-Seng Chua. Multi-modal cooking workflow construction for food recipes. In *Proc. of ACM MM*, 2020.

[130] Ryuhei Takahashi, Atsushi Hashimoto, Motoharu Sonogashira, and Masaaki Iiyama. Partially-shared variational auto-encoders for unsuper-

vised domain adaptation with target shift. In *Proc. of ECCV*, 2020.

[131] Mingmin Zhao, Tianhong Li, Mohammad Abu Alsheikh, Yonglong Tian, Hang Zhao, Antonio Torralba, and Dina Katabi. Through-wall human pose estimation using radio signals. In *Proc. of CVPR*, 2018.

[132] Atsushi Hashimoto, Jin Inoue, Kazuaki Nakamura, Takuya Funatomi, Mayumi Ueda, Yoko Yamakata, and Michihiko Minoh. Recognizing ingredients at cutting process by integrating multimodal features. In *Proc. of ACM Multimedia 2012 Workshop on Multimedia for Cooking and Eating Activities (CEA)*, pp. 13–18, 2012.

[133] 渡辺知恵美 and 中村聡史. オノマトペロリ: 味覚や食感を表すオノマトペによる料理レシピのランキング. 人工知能学会論文誌, vol. 30, no. 1, pp. 340–352, 2015.

[134] I. Siio, R. Hamada, and N. Mima. Kitchen of the future and applications. In *Proc. of HCI*, vol. 4551, pp. 946–955, 2007.

[135] Piascore—スマートデジタル楽譜リーダー. https://apps.apple.com/jp/app/piascore-hd/id406141702.

[136] D.A. ノーマン. エモーショナル・デザイン―微笑を誘うモノたちのために. 新曜社, 2004.

[137] D.A. ノーマン. 誰のためのデザイン?―認知科学者のデザイン原論―. 新曜社, 1990.

[138] 橋本敦史. 機械学習技術が拓く食習慣の情報化. システム/制御/情報, vol. 62, no. 5, pp. 175–180, 2018.

[139] W. Ju, R. Hurwitz, T. Judd, and B. Lee. CounterActive: an interactive cookbook for the kitchen counter. *Conf. on Human Factors in Computing Systems*, pp. 269–270, 2001.

[140] C. H.f J. Lee, L. Bonanni, J. H. Espinosa, H. Lieberman, and T. Selker. Augmenting kitchen appliances with a shared context using knowledge about daily events. In *Proc. of International Conf. on Intelligent user interfaces*, pp. 348–350, 2006.

[141] Daisuke Uriu, Mizuki Namai, Satoru Tokuhisa, Ryo Kashiwagi, Masahiko Inami, and Naohito Okude. Panavi: recipe medium with a sensors-embedded pan for domestic users to master professional culinary arts.

In *Proc. of the SIGCHI Conf. on Human Factors in Computing Systems*, pp. 129–138, 2012.

[142] P. Y. Chi, J. H. Chen, H. H. Chu, and J. L. Lo. Enabling calorie-aware cooking in a smart kitchen. In *Proc. of International Conf. on Persuasive Technology*, vol. 5033, pp. 116–127, 2008.

[143] 加藤史洋, 三武裕玄, 青木孝文, and 長谷川晶一. 調理支援のためのインタラクティブ調理シミュレータ. In *Proc. of エンタテインメントコンピューティング*, 2008.

[144] Naoya Koizumi, Hidekazu Tanaka, Yuji Uema, and Masahiko Inami. Chewing jockey: Augmented food texture by using sound based on the cross-modal effect. In *Proc. of the 8th International Conf. on Advances in Computer Entertainment Technology*, 2011.

[145] Kizashi Nakano, Daichi Horita, Nobuchika Sakata, Kiyoshi Kiyokawa, Keiji Yanai, and Takuji Narumi. Deeptaste: Augmented reality gustatory manipulation with GAN-based real-time food-to-food translation. In *Proc. of ISMAR*, pp. 212–223, 2019.

[146] Yunjey Choi, Minje Choi, Munyoung Kim, Jung-Woo Ha, Sunghun Kim, and Jaegul Choo. Stargan: Unified generative adversarial networks for multi-domain image-to-image translation. In *Proc. of IEEE CVPR*, 2018.

[147] Takuji Narumi, Yuki Ban, Tomohiro Tanikawa, and Michitaka Hirose. Augmented satiety: interactive nutritional intake controller. In *Proc. of SIGGRAPH Asia 2012 Emerging Technologies*, pp. 1–3, 2012.

[148] Sho Sakurai, Takuji Narumi, Yuki Ban, Tomohiro Tanikawa, and Michitaka Hirose. Affecting our perception of satiety by changing the size of virtual dishes displayed with a tabletop display. In *Proc. of HCI*, pp. 90–99, 2013.

[149] Kenzaburo Miyawaki and Mutsuo Sano. A virtual agent for a cooking navigation system using augmented reality. In *Proc. of Intelligent Virtual Agents*, 2008.

[150] Ayaka Sato, Keita Watanabe, and Jun Rekimoto. MimiCook: a cooking assistant system with situated guidance. In *Proc. of The International Conf. on tangible, embedded and embodied interaction*, pp. 121–124, 2014.

[151] 黒橋禎夫. 改訂版 自然言語処理. 放送大学教育振興会, 2019.

[152] 益岡隆志 and 田窪行則. 基礎日本語文法・改訂版. くろしお出版, 1992.

[153] 米谷竜 and 斎藤英雄. コンピュータビジョン –広がる要素技術と応用–. 共立出版, 2018.

[154] Christopher Michael Bishop. パターン認識と機械学習 上. 丸善出版, 2007.

[155] Christopher Michael Bishop. パターン認識と機械学習 下. 丸善出版, 2008.

[156] Jef Potter. Cooking for Geeks 第 2 版 –料理の科学と実践レシピ–. オライリー・ジャパン, 2016.

# 索引（日英対応表）

## A

accuracy（正解率）----------------------------- 64
action（動作）---------------------------------- 215
action anticipation（動作予期）------------ 102
action forecasting（動作予測）------------- 102
action recognition（動作認識）------------- 96
actionlet（アクションレット）------------ 103
activation function（活性化関数）---------- 35
active domain adaptation（能動ドメイン適応）
----------------------------------------------- 163
activity recognition（行動認識）------------ 96
adversarial loss（敵対的損失）------------- 154
alignment（整合）----------------------------- 106
AlphaPose（アルファポーズ）---------- 95, 203
anaphora（照応）------------------------------- 24
anaphora resolution（照応解析）------------ 24
annotated corpus（注釈付きコーパス）----- 47
annotation（アノテーション）-------------- 14
AR marker（ARマーカー）----------------- 107
argument（項）--------------------------------- 22
artificial language（人工言語）-------------- 13
ARToolkit（エーアールツーキット）------- 108
ArUco（アルコ）-------------------------- 108, 118
augmented reality: AR（拡張現実）-- 84, 107
auto data augmentation（自動データ拡張）
----------------------------------------------- 153
auto encoder（自己符号化器）-------------- 159
auto white balance（オートホワイトバランス）
----------------------------------------------- 117
autocomplete（自動補完）--------------------- 39
automatic summarization（自動要約）-- 106,
178

## B

back propagation（誤差逆伝播法）------ 35, 91
Bayer arrangement（ベイヤー配置）------- 116
Bayes error rate（ベイズ誤り率）----------- 89
between-class learning（クラス間学習）-- 151
BERT（バート）---------------------- 76, 96, 188
bilateral filter（バイラテラルフィルタ）--- 116
body camera（ボディカメラ）-------------- 119
bone model（骨格モデル）--------------------- 93
bundle adjustment（バンドル調整）------- 112

## C

camera calibration（カメラ校正）---------- 110
caption generation（キャプション生成）-- 179
case analysis（格解析）----------------------- 23
category（カテゴリ）-------------------------- 88
chromatic aberration（色収差）------------- 116
class（クラス）--------------------------------- 88
classification（分類）-------------------------- 14
coded aperture（符号化開口）---------------- 85
color correction（色補正）------------------- 117
competition（対立）-------------------------- 160
computational photography（コンピューテーショナル・フォトグラフィ）---------------- 84
conditional image generation（条件付き画像生成）--------------------------------------------- 185
contrastive loss（対照性損失）------------- 176
convolution（畳み込み）--------------------- 144
convolutional neural network（畳み込みニューラルネットワーク）--------------------------- 143
coreference（共参照）------------------------- 24
coreference resolution（共参照解析）------- 24

corner point（コーナーポイント）---------- 113

corpus（コーパス）------------------------------ 42

cross entropy（交差エントロピー）--------- 150

cross modal（クロスモーダル）------------- 167

cycle consistency loss（循環一貫性損失）-- 159

CycleGAN（サイクルガン）----------- 158, 214

**D**

data augmentation（データ拡張）--------- 151

dataset（データセット）------------------------ 42

deblurring（ボケ除去）----------------------- 115

deep learning（深層学習）--------------- 36, 89

dense optical flow（密なオプティカルフロー）
------------------------------------------------ 114

dense trajectories（密な特徴点軌跡）------ 113

depth（奥行き）------------------------------- 124

depth camera（深度カメラ）----------------- 82

depth image（深度画像）--------------------- 125

dictionary（辞書）------------------------------ 58

digital watermarking（電子透かし）------- 108

direct projection（直接投影）--------------- 212

discriminator（鑑別器）--------------------- 153

distributed representation（分散表現）---- 26

distributional hypothesis（分布仮説）------ 26

document classification（文書分類）-------- 31

document retrieval（文書検索）------------- 29

domain bias（ドメイン偏り）--------------- 162

domain gap（ドメインギャップ）----------- 162

domain generalization（ドメイン汎化）--- 163

DP matching（DP マッチング）------------ 106

dynamic programming（動的計画法）----- 106

dynamic range（ダイナミックレンジ）------ 85

dynamic time warping（動的時間伸縮法）-- 106

**E**

early-stage action recognition（早期動作認識）
------------------------------------------------ 102

ELIZA（イライザ）--------------------------- 171

EM algorithm（EM アルゴリズム）-------- 194

embodied question answering: EQA（身体的質
問応答）-------------------------------------- 190

encoder-decoder（エンコーダ・デコーダ）-- 69

Ethical, Legal and Social Issues: ELSI（倫理

的・法的・社会的な課題）------------------- 121

event-based camera（イベントカメラ）--- 123

extrinsic calibration（外部校正）----------- 110

**F**

fairness（公平性）----------------------------- 161

feature vector（特徴ベクトル）--------------- 14

feedforward neural network; FFNN（順伝播型
ニューラルネットワーク）--------------------- 67

few-shot domain adaptation（少標本ドメイン適
応）-------------------------------------------- 163

fine-grained action recognition（詳細動作認識）
-------------------------------------------------- 97

fine-tuning（追加学習）----------------------- 131

first-person vision（一人称視点）----------- 119

F-measure（F 値）------------------------------ 64

Fourier transform（フーリエ変換）---------- 96

fully convolutional network: FCN（全層畳み込
みネットワーク）----------------------------- 146

fully-connected layer（全結合層）----------- 35

**G**

generative adversarial network: GAN（敵対的
生成ネットワーク）-------------------------- 153

generator（生成器）-------------------------- 153

global average pooling（大域平均プーリング）
------------------------------------------------ 145

gradient penalty（勾配罰則）--------------- 155

group normalization（グループ正規化）-- 148

Gumbel softmax resampling（ガンベルソフト
マックス再標本化）--------------------------- 179

gyro sensor（角速度センサ）----------------- 115

**H**

half mirror（ハーフミラー）--------------------- 85

hand segmentation（手領域抽出）--------- 137

haptic device（力覚提示装置）-------------- 212

head mount camera（ヘッドマウントカメラ）
------------------------------------------------ 119

head mount display: HMD（ヘッドマウントディ
スプレイ）------------------------------------- 212

horizontal flip（左右反転）------------------- 151

hypernym（上位語）------------------------------ 28

hyper-spectral camera（ハイパースペクトルカメラ） ---------------------------------------- 121

hyponym（下位語） ----------------------------- 28


**I**

identity loss（恒等性損失） -------------------- 159

image（画像） --------------------------------- 81

image captioning（画像キャプション生成） -- 179

image recognition（画像認識） --------------- 87

image sequence（画像列） ------------------- 95

implicit surface（陰関数曲面） -------------- 125

information retrieval（情報検索） ------------ 29

instance segmentation（個体領域分割） ----- 92

interactive image editing（対話的画像編集） ----------------------------------------------- 185

interpolation（補間） ------------------------- 114

intersection of union: IoU（重なり率） ----- 91

intrinsic calibration（内部校正） ------------ 110

invisible light（非可視光） ------------------- 120


**K**

kernel size（カーネルサイズ） ---------------- 144

keypoint（特徴点） --------------------------- 113

keypoint matching（対応点探索） ----------- 111

kitting（キッティング） ------------------------ 216

knowledge base（知識ベース） --------------- 59


**L**

label（ラベル） ------------------------------- 14

language（言語） ------------------------------ 12

leaky ReLU（漏れあり整流化線形） --------- 150

learning to rank（ランキング学習） -- 175, 177

Liftware（リフトウェア） ---------------------- 206

light field camera（ライトフィールドカメラ） ------------------------------------------------ 84

light stripe triangulation（光切断法） ---- 124

linear layer（線形層） ------------------------ 145

logistic regression（ロジスティック回帰） -- 91, 150

logistic regression function（ロジスティック回帰関数） ----------------------------------- 150

long short-term memory; LSTM（長・短期記憶） ----------------------------- 68, 96, 106, 133

loss function（損失関数） --------------------- 150

Lytro（ライトロ） ----------------------------- 84


**M**

machine learning（機械学習） ---------------- 14

machine translation（機械翻訳） ----------- 33

max pooling（最大プーリング） ------------- 147

mean square error: MSE（平均二乗誤差） ---------------------------------------------- 151, 157

median filter（中央値フィルタ） ------------ 116

MetaCookie+（メタクッキープラス） ------ 213

metric learning（距離学習） ----------------- 175

min-max optimization（ミニマックス最適化） -------------------------------------------------- 154

mixup（混合） --------------------------------- 151

modality（モダリティ） --------------- 167, 173

mode collapse（モード崩壊） ----------------- 156

model（モデル） ------------------------------- 15

morpheme（形態素） -------------------------- 17

morphological analysis（形態素解析） ------ 17

motion blur（動きブレ） ---------------------- 115

motion capture: Mocap（モーションキャプチャ） ----------------------------------------------- 135

multi modal（マルチモーダル） ------------- 173

multi-layer perceptron（多層パーセプトロン） -------------------------------------------------- 35

multiple object tracking（複数物体追跡） -- 103


**N**

named entity（固有表現） ---------------------- 20

named entity recognition; NER（固有表現認識） ------------------------------------------------ 20

natural language（自然言語） --------------- 13

natural language processing（自然言語処理） -------------------------------------------------- 16

near infrared: NIR（近赤外線光） ---------- 119

network-in-network: NiN（ネットワーク・イン・ネットワーク） ----------------------------- 146

neural network（ニューラルネットワーク） -- 34

non-line-of-sight: NLoS（見通し外） ------ 203

non-maximum suppression（非最大値抑制） ------------------------------------------------- 91

nuisance parameter（撹乱母数） ---------- 163

**O**

object detection（物体検出）------------------ 90

object tracking（物体追跡）----------------- 102

occlusion（遮蔽）----------------------------- 103

ontology（オントロジー）---------------------- 58

OpenPose（オープンポーズ）----------- 94, 203

optical flow（オプティカルフロー）--------- 112

optical image stabilization（光学的手ブレ補正）
------------------------------------------- 85, 115

overfitting（過学習）-------------------------- 98


**P**

pairwise comparison（一対比較法）-------- 133

parallel corpus（対訳コーパス）------------- 75

pattern projection（パターン光投影）----- 122

perceptron（パーセプトロン）---------------- 35

photometric stereo（照度差ステレオ法）-- 124

pixel（画素）----------------------------------- 82

pixel classification（画素分類）-------------- 92

pixel value（画素値）-------------------------- 82

plagiarism detection（剽窃検出）------------ 41

point cloud（点群）--------------------------- 125

polarizing plate（偏光板）-------------------- 85

pooling layer（プーリング層）--------------- 147

pose estimation（姿勢推定）----------------- 93

precision（適合率）---------------------------- 64

predicate（述語）------------------------------ 22

predicate-argument structure analysis（述語項
構造解析）------------------------------------ 22

pre-training（事前学習）-------------- 131, 187

projection mapping（プロジェクションマッピン
グ）------------------------------------------ 140


**Q**

quantization（量子化）------------------------ 85

query（クエリ）-------------------------------- 29


**R**

random cropping（乱択切り出し）--------- 151

random forest（ランダムフォレスト）------- 93

ranking loss（ランキング損失）------------- 177

raw corpus（生コーパス）-------------------- 42

recall（再現率）-------------------------------- 64

receptive field（受容野）---------------------- 160

recognition（認識）---------------------------- 87

recognizing textual entailment; RTE（含意関
係認識）------------------------------------- 28

recurrent neural network; RNN（回帰型ニュー
ラルネットワーク）------------------------ 67

Reed-Solomon coding（リード・ソロモン符号化）
------------------------------------------------ 108

region extraction（領域抽出）---------------- 92

registration（位置合わせ）------------------- 127

registration（レジストレーション）--------- 115

regression（回帰）----------------------------- 91

reinforcement learning（強化学習）-------- 191

rotation（回転）-------------------------------- 151


**S**

saddle point search（鞍点探索）------------- 155

scene flow（シーンフロー）------------------ 115

segmentation（領域分割）-------------------- 92

self-supervised learning（自己教示学習）-- 187

semantic segmentation（カテゴリ領域分割）
------------------------------------------------- 92

semi-supervised domain adaptation（半教師付
きドメイン適応）-------------------------- 163

sensitive parameter（センシティブ属性）-- 163

sensor（センサ）------------------------------- 81

set（集合）-------------------------------------- 87

shape（形状）---------------------------------- 124

shared latent space（共有潜在空間）------- 172

shared task（共通タスク）-------------------- 55

sigmoid（シグモイド）------------------------ 149

signal（信号）---------------------------------- 82

simple perceptron（単純パーセプトロン）-- 35

softmax（ソフトマックス）------------------- 150

sparse optical flow（疎なオプティカルフロー）
------------------------------------------------ 113

spatial encoding（空間コード化法）-------- 124

spatio-temporal action detection（時空間動作
検出）---------------------------------------- 101

spatio-temporal action localization（時空間動
作位置推定）-------------------------------- 101

spatio-temporal action segmentation（時空間
動作領域分割）------------------------------ 101

spectral normalization（スペクトル正規化）
-------------------------------------- 155

spoken dialogue（音声対話）----------------- 37

spotting（スポッティング）----------------- 106

state（状態）------------------------------- 215

state transition model（状態遷移モデル）-- 215

stereo vision（ステレオ視）----------------- 122

streak camera（ストリークカメラ）--------- 123

strong calibration（強校正）--------------- 111

structure（構造）------------------------- 124

style mix（画風の混合）------------------- 161

style transfer（画風変換）--------- 157, 185

sub-pixel（サブピクセル）----------------- 116

super resolution（超解像）----------------- 115

supervised learning（教師あり学習）-------- 15

surface reconstruction（表面再構成）----- 126

symbol grounding（記号接地）--------------- 87

synonym identification（同義語判定）------ 25

syntactic analysis（構文解析）-------------- 21

**T**

temporal action detection（動作区間検出）
-------------------------------------- 97

temporal alignment（時系列整合）--------- 106

test collection（テストコレクション）------- 54

test data（テストデータ）------------------- 14

texture（テクスチャ）--------------------- 118

thermal camera（サーモカメラ）------------ 82

thermal sensor array（温度センサアレイ）-- 206

time-of-flight: TOF（飛行時間）----------- 122

tracklet（トラックレット）----------------- 103

training data（訓練データ）---------------- 14

transformer（トランスフォーマー）---------- 76

triplet loss（三重項損失）----------------- 176

**U**

unpaired learning（対なし学習）----------- 159

unsupervised domain adaptation: UDA（教師
なしドメイン適応）------------------------- 161

unsupervised learning（教師なし学習）---- 15

user experience: UX（ユーザ体験）--------- 208

user interface: UI（ユーザインターフェイス）
-------------------------------------- 208

**V**

validation data（検証データ）---------------- 14

vanishing gradient problem（勾配消失問題）
-------------------------------------- 149

video captioning（動画キャプション生成）-- 179

video clip（動画）------------------------- 81

video stabilization（動画ブレ補正）--------- 115

vision and language（視覚言語統合）------ 167

visual coreference resolution（視覚的共参照解
析）------------------------------------- 194

visual grounding（視覚的接地）------------- 192

visual hull（視体積交差法）----------------- 124

visual question answering: VQA（視覚的質問
応答）----------------------------------- 185

visual question generation: VQG（視覚的質問
生成）----------------------------------- 190

visual reference resolution（視覚的照応解析）
-------------------------------------- 192

visual storytelling（視覚的叙述生成）----- 179

Viterbi algorithm（ビタビアルゴリズム）-- 215

voxel representation（ボクセル表現）----- 125

**W**

Wasserstein distance（ワッサースタイン距離）
-------------------------------------- 156

weak calibration（弱校正）----------------- 111

weakly supervised learning（弱教師あり学習）
-------------------------------------- 198

white balance（ホワイトバランス）--------- 117

word2vec（ワードツーベック）--- 26, 168, 188

word sense disambiguation（語義曖昧性解消）
-------------------------------------- 26

wrist mount camera（リストマウントカメラ）
-------------------------------------- 119

**Z**

zigsaw（ジグソー）----------------------- 188

**あ行**

アクションレット（actionlet）------------- 103

アノテーション（annotation）------------- 14

アルコ（ArUco）--------------------- 108, 118

アルファポーズ（Alpha Pose）--------- 95, 203

鞍点探索（saddle point search）------------ 155

EM アルゴリズム（EM algorithm）-------- 194

位置合わせ（registration）------------------- 127

一人称視点（first-person vision）----------- 119

一対比較法（pairwise comparison）-------- 133

イベントカメラ（event-based camera）--- 123

イライザ（ELIZA）---------------------------- 171

色収差（chromatic aberration）------------ 116

色補正（color correction）-------------------- 117

陰関数曲面（implicit surface）------------- 125

動きブレ（motion blur）---------------------- 115

エーアールツーキット（ARToolkit）------- 108

AR マーカー（AR marker）----------------- 107

F 値（F-measure）----------------------------- 64

エンコーダ・デコーダ（encoder-decoder）-- 69

オートホワイトバランス（auto white balance）
------------------------------------------------- 117

オープンポーズ（OpenPose）----------- 94, 203

奥行き（depth）-------------------------------- 124

オプティカルフロー（optical flow）--------- 112

音声対話（spoken dialogue）------------------ 37

温度センサアレイ（thermal sensor array）-- 206

オントロジー（ontology）--------------------- 58

**か行**

カーネルサイズ（kernel size）-------------- 144

回帰（regression）----------------------------- 91

回帰型ニューラルネットワーク（recurrent neural
network; RNN）------------------------------ 67

下位語（hyponym）---------------------------- 28

回転（rotation）------------------------------- 151

外部校正（extrinsic calibration）----------- 110

過学習（overfitting）------------------------- 98

格解析（case analysis）---------------------- 23

角速度センサ（gyro sensor）----------------- 115

拡張現実（augmented reality: AR）-- 84, 107

撹乱母数（nuisance parameter）----------- 163

重なり率（intersection of union: IoU）---- 91

画素（pixel）----------------------------------- 82

画像（image）---------------------------------- 81

画像キャプション生成（image captioning）
------------------------------------------------- 179

画像認識（image recognition）-------------- 87

画像列（image sequence）--------------------- 95

画素値（pixel value）-------------------------- 82

画素分類（pixel classification）-------------- 92

活性化関数（activation function）----------- 35

カテゴリ（category）-------------------------- 88

カテゴリ領域分割（semantic segmentation）
------------------------------------------------- 92

画風の混合（style mix）---------------------- 161

画風変換（style transfer）------------- 157, 185

カメラ校正（camera calibration）---------- 110

含意関係認識（recognizing textual entailment;
RTE）----------------------------------------- 28

鑑別器（discriminator）---------------------- 153

ガンベルソフトマックス再標本化（Gumbel soft-
max resampling）--------------------------- 179

機械学習（machine learning）---------------- 14

機械翻訳（machine translation）------------- 33

記号接地（symbol grounding）-------------- 87

キッティング（kitting）---------------------- 216

キャプション生成（caption generation）-- 179

強化学習（reinforcement learning）------- 191

強校正（strong calibration）---------------- 111

共参照（coreference）------------------------- 24

共参照解析（coreference resolution）------- 24

教師あり学習（supervised learning）-------- 15

教師なし学習（unsupervised learning）---- 15

教師なしドメイン適応（unsupervised domain
adaptation: UDA）------------------------- 161

共通タスク（shared task）-------------------- 55

共有潜在空間（shared latent space）------ 172

距離学習（metric learning）---------------- 175

近赤外線光（near infrared: NIR）---------- 119

空間コード化法（spatial encoding）-------- 124

クエリ（query）------------------------------- 29

クラス（class）-------------------------------- 88

クラス間学習（between-class learning）-- 151

グループ正規化（group normalization）-- 148

クロスモーダル（cross modal）------------- 167

訓練データ（training data）------------------ 14

形状（shape）--------------------------------- 124

形態素（morpheme）-------------------------- 17

形態素解析（morphological analysis）------ 17

言語（language）------------------------------ 12

検証データ（validation data）------------------ 14

項（argument）---------------------------------- 22

光学的手ブレ補正（optical image stabilization）
-------------------------------------------- 85, 115

交差エントロピー（cross entropy）--------- 150

構造（structure）------------------------------ 124

恒等性損失（identity loss）----------------- 159

行動認識（activity recognition）------------- 96

勾配消失問題（vanishing gradient problem）
------------------------------------------ 149, 156

勾配罰則（gradient penalty）--------------- 155

構文解析（syntactic analysis）-------------- 21

公平性（fairness）---------------------------- 161

コーナーポイント（corner point）---------- 113

コーパス（corpus）---------------------------- 42

語義曖昧性解消（word sense disambiguation）
------------------------------------------------- 26

誤差逆伝播法（back propagation）------ 35, 91

個体領域分割（instance segmentation）---- 92

骨格モデル（bone model）-------------------- 93

固有表現（named entity）--------------------- 20

固有表現認識（named entity recognition; NER）
------------------------------------------------- 20

混合（mixup）---------------------------------- 151

コンピューテーショナル・フォトグラフィ（com-
putational photography）------------------ 84

## さ行

サーモカメラ（thermal camera）------------- 82

再現率（recall）-------------------------------- 64

最大プーリング（max pooling）------------- 147

左右反転（horizontal flip）------------------ 151

三重項損失（triplet loss）-------------------- 176

サブピクセル（sub-pixel）-------------------- 116

シーンフロー（scene flow）------------------ 115

視覚言語統合（vision and language）------- 167

視覚的共参照解析（visual coreference resolution）
------------------------------------------------- 194

視覚的な質問応答（visual question answering:
VQA）--------------------------------------- 185

視覚的質問生成（visual question generation:
VQG）--------------------------------------- 190

視覚的照応解析（visual reference resolution）
------------------------------------------------- 192

視覚的接地（visual grounding）------------ 192

視覚的叙述生成（visual storytelling）----- 179

時空間動作位置推定（spatio-temporal action lo-
calization）--------------------------------- 101

時空間動作検出（spatio-temporal action detec-
tion）--------------------------------------- 101

時空間動作領域分割（spatio-temporal action seg-
mentation）-------------------------------- 101

ジグソー（zigsaw）--------------------------- 188

シグモイド（sigmoid）----------------------- 149

時系列整合（temporal alignment）-- 106, 195

自己教示学習（self-supervised learning）-- 187

自己符号化器（auto encoder）-------------- 159

辞書（dictionary）----------------------------- 58

姿勢推定（pose estimation）------------------ 93

事前学習（pre-training）--------- 131, 147, 187

自然言語（natural language）----------------- 13

自然言語処理（natural language processing）
------------------------------------------------- 16

視体積交差法（visual hull）------------------ 124

自動データ拡張（auto data augmentation）
------------------------------------------------ 153

自動補完（autocomplete）-------------------- 39

自動要約（automatic summarization）-- 106,
178

弱教師あり学習（weakly supervised learning）
------------------------------------------------ 198

弱校正（weak calibration）------------------ 111

遮蔽（occlusion）------------------------------ 103

集合（set）-------------------------------------- 87

述語（predicate）------------------------------- 22

述語項構造解析（predicate-argument structure
analysis）----------------------------------- 22

受容野（receptive field）-------------------- 160

循環一貫性損失（cycle consistency loss）-- 159

順伝播型ニューラルネットワーク（feedforward
neural network; FFNN）------------------ 67

上位語（hypernym）--------------------------- 28

照応（anaphora）------------------------------- 24

照応解析（anaphora resolution）------------ 24

条件付き画像生成（conditional image generation) ------------------------------------------ 185

詳細動作認識（fine-grained action recognition）
------------------------------------------------ 97

状態（state） ------------------------------- 215

状態遷移モデル（state transition model） -- 215

照度差ステレオ法（photometric stereo） -- 124

少標本ドメイン適応（few-shot domain adaptation）
----------------------------------------- 163

情報検索（information retrieval） ---------- 29

信号（signal） ----------------------------- 82

人工言語（artificial language） ------------- 13

深層学習（deep learning） -------------- 36, 89

身体的質問応答（embodied question answering:
EQA） ------------------------------------ 190

深度画像（depth image） ------------------- 125

深度カメラ（depth camera） ----------------- 82

ステレオ視（stereo vision） ----------------- 122

ストリークカメラ（streak camera） -------- 123

スペクトル正規化（spectral normalization）
------------------------------------------------ 155

スポッティング（spotting） ----------------- 106

正解率（accuracy） ------------------------- 64

整合（alignment） ------------------------- 106

生成器（generator） ------------------------ 153

線形層（linear layer） --------------------- 145

全結合層（fully-connected layer） ----- 35, 145

センサ（sensor） -------------------------- 81, 147

センシティブ属性（sensitive parameter） -- 163

全層畳み込みネットワーク（fully convolutional
network: FCN） ---------------------------- 146

早期動作認識（early-stage action recognition）
------------------------------------------------ 102

疎なオプティカルフロー（sparse optical flow）
------------------------------------------------ 113

ソフトマックス（softmax） ----------------- 150

損失関数（loss function） ------------------- 150

## た行

大域平均プーリング（global average pooling）
------------------------------------------------ 145

対応点探索（keypoint matching） ---------- 111

対照性損失（contrastive loss） ------------- 176

ダイナミックレンジ（dynamic range） ------ 85

対訳コーパス（parallel corpus） ------------- 75

対立（competition） ----------------------- 160

対話的画像編集（interactive image editing）
------------------------------------------------ 185

多層パーセプトロン（multi-layer perceptron）
------------------------------------------------ 35

畳み込み（convolution） -------------- 144, 160

畳み込みニューラルネットワーク（convolutional
neural network） --------------------------- 143

単純パーセプトロン（simple perceptron） -- 35

知識ベース（knowledge base） ------------- 59

中央値フィルタ（median filter） ----------- 116

注釈付きコーパス（annotated corpus） ----- 47

超解像（super resolution） ------------------ 115

長・短期記憶（long short-term memory; LSTM）
------------------------------------------------ 68

直接投影（direct projection） -------------- 212

追加学習（fine-tuning） --------------------- 131

対なし学習（unpaired learning） ----------- 159

DPマッチング（DP matching） ------------- 106

データ拡張（data augmentation） --------- 151

データセット（dataset） --------------------- 42

適合率（precision） ------------------------- 64

敵対的生成ネットワーク（generative adversarial
network: GAN） ---------------------------- 153

敵対的損失（adversarial loss） ------------- 154

テクスチャ（texture） ---------------------- 118

テストコレクション（test collection） ------- 54

テストデータ（test data） -------------------- 14

手領域抽出（hand segmentation） --------- 137

点群（point cloud） ------------------------- 125

電子透かし（digital watermarking） ------- 108

動画（video clip） --------------------------- 81

動画キャプション生成（video captioning） -- 179

動画ブレ補正（video stabilization） -------- 115

同義語判定（synonym identification） ------ 25

動作（action） ----------------------------- 215

動作区間検出（temporal action detection）
------------------------------------------------ 97

動作認識（action recognition） ------------- 96

動作予期（action anticipation） ------------ 102

動作予測（action forecasting） ------------- 102

動的計画法（dynamic programming） ----- 106

動的時間伸縮法（dynamic time warping）-- 106
特徴点（keypoint）---------------------------- 113
特徴ベクトル（feature vector）-------------- 14
ドメイン偏り（domain bias）---------------- 162
ドメインギャップ（domain gap）----------- 162
ドメイン汎化（domain generalization）--- 163
トラックレット（tracklet）------------------- 103
トランスフォーマー（transformer）---------- 76

## な行

内部校正（intrinsic calibration）----------- 110
生コーパス（raw corpus）--------------------- 42
ニューラルネットワーク（neural network）-- 34
認識（recognition）------------------------------ 87
ネットワーク・イン・ネットワーク（network-in-
　network: NiN）----------------------------- 146
能動ドメイン適応（active domain adaptation）
　------------------------------------------------------- 163

## は行

パーセプトロン（perceptron）---------------- 35
バート（BERT）----------------------------------- 76
ハーフミラー（half mirror）------------------- 85
ハイパースペクトルカメラ（hyper-spectral cam-
　era）-------------------------------------------- 121
バイラテラルフィルタ（bilateral filter）--- 116
パターン光投影（pattern projection）----- 122
半教師付きドメイン適応（semi-supervised do-
　main adaptation）--------------------------- 163
バンドル調整（bundle adjustment）------- 112
非可視光（invisible light）--------------------- 120
光切断法（light stripe triangulation）---- 124
飛行時間（time-of-flight: TOF）----------- 122
非最大値抑制（non-maximum suppression）
　------------------------------------------------------- 91
ビタビアルゴリズム（Viterbi algorithm）-- 215
剽窃検出（plagiarism detection）----------- 41
表面再構成（surface reconstruction）----- 126
フーリエ変換（Fourier transform）---------- 96
プーリング層（pooling layer）---------------- 147
複数物体追跡（multiple object tracking）-- 103
符号化開口（coded aperture）---------------- 85
物体検出（object detection）----------------- 90

物体追跡（object tracking）----------------- 102
プロジェクションマッピング（projection map-
　ping）------------------------------------------ 140
分散表現（distributed representation）---- 26
文書検索（document retrieval）-------------- 29
文書分類（document classification）-------- 31
分布仮説（distributional hypothesis）------ 26
分類（classification）---------------------------- 14
平均二乗誤差（mean square error: MSE）
　----------------------------------------------- 151, 157
ベイズ誤り率（Bayes error rate）---------- 89
ベイヤー配置（Bayer arrangement）------- 116
ヘッドマウントカメラ（head mount camera）
　------------------------------------------------------- 119
ヘッドマウントディスプレイ（head mount dis-
　play: HMD）----------------------------------- 212
偏光板（polarizing plate）-------------------- 85
補間（interpolation）--------------------------- 114
ボクセル表現（voxel representation）----- 125
ボケ除去（deblurring）------------------------- 115
ボディカメラ（body camera）---------------- 119
ホワイトバランス（white balance）-------- 117

## ま行

マルチモーダル（multi modal）------------- 173
密なオプティカルフロー（dense optical flow）
　------------------------------------------------------- 114
密な特徴点軌跡（dense trajectories）------ 113
見通し外（non-line-of-sight: NLoS）--- 203
ミニマックス最適化（min-max optimization）
　------------------------------------------------------- 154
メタクッキープラス（MetaCookie+）------- 213
モーションキャプチャ（motion capture: Mocap）
　------------------------------------------------------- 135
モード崩壊（mode collapse）------------------ 156
モダリティ（modality）---------------- 167, 173
モデル（model）----------------------------------- 15
漏れあり整流化線形（leaky ReLU）-------- 150

## や行

ユーザインターフェイス（user interface: UI）
　------------------------------------------------------- 208
ユーザ体験（user experience: UX）-------- 208

## ら行

ライトフィールドカメラ（light field camera）
------------------------------------------------- 84
ライトロ（Lytro）---------------------------- 84
ラベル（label）-------------------------------- 14
ランキング学習（learning to rank）-- 175, 177
ランキング損失（ranking loss）------------- 177
乱択切り出し（random cropping）--------- 151
ランダムフォレスト（random forest）------- 93
リード・ソロモン符号化（Reed-Solomon coding）
------------------------------------------------- 108
力覚提示装置（haptic device）------------- 212
リストマウントカメラ（wrist mount camera）
------------------------------------------------- 119
リフトウェア（Liftware）---------------------- 206

領域抽出（region extraction）---------------- 92
領域分割（segmentation）---------------------- 92
量子化（quantization）------------------------- 85
倫理的・法的・社会的な課題（Ethical, Legal and Social Issues: ELSI）--------------------- 121
レジストレーション（registration）--------- 115
ロジスティック回帰（logistic regression）-- 91, 150

## わ行

ワードツーベック（word2vec）---------------- 26
ワッサースタイン距離（Wasserstein distance）
------------------------------------------------- 156

〈著者略歴〉

**原 島 　 純**（はらしま　じゅん）

2013 年 3 月、京都大学黒橋・河原研究室にて情報学の博士を取得。同年 4 月、クック
パッド株式会社に入社。サービス開発部門を経て、現在は研究開発部門に所属。おもに
自然言語処理関連の研究開発（レシピの解析や検索、分類、推薦、翻訳）や研究開発部
門のマネージメント（採用や広報、法務、経理）に従事。

**橋 本 敦 史**（はしもと　あつし）

2013 年 3 月、京都大学美濃・椋木研究室にて情報学の博士を取得。同時期より同大法
学研究科助手、教育学研究科助教を経て 2018 年 4 月より新設のオムロンサイニック
エックス株式会社へ入社。現在は研究部門のインタラクショングループに所属。おもに
画像処理、パターン認識に関わる研究や、それらを利用したインターフェイスの開発を
含む幅広いアドバイザリ業務に従事。2020 年 11 月より、慶應義塾大学大学院理工学研
究科特任講師を兼務。

**キッチン・インフォマティクス**
―料理を支える自然言語処理と画像処理―

2021 年 3 月 15 日　　第 1 版第 1 刷発行

著　　者　原 島　　純・橋 本 敦 史
発 行 者　村 上 和 夫
発 行 所　株式会社 オーム社
　　　　　郵便番号　101-8460
　　　　　東京都千代田区神田錦町 3-1
　　　　　電話　03(3233)0641（代表）
　　　　　URL https://www.ohmsha.co.jp/

© 原島純・橋本敦史 2021

印刷・製本　三美印刷
ISBN978-4-274-22656-4　Printed in Japan

**本書の感想募集**　https://www.ohmsha.co.jp/kansou/

本書をお読みになった感想を上記サイトまでお寄せください。
お寄せいただいた方には、抽選でプレゼントを差し上げます。